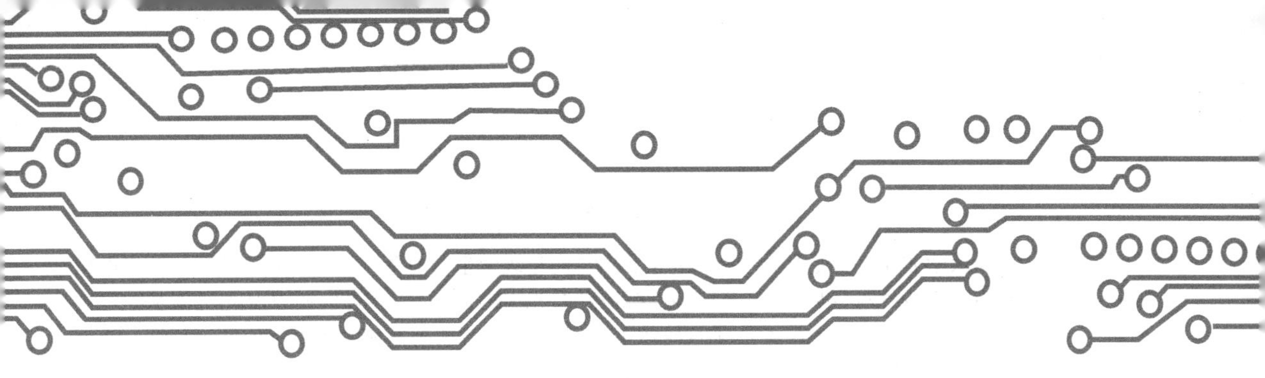

CEKONG JISHU YU YIQI

测控技术与仪器专业 本科系列教材

光电子技术

（第三版）

Guangdianzi Jishu

潘英俊 邹 建 林晓钢 编 著

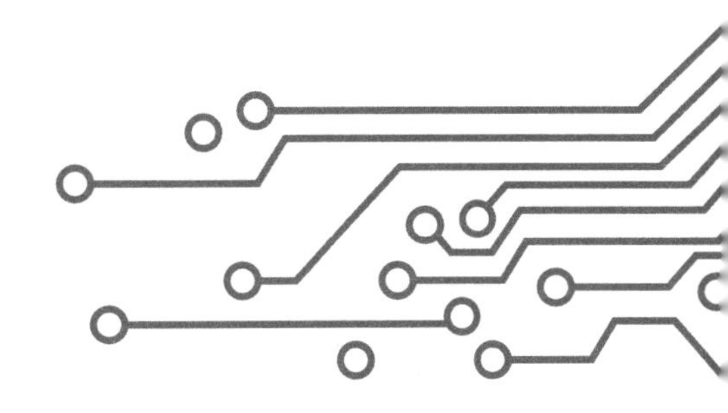

重庆大学出版社

内 容 提 要

本书是以工科大学非光电子专业的硕士研究生和本科高年级学生为对象编写的教材。该教材从光电信息系统的全过程考虑进行编写,包括光载波源、光波的传输、光波的调制、探测与解调以及光通信基础等内容。光载波源中主要介绍激光与半导体光源的基础知识,各种激光器和半导体发光器件的基本特性。光波的传输主要介绍光在各向同性和各向异性介质中的传播,以及光波导和纤维光学的基础知识和基本理论。光波的调制、探测与解调主要介绍光波调制的基础理论、各种调制方法以及光电探测技术与元器件等。光通信基础中,介绍了光通信系统的结构、各种基本技术,光信号在传输中的蜕变以及光通信系统的常用维护仪器等。该书系统性强,立论明确,物理概念清楚,注重理论联系实际。

该书可作为光通信基础教材使用,也可供从事光电子技术的专业技术人员参考。

图书在版编目(CIP)数据

光电子技术/潘英俊,邹建,林晓钢编著.—2版.—重庆:重庆大学出版社,2010.2(2022.2重印)
(测控技术与仪器专业本科系列教材)
ISBN 978-7-5624-2080-4

Ⅰ.光… Ⅱ.①潘…②邹…③林… Ⅲ.光电子技术—高等学校—教材 Ⅳ.TN2

中国版本图书馆CIP数据核字(2008)第158191号

光电子技术
(第三版)
潘英俊 邹 建 林晓钢 编著
责任编辑:曾显跃 版式设计:曾显跃
责任校对:邹 忌 责任印制:张 策
*
重庆大学出版社出版发行
出版人:饶帮华
社址:重庆市沙坪坝区大学城西路21号
邮编:401331
电话:(023) 88617190 88617185(中小学)
传真:(023) 88617186 88617166
网址:http://www.cqup.com.cn
邮箱:fxk@cqup.com.cn (营销中心)
全国新华书店经销
POD:重庆新生代彩印技术有限公司
*
开本:787mm×1092mm 1/16 印张:13.5 字数:337千
2016年6月第3版 2022年2月第7次印刷
ISBN 978-7-5624-2080-4 定价:39.80元

绪　言

当前,我们正面临世界范围内一场高新技术的竞争,以电脑、通信、网络为中心,当今世界已跨入了信息时代。

为了获取信息,需要借助各种感觉器官,但令人吃惊的是,约有80%的信息是由视觉捕获的。人们发现,宇宙万物中的一切物理、化学、生命现象和过程,几乎都直接或间接地伴随着电磁辐射,电磁波谱覆盖了从红外、可见到紫外辐射波段,它们承载着各种信息,反映信息随时间的变化,反映二维及三维图像信息随空间的分布。从静态到瞬态;从宏观到微观;从利用光辐射的能量,到利用包含在光的振幅、相位和频率中的信息以及利用光的无可比拟的传播速度等。

光学与电子学的结合、新型光源和光电探测器的发展,特别是激光和光纤的出现,产生了新兴的光电子学和光电子技术,成为发展光电信息技术产业强大的推动力。

光电技术及产品已融入到了信息的获取、传输、处理、存储、输入、输出、显示、执行、控制等信息流的各个环节中,使之成为了本世纪末发展最快的产业之一。科学家们断言,就像20世纪是电子时代一样,21世纪将迎来一个光子与电子交相辉映的全新时代。光电信息产业已被公认为是新世纪驰骋于信息社会的高科技产业的主力军之一。

目前,光电产品在多媒体世界中扮演了主要角色。已进入了千家万户,进入了国防、工农业生产、科学实验、文化教育。它涵盖了电脑关联光电设备、光通信设备、光电显示及娱乐产品、医用光电设备、工业光电设备、光学器材等。

电脑关联光电设备中,信息输入/输出与存储等光电设备已成为主流,在计算机硬件配置中的比例还在迅速攀升。在信息高速公路中,光通信在新建干线网上已经完全取代了电通信的主导地位,并正在接入网和用户网上向电通信挑战,它是光电产业中发展最快的产业之一。光电产业中最具影响力的是显示与娱乐产品,由于它直接面向千家万户,市场非常巨大。目前,医用光电设备已经深入到临床的诊断、治疗等过程中。工业光电设备,特别是激光加工与测量在工业中的应用越来越广泛。传统光学器材仍然占据很大的民用市场。在现代国防中,更加离不开光电技术。

光电产业是一个典型的高科技产业，它的最大特征是智力性和创新性，关键是人才。要培养造就一大批从事光电信息技术研究与开发的专家学者以及产品生产的优秀的企业家，教育的基础作用十分重要。

潘英俊教授与邹建副教授编著的《光电子技术》教材，就是在这样的背景下完成的。本书包括电磁波与光波、激光与半导体光源、光波的传播、光波的调制、光波的探测与解调等有关内容，这些内容是光电子技术的基础。本书已在仪器科学与技术、光电工程专业的研究生教学中多年使用，效果良好。本书可作为非光电子与非电子专业研究生教材，也是从事光电子技术的教师、工程技术人员和高年级大学生的很好的参考书。本书的出版必将为培养光电子技术的高级工程技术人才和发展光电子产业作出重要贡献。

中国工程院院士 黄尚廉

2000 年 1 月 18 日

第三版前言

本书是在我们使用了多年的讲稿的基础上改订，于2000年正式出版。原是以非光电子专业的工科硕士生为主要对象编写的教材，本教材出版后，受到社会的好评，被多所大学的光学工程、仪器科学与技术等学科的本科专业所选用。

本次再版，根据社会需求和该领域科学技术的发展，内容上作了以下增改：

①因为选用本书作为本科教材的学校较多，为适应本科教学需要，在每章后面编写了思考题，以指导学生抓住各章的重点和难点。

②为适应光电信息工程专业本科教学的需要，增加了第6章《光通信基础》。

③近几年，LED 技术获得迅猛发展，正在作为照明光源而进入历史舞台，LED 以其电光转换效率高、寿命长、小型化等特点，将可能掀起照明光源的一次革命。因此，在第2章中，对原 LED 和 LD 的内容作了较大的修改补充。

本教材第二版的编写得到了重庆大学教务处"教材建设基金"以及重庆大学精品课程建设项目的资助。

第三版的增改意见由潘英俊教授提出。其中，第6章由邹建副教授编写，第2章中新增改的 LED 内容由林晓钢博士编写，思考题由邹建和林晓钢共同编写。潘英俊教授审定了全部新增改的内容。

第三版中一定还存在许多缺点错误，敬请专家学者批评指正。

值此该教材第三版出版之际，曾大力支持该教材编写并为第一版惠赐前言的中国工程院院士黄尚廉教授竟已乘鹤西去，抚今追昔，感慨系之。

编　者

2016 年 6 月

前　言

从19世纪中叶的麦克斯韦到20世纪初叶的爱因斯坦，已经建立起完善的光的电磁理论和光电效应理论，对光学与电子学的联系建立起系统的理论，但长期以来光学与电子学仍作为两门独立的学科被研究。直到20世纪60年代以后，随着激光的出现，人们对光与物质相互作用过程的研究变得异常活跃，导致了半导体光电子学、波导光学、激光物理学、相干光学与非线性光学等一系列新学科涌现，其中某些学科之间已有了一定程度的交叉。20世纪70年代以来，由于半导体激光器和光导纤维技术的重要突破，导致以光纤通信、光纤传感、光盘信息存储与显示以及光信息处理为代表的光信息技术的蓬勃发展，不仅从深度和广度上促进了相应各学科的发展，特别是半导体光电子学、非线性光学和波导光学的发展和彼此间的知识互相渗透，而且还与数学、物理、材料等基础学科交叉形成新的边沿领域。例如，光导纤维原来仅作为光传输介质用于光通信系统，随着对光纤物理特性的深入研究，在20世纪80年代出现了利用光纤的偏振和相位敏感特性制成的光纤传感器，利用光纤的非线性光学效应和色散特性形成的光学孤子(Soliton)，又进一步推动了对特种光纤的研究，并成功地制成了光纤激光器。最近出现的单晶光纤，则更有可能将有源和无源光电子功能器件与光纤波导融为一体。在这种多学科综合发展的推动下，光纤通信已形成产业，半导体光逻辑功能器件和光集成技术取得重大进展，使光计算机和光信息处理成为举世瞩目的研究课题。于是，一门新的综合性交叉学科便从现代信息科学中脱颖而出，这就是“光电子学”。光电子学是研究光频电磁波场与物质中的电子相互作用及其能量相互转换的学科，一般理解为“利用光的电子学”。

光电子技术可以说是电子技术在光频波段的延续与发展。随着现代化建设的迅速发展，信息技术在社会生活中起着越来越重要的作用，各学科领域所拥有的信息量逐日猛增，微电子技术在实现超高速、超大容量和超低功耗方面遇到了极大的困难。由于光的速度快、频率高，故光载波的信息容量也极大。以光通信为例，光波频率为$10^{14}\sim10^{15}$ Hz，

比微波频率约高 $10^4 \sim 10^5$ 倍,如果每个话路的频带宽4 kHz,则光波可容纳 100 亿路电话;若一套彩色电视节目的频带宽10 MHz,则一条光路上可同时播送 1 000 万套电视节目。因此,光电子技术成为实现快速,超大容量和超低功耗的重要手段。

从信息系统的全过程考虑,一个完整的信息系统包括光载波源、光信号的传播、光信号的调制、光信号的探测与解调等基本部分,本教材即以此为出发点,其内容包括:第 1 章,电磁波与光波。主要内容是从麦克斯韦方程组的积分形式到微分形式,提出光的电磁场理论,建立光波与电磁波统一论观点,也是后面几章的理论基础。对于工科大学非光电子和非电子专业的学生,这一章的基础理论是必要的;对于学过《电磁学》、《电动力学》的电子类专业学生,这一章可作为复习和提高的内容略讲。第 2 章,激光与半导体光源。在《普通物理》、《工程光学》等课程中,对普通光源已有较多的介绍,本章不再重复。而现代光学的基本特点就是光源的"激光化"和手段的"电子化",从信息传输的全过程讲,作为光载波源,这是不可或缺的一章。由于半导体激光器(LD)及半导体光电二极管(LED)具有体积小、寿命长、发光效率高和供电电源简单等优点,近年来其质量不断提高和价格不断降低,因而在各种光电仪器和系统中得到广泛应用,又由于其发射光波长为近红外,是光纤传输的低损耗区,所以是光纤通讯和光纤传感技术中必不可少的光源。基于以上原因,本章只对激光原理及技术作简略介绍,重点放在半导体激光器和发光二极管的原理与特性的介绍。对于已学过《激光原理》的学生,本章前半部分可不讲。第 3 章,光波的传输。内容为光在介质中的传播、光波导原理及纤维光学的基本理论。分别用射线法和波动理论对薄膜波导和纤维光学进行了分析,使学生学会分析光波导的基本方法,掌握光波导的基本特性。第 4 章,光波的调制;第 5 章,光信号的探测与解调;这两章主要讲述光波调制的基础理论和各种调制方法以及光波调制与光电探测的技术和器件等。光电子技术作为现代信息技术的一个分支,形成了一个知识高度密集,发展更新极快的技术领域。因此,试图通过一本书面面俱到地讲清楚它的全貌是极其困难的。本书力求系统性强,立论明确,物理概念清楚,理论联系实际,但因编者水平所限,错误与不当之处,敬请专家学者指正。

本书由潘英俊、邹建编著。潘英俊编写第 1 章、第 2 章和第3章,邹建编写第4章和第5章。本书作为工科大学非光电子和非电子专业硕士研究生教材、大学高年级学生的选修课教材,也可供从事光电子技术工作的教师、工程技术人员参考。

本教材编写过程中参考了国内外近年来出版的有关专著和教材,因数量众多,不一一列出,编者由衷地感谢前辈学者和同行们。中国工程院院士黄尚廉教授在百忙中为本书写了绪言,使本书增色不少,在此谨致谢意。

编　者

2000年1月

目录

第 1 章 电磁波与光波

19 世纪中叶,麦克斯韦(Maxwell)在系统地总结了前人的研究成果,特别是总结了从库仑到安培、法拉第等人关于电磁学说的全部成果后,提出了“涡旋电场”和“位移电流”的假说,在1865 年将电磁规律总结为麦克斯韦方程组,从理论上预言了电磁波的存在。而后,赫兹的实验验证了麦克斯韦电磁理论的正确性,并在无线电等领域中得到广泛的应用。此外,麦克斯韦的理论和赫兹的实验还证明了电磁波和光波具有共同特性,这样就将电磁波和光波统一起来,使人们对光的本质和物质世界普遍联系的认识大大深入了一步。

本章首先简要回顾一下积分形式的麦克斯韦方程组的来历,然后用矢量分析方法从麦氏方程的积分形式推导出麦氏方程的微分形式以及电磁场的边界条件,从麦氏方程的微分形式推导平面电磁波的性质,最后介绍光的电磁理论。本章的数学基础是矢量分析。

1.1 麦克斯韦方程组及其物理意义

1.1.1 麦克斯韦方程组的积分形式

首先回顾电磁场的一些基本原理。静电现象的基本实验定律——库仑定律,它的表述如下:真空中静止电荷 Q 对另一静止电荷 Q'的作用力 $\boldsymbol{F}$ 为:

$$\boldsymbol{F} = \frac{QQ'}{4\pi\varepsilon_0 r^3}\boldsymbol{r} \tag{1.1}$$

式中,r 为由 Q 到 Q'的距离,ε_0 为真空介电常数。本书使用国际单位制,书中黑体表示矢量。

定义电场强度 $\boldsymbol{E}$ 为一个单位试验电荷在场中所受的力。于是,电荷 Q'在电场 $\boldsymbol{E}$ 中所受的力 $\boldsymbol{F}$ 为:

$$\boldsymbol{F} = Q'\boldsymbol{E} \tag{1.2}$$

所以

$$\boldsymbol{E} = \frac{Q\boldsymbol{r}}{4\pi\varepsilon_0 r^3} \tag{1.3}$$

根据式(1.3),可推导出电学中的高斯定理:通过任一封闭曲面 S 的电通量等于该面所包围的所有电荷电量的代数和除以 ε_0。数学表达式为:

$$\oiint \boldsymbol{E} \cdot \mathrm{d}\boldsymbol{S} = \frac{q}{\varepsilon_0} \tag{1.4}$$

在有电介质存在时,通常采用电位移的高斯定理,即

$$\oiint \boldsymbol{D} \cdot \mathrm{d}\boldsymbol{S} = q_0 \tag{1.5}$$

需要注意的是,式(1.5)中的 q_0 为高斯面内的自由电荷,而式(1.4)中的 q 则包括束缚电荷在内的总电荷。

根据库仑定律还可以推导出静电场的环路定理,它表述为:静电场中场强沿任意闭合环路的线积分恒等于零,即静电场力做功与路径无关,数学式为:

$$\oint \boldsymbol{E} \cdot \mathrm{d}\boldsymbol{l} = 0 \tag{1.6}$$

在此定理基础上,麦克斯韦综合当时已发现的一些电磁现象,提出了非稳条件下可感应出涡旋电场的思想,式(1.6)可由下式(非稳条件下环路定理)所代替,即

$$\oint \boldsymbol{E} \cdot \mathrm{d}\boldsymbol{l} = -\iint \frac{\partial \boldsymbol{B}}{\partial t} \cdot \mathrm{d}\boldsymbol{S} \tag{1.7}$$

式中,负号表示方向与右手定则相反。另外,根据毕奥-萨伐尔定律也可推导出两条基本定律,即磁学的高斯定理和安培环路定理,分别表述如下。

磁学中的高斯定理:通过任意闭合曲面 $\boldsymbol{S}$ 的磁通量恒等于零,即

$$\oiint \boldsymbol{B} \cdot \mathrm{d}\boldsymbol{S} = 0 \tag{1.8}$$

安培环路定律:磁感应强度沿任何闭合环路 l 的线积分,等于穿过这环路所有电流的代数和的 μ_0 倍,即

$$\oint \boldsymbol{B} \cdot \mathrm{d}\boldsymbol{l} = \mu_0 I \tag{1.9}$$

而在磁介质中时,通常采用磁场强度的安培环路定理,即

$$\oint \boldsymbol{H} \cdot \mathrm{d}\boldsymbol{l} = I_0 \tag{1.10}$$

仍要注意的是,式(1.10)中的 I_0 为传导电流,而式(1.9)中的 I 为包括束缚电流在内的总电流。在非稳条件下,还应加上麦克斯韦的位移电流假说,于是式(1.10)为下式所代替,即

$$\oint_{(L)} \boldsymbol{H} \cdot \mathrm{d}\boldsymbol{l} = I_0 + \frac{\mathrm{d}\Phi_0}{\mathrm{d}t} = I_0 + \iint \frac{\partial \boldsymbol{D}}{\partial t} \cdot \mathrm{d}\boldsymbol{S} \tag{1.11}$$

式中,Φ_0 为电位移通量,$\Phi_0 = \oint \boldsymbol{D} \cdot \mathrm{d}\boldsymbol{S} = q_0$。

麦克斯韦总结了电磁场的规律,并加以补充和推广。除了涡旋电场和位移电流假设外,他还假设电学中的高斯定理和磁学中的高斯定理在非稳情况下仍成立,这样,综合式(1.5)、式(1.7)、式(1.8)和式(1.11),就得到了在普遍情况下电磁场必须满足的方程组,即

$$\begin{cases} \oiint \boldsymbol{D} \cdot \mathrm{d}\boldsymbol{S} = q_0 & (\mathrm{I}) \\ \oint \boldsymbol{E} \cdot \mathrm{d}\boldsymbol{l} = -\iint \frac{\partial \boldsymbol{B}}{\partial t} \cdot \mathrm{d}\boldsymbol{S} & (\mathrm{II}) \\ \oiint \boldsymbol{B} \cdot \mathrm{d}\boldsymbol{S} = 0 & (\mathrm{III}) \\ \oint \boldsymbol{H} \cdot \mathrm{d}\boldsymbol{l} = I_0 + \iint \frac{\partial \boldsymbol{D}}{\partial t} \cdot \mathrm{d}\boldsymbol{S} & (\mathrm{IV}) \end{cases} \tag{1.12}$$

这就是麦克斯韦方程组的积分形式。

1.1.2　麦克斯韦方程组的微分形式

利用矢量分析(见附录Ⅰ)中的高斯定理和斯托克斯定理,可以将麦克斯韦方程组的积分形式变为微分形式。

首先,推导电学中的高斯定理的微分形式,假定自由电荷是体分布的,设电荷的体密度为ρ_0,则式(1.12)中的式(Ⅰ)可写为:

$$\oint\!\!\!\!\oint_{(S)} \boldsymbol{D} \cdot \mathrm{d}\boldsymbol{S} = \iiint_{(V)} \rho_0 \mathrm{d}V$$

式中,V为高斯面S所包围的体积。利用矢量分析中的高斯定理,可将上式左端的面积分化为体积分,即

$$\iiint_{(V)} \nabla \cdot \boldsymbol{D} \mathrm{d}V = \iiint_{(V)} \rho_0 \mathrm{d}V$$

上式对任何体积都成立,只有被积函数相等才可能,所以有:

$$\nabla \cdot \boldsymbol{D} = \rho_0 \tag{1.13}$$

这就是高斯定理的微分形式。

其次,推导式(1.12)中的式(Ⅳ)的微分形式。假定传导电流是体分布的,其密度为j_0,则有:

$$\oint_{(L)} \boldsymbol{H} \cdot \mathrm{d}\boldsymbol{l} = \iint_{(S)} \left(j_0 + \frac{\partial \boldsymbol{D}}{\partial t}\right) \cdot \mathrm{d}\boldsymbol{S}$$

据斯托克斯定理把上式左端的线积分化为面积分,即

$$\iint_{(S)} \nabla \times \boldsymbol{H} \cdot \mathrm{d}\boldsymbol{S} = \iint_{(S)} \left(\boldsymbol{j}_0 + \frac{\partial \boldsymbol{D}}{\partial t}\right) \cdot \mathrm{d}\boldsymbol{S}$$

上式的积分在任意范围内成立,必须被积函数相等,所以有:

$$\nabla \times \boldsymbol{H} = \boldsymbol{j}_0 + \frac{\partial \boldsymbol{D}}{\partial t} \tag{1.14}$$

其他两个方程式也可按此法推出,最后得到下列方程组:

$$\begin{cases} \nabla \cdot \boldsymbol{D} = \rho_0 & (\text{Ⅰ}) \\ \nabla \times \boldsymbol{E} = -\dfrac{\partial B}{\partial t} & (\text{Ⅱ}) \\ \nabla \cdot \boldsymbol{B} = 0 & (\text{Ⅲ}) \\ \nabla \times \boldsymbol{H} = \boldsymbol{j}_0 + \dfrac{\partial \boldsymbol{D}}{\partial t} & (\text{Ⅳ}) \end{cases} \tag{1.15}$$

这就是麦克斯韦方程组的微分形式,通常所说的麦克斯韦方程组大多指它的微分形式。

上述方程组中,各方程式的物理意义:

式(Ⅰ)的物理意义为:电位移矢量(或电感应强度)$\boldsymbol{D}$的散度等于电荷密度ρ_0,即电场为有源场。

式(Ⅱ)的物理意义为:随时间变化的磁场激发涡旋电场。

式(Ⅲ)的物理意义为:磁感强度$\boldsymbol{B}$的散度为零,即磁场为无源场。

式(Ⅳ)的物理意义为:随时间变化的电场(位移电流)激发涡旋的磁场,如图1.1所示。

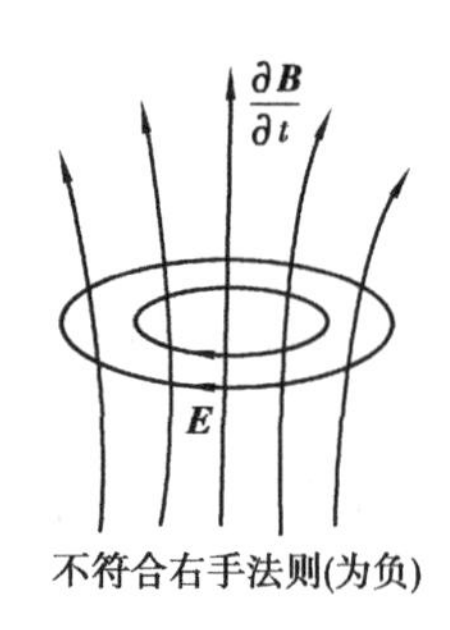

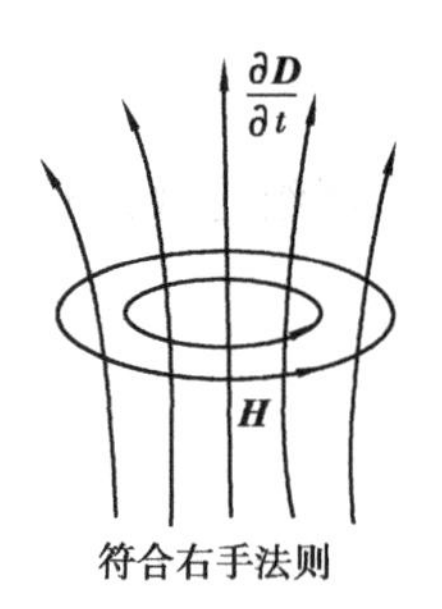

图 1.1　电场与磁场的激发

设想空间某处有一电磁振源，根据麦克斯韦方程组式（1.12）和式（1.15），在这里有交变的电流或电场，它在自己周围激发涡旋磁场，由于磁场也是交变的，它又在自己周围激发涡旋电场，交变的涡旋电场和涡旋磁场互相激发，闭合电力线和磁力线就像链条的环节一样一个一个的套下去在空间传播开来，形成电磁波，如图 1.2 所示。在图 1.2 中，只画出了电磁振荡在某一直线上的传播，实际的电磁波是沿不同方向传播的。

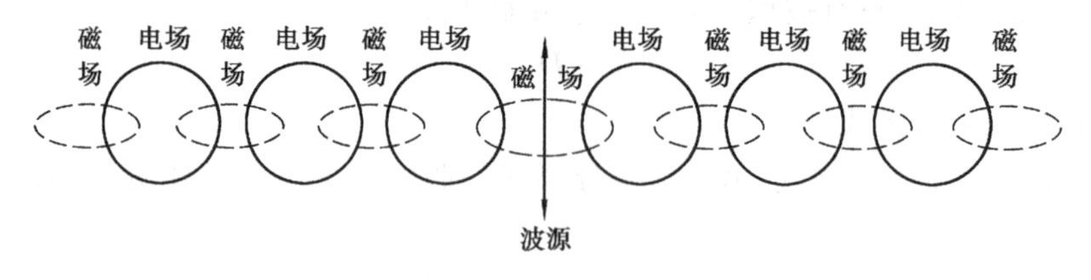

图 1.2　电磁波的传播

麦克斯韦于 1865 年用电磁理论预见了电磁波的存在，1888 年赫兹用类似上述的振荡偶极子在历史上第一次直接验证了电磁波的存在。

1.1.3　介质方程与边界条件

（1）介质方程

在介质中，尚需补充三个描述介质性质的方程式。对于各向同性的介质来说，有：

$$\boldsymbol{D} = \varepsilon\varepsilon_o \boldsymbol{E} \tag{1.16}$$

$$\boldsymbol{B} = \mu\mu_0 \boldsymbol{H} \tag{1.17}$$

$$\boldsymbol{j}_0 = \sigma \boldsymbol{E} \tag{1.18}$$

式中，ε、μ 和 σ 分别为相对介电常数，相对磁导率和电导率，ε_0、μ_0 为绝对介电常数和绝对磁导率。式（1.18）是欧姆定律的微分形式。

在国际单位制（SI）中，绝对介电常数：$\varepsilon_0 = 8.9 \times 10^{-12}\ \mathrm{A^2 \cdot s^2/(N \cdot m^2)}$；绝对磁导率：$\mu_0 = 4\pi \times 10^{-7}\ \mathrm{N/A^2}$；$\sigma = 1/\rho$，其中 ρ 为电阻率。

应该指出式（1.16）~式（1.18）只适用于某些介质。实验指出，存在许多不同类型的介质，例如许多晶体属于各向异性介质，在这些介质内某些方向容易极化，另一些方向较难极化，使得 $\boldsymbol{D}$ 和 $\boldsymbol{E}$ 一般具有不同方向，它们的关系就不再是式（1.16），而是较复杂的张量式。这些介质中 $\boldsymbol{D}$ 和 $\boldsymbol{E}$ 的一般线性关系为：

$$\begin{aligned} \boldsymbol{D}_1 &= \varepsilon_{11}\boldsymbol{E}_1 + \varepsilon_{12}\boldsymbol{E}_2 + \varepsilon_{13}\boldsymbol{E}_3 \\ \boldsymbol{D}_2 &= \varepsilon_{21}\boldsymbol{E}_1 + \varepsilon_{22}\boldsymbol{E}_2 + \varepsilon_{23}\boldsymbol{E}_3 \\ \boldsymbol{D}_3 &= \varepsilon_{31}\boldsymbol{E}_1 + \varepsilon_{32}\boldsymbol{E}_2 + \varepsilon_{33}\boldsymbol{E}_3 \end{aligned} \tag{1.19}$$

式中，下标“1”、“2”、“3”代表 x、y、z 分量。上式可简写为：

$$\boldsymbol{D}_i = \sum_{j=i}^{3} \varepsilon_{ij}\boldsymbol{E}_j, i = 1,2,3,\cdots \tag{1.19a}$$

这种情况下介电常数不是一个标量 ε，而是一个张量 ε_{ij}。关于张量的知识，在第3章中还将涉及。

在强场作用下许多介质呈现非线性现象，这种情形下 $\boldsymbol{D}$ 不仅与 $\boldsymbol{E}$ 的一次式有关，而且与 $\boldsymbol{E}$ 的二次式、三次式都有关系，比如在激光照射下的非线性光学效应。非线性介质中 $\boldsymbol{D}$ 和 $\boldsymbol{E}$ 的一般关系式为：

$$\boldsymbol{D}_i = \sum_{j} \varepsilon_{ij}\boldsymbol{E}_j + \sum_{j,k} \varepsilon_{ijk}\boldsymbol{E}_j\boldsymbol{E}_k + \sum_{j,k,l} \varepsilon_{ijkl}\boldsymbol{E}_i\boldsymbol{E}_k\boldsymbol{E}_l + \cdots \tag{1.20}$$

除第一项外，其他各项都是非线性项。式(1.20)在非线性光学中有重要的应用。

麦克斯韦方程组式(1.15)加上描述介质性质的方程式(1.16)~式(1.18)，全面总结了电磁场中的规律，是宏观电动力学的基本方程组，利用它们原则上可以解决各种宏观电动力学的问题。

(2)**边界条件**

在解麦克斯韦方程组的时候，只有电磁波在介质分界面上的边界条件已知的情况下，才能唯一地确定方程组的解。例如，电磁波(光波)在介质分界面上的反射和折射等，都得利用边界条件才能得到解决。麦克斯韦方程组可以用于任何连续介质内部。在两介质分界面上，由于一般出现面电荷电流分布，使物理量发生跃变，可由麦克斯韦方程组的积分形成进行分析。下面分别考虑电场和磁场在介质分界面上的法向和切向产生跃变的情况。

1)法向分量的跃变

如图1.3所示，在两介质分界面上取一面元 $\Delta\boldsymbol{S}$，在 $\Delta\boldsymbol{S}$ 上作一扁平状柱体，它的两底分别位于界面两侧不同的介质中，并与界面平行，且无限靠近它。围绕 $\Delta\boldsymbol{S}$ 的边缘用一与 $\Delta\boldsymbol{S}$ 垂直的窄带将两底面之间的缝隙封闭起来，构成闭合高斯面的侧面。取界面的单位法向矢量为 $\boldsymbol{n}$，它的指向由介质1向介质2。据麦克斯韦方程的积分形式式(1.12)中的式(Ⅰ)，有：

$$\oiint \boldsymbol{D}\cdot \mathrm{d}\boldsymbol{S} = \iint_{(\text{底面}1)} \boldsymbol{D}\cdot \mathrm{d}\boldsymbol{S} + \iint_{(\text{底面}2)} \boldsymbol{D}\cdot \mathrm{d}\boldsymbol{S} + \iint_{(\text{侧面})} \boldsymbol{D}\cdot \mathrm{d}\boldsymbol{S} = q_0$$

因侧面面积趋于零，对于底面1来说，$\boldsymbol{n}$ 是内法线方向，有：

$$\oiint \boldsymbol{D}\cdot \mathrm{d}\boldsymbol{S} = (\boldsymbol{D}_2 - \boldsymbol{D}_1)\cdot \boldsymbol{n}\Delta\boldsymbol{S} = q_0$$

令 $q_0 = \Delta S\sigma$，σ 为导体分界面上的自由电荷面密度，于是得到：

$$\boldsymbol{n}\cdot(\boldsymbol{D}_{2n} - \boldsymbol{D}_{1n}) = \sigma \quad 或 \quad D_{2n} - D_{1n} = \sigma \tag{1.21}$$

如果介质为电介质，介质表面没有面电荷分布，则

$$\boldsymbol{n}\cdot(\boldsymbol{D}_{2n} - \boldsymbol{D}_{1n}) = 0, \boldsymbol{D}_{2n} = \boldsymbol{D}_{1n} \tag{1.22}$$

因此，导体表面的面电荷分布使界面两侧的电场法向分量发生跃变。对于磁场 $\boldsymbol{B}$，将式(1.12)中的式(Ⅲ)应用到图1.3的扁平状区域上，重复以上推导可以得到：

$$\boldsymbol{n}\cdot(\boldsymbol{B}_2 - \boldsymbol{B}_1) = 0 \quad 或 \quad \boldsymbol{B}_{2n} = \boldsymbol{B}_{1n} \tag{1.23}$$

2)切向分量的跃变

在高频情况下，由于趋肤效应，电流、电场和磁场都将分布在导体表面附近的一薄层内。若导体的电阻可以忽略，薄层的厚度趋于零，则可以将传导电流看成沿导体表面分布。定义电

流线密度 $\boldsymbol{\alpha}$,其大小等于垂直通过单位横切线的电流。由于存在面电流,在界面两侧的磁场强度发生跃变。如图 1.4 所示,在界面两侧取一狭长回路,回路的一长边在介质 1 中,另一长边在介质 2 中,长边 Δl 与面电流 i 正交。将麦氏方程式(1.12)中的式(Ⅳ)应用于狭长回路上,回路短边的长度趋于零,因而有:

$$\oint \boldsymbol{H} \cdot \mathrm{d}\boldsymbol{l} = (H_{2t} - H_{1t})\Delta l$$

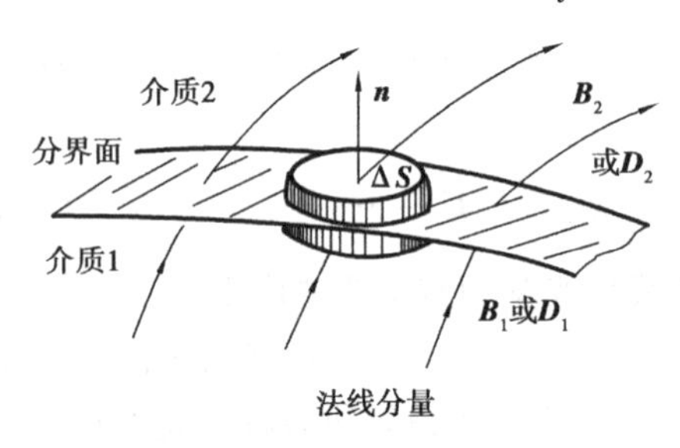

图 1.3　电磁场法向分量的跃变

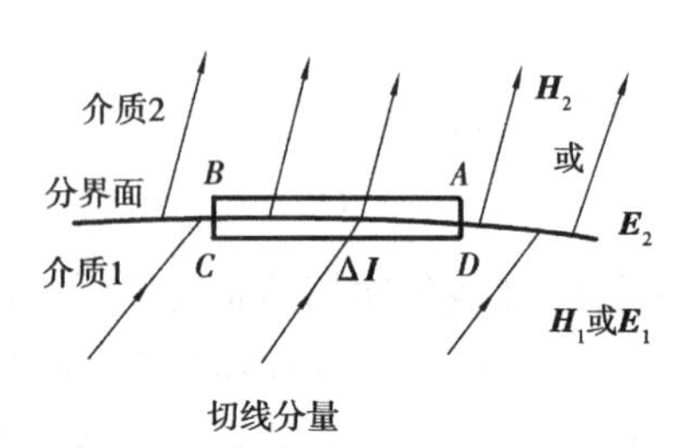

图 1.4　电磁场切向分量的跃变

式中,下标 t 表示沿 $\Delta\boldsymbol{I}$ 的切向分量。通过回路的总自由电流为:

$$I_0 = \alpha \Delta l$$

由于回路所围面积趋于零,而$\frac{\partial \boldsymbol{D}}{\partial t}$为有限量,因而有:

$$\frac{\partial}{\partial t}\oiint \boldsymbol{D} \cdot \mathrm{d}\boldsymbol{S} \to 0$$

将以上关系式代入式(1.12)中的式(Ⅳ)得:

$$H_{2t} - H_{1t} = \alpha \tag{1.24}$$

上式可用矢量式表示。

设 $\Delta\boldsymbol{I}$ 为界面上任一线元,n 为 $\Delta\boldsymbol{I}$ 方向上的单位矢量,流过 $\Delta\boldsymbol{I}$ 的自由电流为:

$$I_0 = \boldsymbol{n} \times \Delta\boldsymbol{I} \cdot \boldsymbol{\alpha} = \boldsymbol{\alpha} \times \boldsymbol{n} \cdot \Delta\boldsymbol{I}$$

对于狭长回路用麦氏方程组式(1.12)中的式(Ⅳ)得:

$$\oint \boldsymbol{H} \cdot \mathrm{d}\boldsymbol{I} = (\boldsymbol{H}_2 - \boldsymbol{H}_1) \cdot \Delta\boldsymbol{I} = I_0 = \boldsymbol{\alpha} \times \boldsymbol{n} \cdot \Delta\boldsymbol{I}$$

由于 $\Delta\boldsymbol{I}$ 为界面上任一矢量,则

$$(\boldsymbol{H}_2 - \boldsymbol{H}_1)_{\parallel} = \boldsymbol{\alpha} \times \boldsymbol{n}$$

式中,"$\parallel$"表示投影到界面上的矢量。上式再用 $\boldsymbol{n}$ 矢乘,注意到 $\boldsymbol{n} \times (\boldsymbol{H}_2 - \boldsymbol{H}_1)_{\parallel} = \boldsymbol{n} \times (\boldsymbol{H}_2 - \boldsymbol{H}_1)$,而 $\boldsymbol{n} \cdot \boldsymbol{\alpha} = 0$,得:

$$\boldsymbol{n} \times (\boldsymbol{H}_2 - \boldsymbol{H}_1) = \boldsymbol{\alpha} \tag{1.25}$$

这就是存在面电流分布情况下磁场切向分量的边界条件。当界面上不存在面电流分布时,得:

$$\boldsymbol{n} \times (\boldsymbol{H}_2 - \boldsymbol{H}_1) = 0 \tag{1.26}$$

因此,面电流分布使界面两侧的磁场的切向分量发生了跃变。

同理,由式(1.12)中的式(Ⅱ),可得电场切向分量的边界条件,即

$$\boldsymbol{n} \times (\boldsymbol{E}_2 - \boldsymbol{E}_1) = 0 \tag{1.27}$$

该式表示界面两侧 $\boldsymbol{E}$ 的切向分量连续。

概括以上得到的边界条件为:

$$
\begin{aligned}
&\boldsymbol{n}\times(\boldsymbol{E}_2-\boldsymbol{E}_1)=0\\
&\boldsymbol{n}\times(\boldsymbol{H}_2-\boldsymbol{H}_1)=\boldsymbol{\alpha}\\
&\boldsymbol{n}\cdot(\boldsymbol{D}_2-\boldsymbol{D}_1)=\sigma\\
&\boldsymbol{n}\cdot(\boldsymbol{B}_2-\boldsymbol{B}_1)=0
\end{aligned}
\tag{1.28}
$$

这组方程和麦氏方程式(1.12)对应。边界条件表示界面两侧的场以及界面上电荷电流的制约关系,它们实质上是边界上的场方程。由于实际问题往往含有几种介质以及导体在内,因此,边界条件的具体应用对于解决实际问题十分重要。例如,第3章中将用以分析薄膜波导和光导纤维中的问题。

1.2　平面电磁波的性质

在远离波源的波场区中,既没有自由电荷($\rho_0=0$),也没有传导电流($j_0=0$)。设介质是均匀无限的,将$\boldsymbol{D}=\varepsilon\varepsilon_0\boldsymbol{E}$和$\boldsymbol{B}=\mu\mu_0\boldsymbol{H}$代入麦克斯韦方程组得:

$$
\begin{cases}
\nabla\cdot\boldsymbol{E}=0, & (\mathrm{I})\\
\nabla\times\boldsymbol{E}=-\mu\mu_0\dfrac{\partial\boldsymbol{H}}{\partial t}, & (\mathrm{II})\\
\nabla\cdot\boldsymbol{H}=0, & (\mathrm{III})\\
\nabla\times\boldsymbol{H}=\varepsilon\varepsilon_0\dfrac{\partial\boldsymbol{E}}{\partial t}。 & (\mathrm{IV})
\end{cases}
\tag{1.29}
$$

在直角坐标系中,写出各分量形式,即

$$
\begin{cases}
\dfrac{\partial\boldsymbol{E}_x}{\partial x}+\dfrac{\partial\boldsymbol{E}_y}{\partial y}+\dfrac{\partial\boldsymbol{E}_z}{\partial z}=0, & (\mathrm{I})\\
\dfrac{\partial\boldsymbol{E}_z}{\partial y}-\dfrac{\partial\boldsymbol{E}_y}{\partial z}=-\mu\mu_0\dfrac{\partial\boldsymbol{H}_x}{\partial t}, & (\mathrm{II}_x)\\
\dfrac{\partial\boldsymbol{E}_x}{\partial z}-\dfrac{\partial\boldsymbol{E}_z}{\partial x}=-\mu\mu_0\dfrac{\partial\boldsymbol{H}_y}{\partial t}, & (\mathrm{II}_y)\\
\dfrac{\partial\boldsymbol{E}_y}{\partial x}-\dfrac{\partial\boldsymbol{E}_x}{\partial y}=-\mu\mu_0\dfrac{\partial\boldsymbol{H}_z}{\partial t}; & (\mathrm{II}_z)\\
\dfrac{\partial\boldsymbol{H}_x}{\partial x}+\dfrac{\partial H_y}{\partial y}+\dfrac{\partial H_z}{\partial z}=0, & (\mathrm{III})\\
\dfrac{\partial\boldsymbol{H}_z}{\partial y}-\dfrac{\partial\boldsymbol{H}_y}{\partial z}=\varepsilon\varepsilon_0\dfrac{\partial\boldsymbol{E}_x}{\partial t}, & (\mathrm{IV}_x)\\
\dfrac{\partial\boldsymbol{H}_x}{\partial z}-\dfrac{\partial\boldsymbol{H}_z}{\partial x}=\varepsilon\varepsilon_0\dfrac{\partial\boldsymbol{E}_y}{\partial t}, & (\mathrm{IV}_y)\\
\dfrac{\partial\boldsymbol{H}_y}{\partial x}-\dfrac{\partial\boldsymbol{H}_x}{\partial y}=\varepsilon\varepsilon_0\dfrac{\partial\boldsymbol{E}_z}{\partial t}。 & (\mathrm{IV}_z)
\end{cases}
\tag{1.30}
$$

设平面波沿z轴传播,则波面垂直z轴。在波面内的位相相同,即位相与x、y变量无关。为简单起见,假设振幅也与x、y无关,这样,上式中对x、y的偏微商全等于零。于是,式(Ⅰ)、式(II_z)、式(Ⅲ)、式(IV_z)简化为:

$$\frac{\partial \boldsymbol{E}_z}{\partial z}=0,\frac{\partial \boldsymbol{H}_z}{\partial t}=0,\frac{\partial \boldsymbol{H}_z}{\partial z}=0,\frac{\partial \boldsymbol{E}_z}{\partial t}=0。$$

上式表明，电场矢量、磁场矢量沿波动传播方向（z 方向）的分量 E_z 和 H_z（纵分量）是与任何时空变量无关的常量，它们与这里考虑的电磁波无关，可以设为 $E_z=0,H_z=0$。因此，可得出结论：电磁波是横波。

式(1.30)中其余四式简化后给出电、磁矢量的横分量满足的方程中，即

$$\begin{cases}\dfrac{\partial \boldsymbol{E}_y}{\partial z}=\mu\mu_0\dfrac{\partial \boldsymbol{H}_x}{\partial t}, & (\text{II}_x)\\ \dfrac{\partial \boldsymbol{E}_x}{\partial z}=-\mu\mu_0\dfrac{\partial \boldsymbol{H}_y}{\partial t}; & (\text{II}_y)\\ \dfrac{\partial \boldsymbol{H}_y}{\partial z}=-\varepsilon\varepsilon_0\dfrac{\partial \boldsymbol{E}_x}{\partial t}, & (\text{IV}_x)\\ \dfrac{\partial \boldsymbol{H}_x}{\partial z}=\varepsilon\varepsilon_0\dfrac{\partial \boldsymbol{E}_y}{\partial t}。 & (\text{IV}_y)\end{cases} \tag{1.31}$$

如果取 x 轴沿 $\boldsymbol{E}$ 矢量方向，则 $E_y=0$，于是，式(1.31)中的式(II_x)、式(IV_y)成为：

$$\frac{\partial H_x}{\partial t}=0 \quad \frac{\partial H_x}{\partial z}=0$$

于是，$\boldsymbol{H}$ 矢量在 x 方向也与时空无关，因而也与电磁波无关，可认为 $\boldsymbol{H}_x=0$，所以 $\boldsymbol{H}$ 矢量只剩下 $\boldsymbol{H}_y$ 分量了，于是得出结论：电矢量 $\boldsymbol{E}$ 沿 x 方向，磁矢量 $\boldsymbol{H}$ 沿 y 方向，它们相互垂直，即电场矢量与磁场矢量相互垂直。这是电磁波的另一重要特性。与电磁波传播方向 z 联系起来，得到如图1.5所示的物理图像，在电磁波中，电场矢量 $\boldsymbol{E}$、磁场矢量 $\boldsymbol{H}$ 和传播方向 $\boldsymbol{k}$ 三者两两垂直。

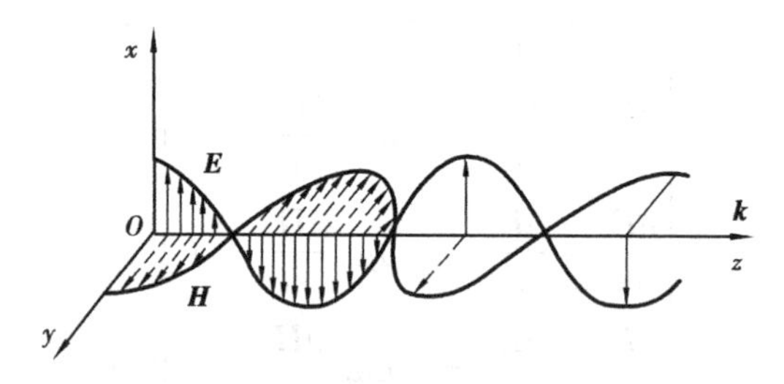

图1.5 平面电磁波的传播

最后剩下式(1.31)中式(II_y)、式(IV_x)两个方程式，即

$$\frac{\partial \boldsymbol{E}_x}{\partial z}=-\mu\mu_0\frac{\partial \boldsymbol{H}_y}{\partial t},\frac{\partial \boldsymbol{H}_y}{\partial z}=-\varepsilon\varepsilon_0\frac{\partial \boldsymbol{E}_x}{\partial t} \tag{1.32}$$

式(1.32)将 $\boldsymbol{E}_x$ 和 $\boldsymbol{H}_y$ 两个场变量联系在一起，反映了变化着的电场和磁场相互激发，相互感生的规律。

将式(II_y)对 z 取微商，式(IV_x)对 t 取微商，消去 $\boldsymbol{H}_y$ 得：

$$\frac{\partial^2 \boldsymbol{E}_x}{\partial z^2}-\varepsilon\varepsilon_0\mu\mu_0\frac{\partial^2 \boldsymbol{E}_x}{\partial t^2}=0 \tag{1.33}$$

将式(II_y)对 t 取微商，式(IV_x)对 z 取微商，消去 $\boldsymbol{E}_x$ 得：

$$\frac{\partial^2 \boldsymbol{H}_y}{\partial z^2} - \varepsilon\varepsilon_0\mu\mu_0 \frac{\partial^2 \boldsymbol{H}_y}{\partial t^2} = 0 \tag{1.34}$$

前面已经证明,因为 $\boldsymbol{E}_x$ 与 $\boldsymbol{H}_y$ 垂直、下标 x、y 可去掉。

令

$$c = \frac{1}{\sqrt{\varepsilon\varepsilon_0\mu\mu_0}} \tag{1.35}$$

真空中:

$$c = \frac{1}{\sqrt{\varepsilon_0\mu_0}}$$

则式(1.33)、式(1.34)成为:

$$\frac{\partial^2 \boldsymbol{E}}{\partial z^2} - \frac{1}{c^2}\frac{\partial^2 \boldsymbol{E}}{\partial t^2} = 0$$

$$\frac{\partial^2 \boldsymbol{H}}{\partial z^2} - \frac{1}{c^2}\frac{\partial^2 \boldsymbol{H}}{\partial t^2} = 0 \tag{1.36}$$

为求 $\boldsymbol{E}$,设一般情况下,电磁波为具有一定时间频率的正弦振荡,可写为:

$$\boldsymbol{E}(\boldsymbol{r},t) = \boldsymbol{E}(\boldsymbol{r})\mathrm{e}^{-\mathrm{i}\omega t}$$

$$\boldsymbol{H}(\boldsymbol{r},t) = \boldsymbol{H}(\boldsymbol{r})\mathrm{e}^{-\mathrm{i}\omega t} \tag{1.37}$$

式(1.37)中,已设电磁波的角频率为 ω,电磁场对时间的依赖关系为 $\cos\omega t$,写成复数形式,即式(1.37),将式(1.37)代入式(1.29),两边消去 $\mathrm{e}^{-\mathrm{i}\omega t}$ 得:

$$\nabla \times \boldsymbol{E}(\boldsymbol{r}) = \mathrm{i}\omega\mu\mu_0\boldsymbol{H} \quad (\mathrm{I})$$

$$\nabla \times \boldsymbol{H}(\boldsymbol{r}) = -\mathrm{i}\omega\varepsilon\varepsilon_0\boldsymbol{E} \quad (\mathrm{II}) \tag{1.38}$$

取式(Ⅰ)的旋度并用式(Ⅱ)得:

$$\nabla \times (\nabla \times \boldsymbol{E}) = \omega^2\mu\mu_0\varepsilon\varepsilon_0\boldsymbol{E}(r)$$

由▽算符公式 $\nabla \times (\nabla \times \boldsymbol{E}) = \nabla(\nabla \cdot \boldsymbol{E}) - \nabla^2\boldsymbol{E} = -\nabla^2\boldsymbol{E}$ 得:

$$\nabla^2\boldsymbol{E} + k^2\boldsymbol{E} = 0 \tag{1.39}$$

$$k = \omega\sqrt{\varepsilon\varepsilon_0\mu\mu_0} \tag{1.40}$$

方程式(1.39)称为亥姆霍兹(Helmhdtz)方程,是一定频率 ω 下电磁波的基本方程,其解 $\boldsymbol{E}(\boldsymbol{r})$ 代表电磁波场强在空间中分布情况,每一种可能的形式称为一种模式或波型。

类似地,可由式(1.38)中的式(Ⅱ)得:

$$\nabla^2\boldsymbol{H} + k^2\boldsymbol{H} = 0$$

按激发和传播条件的不同,电磁波的场强 $\boldsymbol{E}(r)$ 可以有各种不同的形式。例如,从广播天线发出的球面波,沿传输线或波导管定向传播的波,由激光器激发的窄光束等,其场强都是亥姆霍兹方程式(1.39)的解。平面电磁波是其中一种最基本的解。

设电磁波沿 z 轴方向传播,其场强在与 z 轴正交的平面上各点具有相同的值,即 $\boldsymbol{E}$ 和 $\boldsymbol{H}$ 仅与 z 和 t 有关,而与 x、y 无关。这种电磁波称为平面电磁波,其波阵面(等相位点组成的面)为与 z 轴正交的平面。在此情形下,亥姆霍兹方程化为一维常微分方程,即

$$\frac{\mathrm{d}^2\boldsymbol{E}(z)}{\mathrm{d}z^2} + k^2\boldsymbol{E}(z) = 0 \tag{1.41}$$

它的一个解是 $\boldsymbol{E}(\boldsymbol{r}) = \boldsymbol{E}_0 \cdot \mathrm{e}^{\mathrm{i}kz}$

由式(1.37),场强的全表示式为:

$$\boldsymbol{E}(z,t) = \boldsymbol{E}_0\mathrm{e}^{\mathrm{i}(kz-\omega t)} \tag{1.42}$$

同理可得：

$$\boldsymbol{H}(z,t) = \boldsymbol{H}_0 e^{i(kz-\omega t)}$$

在任意方向传播的平面波表示为：

$$\boldsymbol{E}(\boldsymbol{r},t) = \boldsymbol{E}_0 e^{i(\boldsymbol{k}\cdot\boldsymbol{r}-\omega t)} \tag{1.43}$$

将式(1.42)代入式(1.32)可得，复振幅之间的关系式 $\sqrt{\varepsilon\varepsilon_0}\boldsymbol{E}_0 = \sqrt{\mu\mu_0}\boldsymbol{H}_0$，可得振幅成比例、复角相等，即

$$\sqrt{\varepsilon\varepsilon_0}\boldsymbol{E} = \sqrt{\mu\mu_0}\boldsymbol{H} \tag{1.44}$$

$$\phi_{\boldsymbol{E}} = \phi_{\boldsymbol{H}} \tag{1.45}$$

以上采用了复数运算，对于实际的场强应理解为只取式(1.42)、式(1.43)的实数部分，则式(1.42)为：

$$\boldsymbol{E}(z,t) = \boldsymbol{E}_0 \cos(kz - \omega t) \tag{1.46}$$

现在来看相位因子的物理意义。在时刻 $t=0$ 时，相位因子为 $\cos kz$，在 $z=0$ 处，平面波处于波峰。在另一时刻 t，相位因子为 $\cos(kz-\omega t)$，波峰移至 $kz-\omega t=0$ 处，即移至 $z=(\omega/k)t$ 的平面上，因此，式(1.42)表示一个沿 z 轴方向传播的平面波，其相速度为：

$$v = \frac{\omega}{k} = \frac{1}{\sqrt{\varepsilon\varepsilon_0\mu\mu_0}} \tag{1.47}$$

式(1.47)即为式(1.35)，所以电磁波传播的速度为：

$$v = \frac{1}{\sqrt{\varepsilon\varepsilon_0\mu\mu_0}} \tag{1.48}$$

真空中：

$$c = \frac{1}{\sqrt{\varepsilon_0\mu_0}} \tag{1.49}$$

在国际单位制(SI)中，将 $\varepsilon_0 = 8.9\times10^{-12}\ \mathrm{C^2/(N\cdot m^2)} = 8.9\times10^{-12}\ \mathrm{A^2\cdot s^2/(N\cdot m^2)}$ 和 $\mu_0 = 4\pi\times10^{-7}\ \mathrm{N/A^2}$ 代入式(1.49)，得到 c 的量纲为 m/s，确实为速度的量纲，量值约为 $c\approx3.0\times10^8$ m/s。

图 1.6 所示为球面波中传播方向与 $\boldsymbol{E}$ 和 $\boldsymbol{H}$ 的关系。

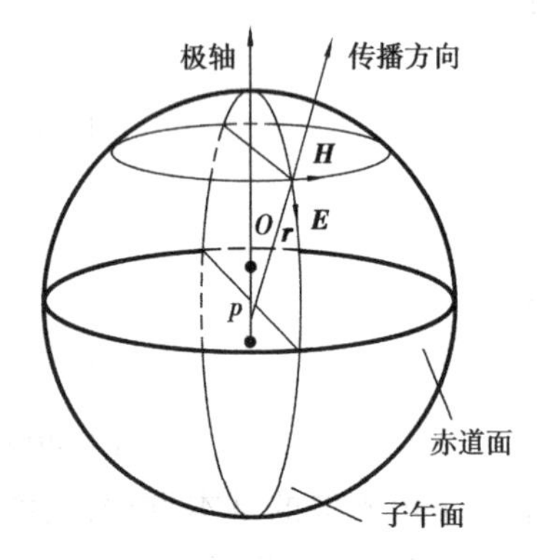

图 1.6　偶极振子发射的电磁波中 $\boldsymbol{E}$、$\boldsymbol{H}$ 的方向

1.3　光的电磁理论与电磁波谱

(1)光的电磁理论

对光的本性，最早的理论是以牛顿为代表提出的微粒说，他们认为光是按照力学定律运动的微小粒子流，这种理论在 17 世纪和 18 世纪占据着主导地位。但是，与牛顿同时代的惠更斯于 1687 年首先提出了光的波动说，他们认为光是在一种特殊弹性媒质“以太”中传播的机械波，并设想光是纵波。到了 19 世纪，托马斯·杨和菲涅尔等人研究了光的干涉、衍射现象，初步测定了光的波长，发展了光的波动理论，特别是他们根据光的偏振现象，确定了光是横波，但是，这时的波动理论没有跳出机械论的范围。19 世纪中叶，许多人用不同的方法对光速进行

了测量，测量结果都约为 3.0×10^8 m/s。

按照麦克斯韦理论，电磁波是横波，它在真空中的传播速度为：

$$c=\frac{1}{\sqrt{\varepsilon_0\mu_0}}$$

式中，c 只与电磁学公式中的比例系数 ε_0、μ_0 有关，是一个普适常数。当时通过实验测得：

$$c=\frac{1}{\sqrt{\varepsilon_0\mu_0}}\approx3.1074\times10^8\ \text{m/s}$$

当时已经知道，这样大的速度是任何宏观物体（包括天体）和微观物体（如分子）所没有的，只有光速可与之比拟。由此麦克斯韦得出这样的结论：光是一种电磁波，c 就是光在真空中的传播速度。

在介质中的电磁波速 v 为真空中的 $\frac{1}{\sqrt{\varepsilon\mu}}$ 倍，则

$$v=\frac{c}{\sqrt{\varepsilon\mu}}\tag{1.50}$$

另一方面，光学中的折射率 n 的定义为：光在真空中传播的速度与在透明介质中传播的速度之比，即

$$n=\frac{c}{v},\text{则}\ v=\frac{c}{n}\tag{1.51}$$

如果光是电磁波，将式（1.50）与式（1.51）比较，就应有：

$$n=\sqrt{\varepsilon\mu}$$

对于非铁磁质，相对磁导率 $\mu\approx1$，从而得：

$$n=\sqrt{\varepsilon}\tag{1.52}$$

式（1.52）从理论上将光学和电磁学两个不同领域中的物理量联系起来，该式称为麦克斯韦关系。对于无极分子介质（如空气、氦、氢），按式（1.52）计算的折射率与测量的折射率能很好地符合；但对于有极分子介质（如玻璃、水、酒精等），则一般不符合。进一步的研究表明，介质的相对介电常数 ε 与电场的变化频率有关。通常，ε 是在低频电场下（如 60 Hz）测量的，对于无极分子介质，极化是由于电子的运动，在高频场中电子的运动能跟上电场的变化，所以无极分子介质的 ε 随频率的变化不太显著。对于有极分子介质，极化主要由分子转动排列造成，因分子转动惯量较大，当电场变化频率很高时，分子的转动跟不上电场的变化，极化就会减弱，因此有极分子介质的 ε 将显著地随着电场频率的升高而减小。如果式（1.52）中 ε 用光波频率时的值（约为 10^{16} Hz），则 $\sqrt{\varepsilon}$ 就与介质对光的折射率一致。据以上分析可知，光波确是电磁波。

（2）**电磁波谱**

自从赫兹应用电磁振荡方法产生电磁波，并证明电磁波的性质与光波的性质相同以后，人们又进行了许多实验，不仅证明了光是一种电磁波，而且发现了更多形式的电磁波。例如，1895 年伦琴发现的 X 射线，1896 年贝克勒耳发现的放射性辐射中的 γ 射线，都被证明是电磁波，这些电磁波本质上完全相同，只是频率或波长有很大差别。例如，光波的频率比无线电波要高得多，而 X 射线和 γ 射线的频率则更高。按照波长或频率的顺序把电磁波排列起来，即是电磁波谱。真空中电磁波的速度 $c=3.0\times10^8$ m/s 为常量，因此，真空中电磁波的波长 λ 与

频率 ν 成反比,即

$$\lambda = \frac{c}{\nu} \tag{1.53}$$

无线电波从波长(λ)约几千米(频率几百千赫左右)开始。波长 3 km ~ 50 m(频率 100 kHz ~ 6 MHz)范围为中波段,波长 50 ~ 10 m(频率 6 ~ 30 MHz)范围为短波,波长 10 ~ 0.01 m(频率 30 ~ 3×10^4 MHz)甚至达到 1 mm(频率为 3×10^6 MHz)以下为超短波(微波)。图 1.7 所示为电磁波谱按波长或频率变化的情况。

中波和短波用于无线电广播和通信,微波用于电视和雷达等。

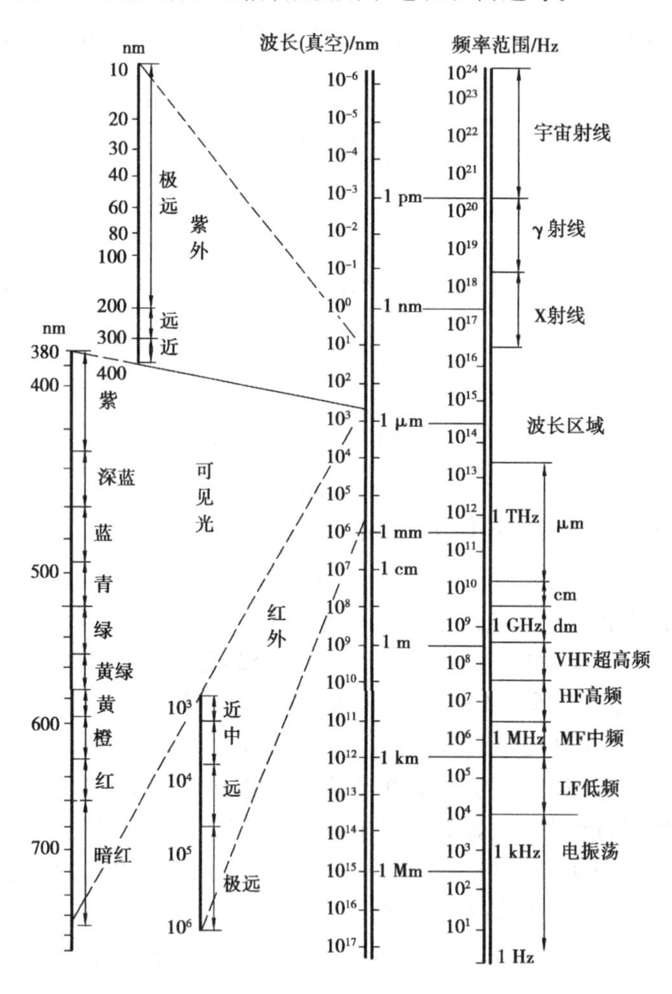

图 1.7　电磁波谱

可见光波长范围很窄,λ 在 0.76 ~ 0.4 μm 之间。从可见光向两边扩展,波长比它长的称为红外线,红外线波长在 0.76 μm 到十分之几毫米,它的热效应特别显著;波长比可见光短的称为紫外线,波长在 0.005 ~ 0.4 μm,它有显著的化学效应和荧光效应。用于光纤通信与光纤传感的光源一般为近红外光源,波长在 0.85 ~ 1.5 μm。表 1.1 中列出了电磁波谱的主要产生方法和主要检测手段。

表1.1　电磁波谱*

辐射波	频率范围/Hz	波长范围	主要产生手段	主要检测手段
无线电波（射频波）	$<10^{9}$	>300 mm	电子线路	电子电路
微　波	$10^{9}\sim10^{12}$	300～0.3 mm	行波管 速调管 磁控管	晶　体
光波　红外线 可见光 紫外线	$10^{12}\sim4.3\times10^{14}$ $4.3\times10^{14}\sim7.5\times10^{14}$ $7.5\times10^{14}\sim10^{16}$	300～0.7 μm 0.7～0.4 μm 0.4～0.03 μm	热　体 灯电弧 } 激光 汞　灯	热敏元件　光电元件 肉眼　光敏元件　感光胶片 光电倍增管感光胶片
X射线 γ射线	$10^{16}\sim10^{19}$ $>10^{19}$	30～0.03 nm <0.03 nm	X射线管 加速器	电离室　感光胶片

* 各区段的界限不是绝对的。

思考题

1.1　A光波和B光波一样是指哪些参数相同？

1.2　写出折射率与介电常数之间的关系，为什么说光波是电磁波？

1.3　可见光谱的范围是多少？从可见光向两边扩展，波长比它长的称为红外线，它的什么效应特别显著？波长比可见光短的称为紫外线，它有显著的什么效应？

1.4　写出麦克斯韦方程组的微分形式及其物理意义。

1.5　从麦克斯韦方程组的积分形式推导出麦克斯韦方程组的微分形式。

1.6　画出空间电磁波的传播示意图，并标出电场与磁场的方向。

1.7　试述电磁波在介质边界法向和切向的跃变特点（写出表达式和物理意义）。

1.8　试述平面电磁波的基本性质。

1.9　按波长大小画出电磁波的排列顺序（要求把可见光谱列出）。

第2章 激光与半导体光源

人们周围有许多发光物质，如太阳、电灯、荧光灯、电视机的阴极射线管、火炉的火焰、萤火虫及某些药品等，所有这些物质的光都是自发发光。自从20世纪60年代激光发明以来，这种受激发射与放大的光作为一种新兴的光源与普通自发发光的光源相比，以其高发射功率、高相干性和良好的方向性很快被应用于各种领域，形成了诸如光电子学、纤维光学、非线性光学等学科，以致有人认为，现代光学的主要特点就是光源的激光化和手段的电子化。

迄今为止，作为激光器的工作物质已相当广泛，有固体、气体、液体，半导体，染料等，种类繁多。各种激光器发射的谱线分布在一个很宽的波长范围内，短至0.24 μm以下的紫外，长至774 μm的远红外，中间包括可见光、近红外、红外各个波段；输出功率低的到几微瓦(10^{-6} W)，高的达几兆兆瓦(10^{12} W)。例如，高功率激光器中有CO_2激光器，其连续输出功率可达10^4 W；钕玻璃激光器的脉冲输出功率可达10^{13} W；钇钕石榴石(YAG)激光器连续输出功率达10^3 W，脉冲输出功率达10^8 W。在计量技术和实验室中经常使用的氦氖(He-Ne)激光器，发射波长为0.633 μm、1.15 μm和3.39 μm，连续输出功率为1～100 mW。而半导体激光器和发光二极管又以其体积小、寿命长、发光效率高，供电电源简单，发射波长为近红外，为光纤传输的低损耗区，而广泛用于光纤通信和光纤传感器中。本章即介绍激光的基本原理和应用及半导体发光器件的发光机理、特性和应用。

2.1 激光的原理、特性和应用

2.1.1 玻尔假说与粒子数正常分布

在前人大量的实验工作和理论工作(特别是普朗克、爱因斯坦假说和卢瑟福实验)的基础上，1913年玻尔(N. Bohr)提出如下两点假说，为原子结构的量子理论奠定了基础，为此他获得1922年的诺贝尔物理学奖。

①原子存在某些定态，在这些定态中不发出也不吸收电磁辐射能。原子定态的能量只能采取某些分立的值$E_1, E_2, \cdots, E_n$，而不能采取其他值，这些定态能量的值称为能级。

②只有当原子从一个定态跃迁到另一个定态时，才发出或吸收电磁辐射。

按照光子假设，电磁辐射的最小单元是光子，它的能量为 $h\nu$，根据能量守恒定律，原子在一对能级 E_m、E_n 间发生跃迁时，只能发出或吸收满足下式的特定频率的单色电磁辐射，即

$$h\nu = E_n - E_m \quad 或 \quad \nu = (E_n - E_m)/h \tag{2.1}$$

上式称为玻尔频率条件，式中 h 为普朗克常数，即

$$h = 6.62 \times 10^{-34} \mathrm{J \cdot s}$$

当原子从高能级向低能级跃迁时，相当于光的发射过程，而从低能级向高能级跃迁时，即相当于光的吸收过程，两个相反的过程都满足同一条件式(2.1)。

原子能级中能量最低的称为基态，其余的称为激发态，如图2.1所示。

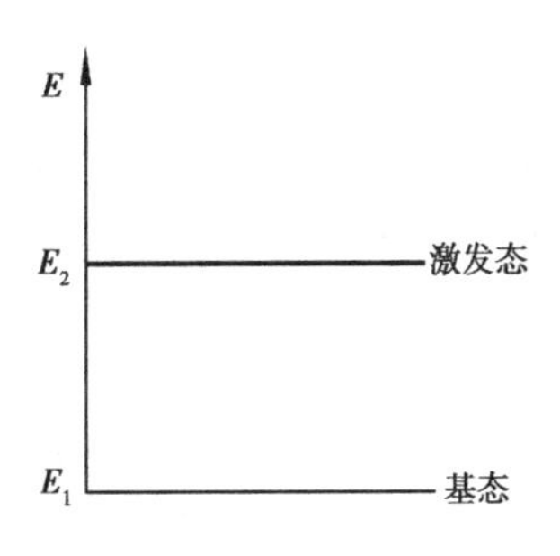

图 2.1　原子能级

若原子处于热平衡状态，各能级上粒子数目的分布将服从一定的统计规律，这就是玻耳兹曼正则分布律。设原子体系的热平衡绝对温度为 T，在能级 E_n 的粒子数为 N_n，则玻耳兹曼分布律为：

$$N_n \propto \exp(-E_n/kT) \tag{2.2}$$

即随着能级增高，能级上的粒子数 N_n 按指数规律减少，式中 k 为波耳兹曼常数。$k = 1.380\,6 \times 10^{-23}$,J/K $= 8.617 \times 10^{-5}$ eV/K。按照这个正则分布规律，能级 E_2，E_1 上粒子数之比为：

$$\frac{N_2}{N_1} = \frac{\exp(-E_2/kT)}{\exp(-E_1/kT)} = \exp[-(E_2 - E_1)/kT] < 1 \tag{2.3}$$

上式说明，在热平衡态中，高能级上的粒子数 N_2 一定小于低能级上和粒子数 N_1，两者的比例由体系的温度决定。在给定温度下，$E_2 - E_1$ 这一差值越大，N_2 比 N_1 就相对地越小。例如，氢原子的第一激发态 $E_2 = -3.40$ eV，基态 $E_1 = -13.60$ eV，$E_2 - E_1 = 10.20$ eV，在常温 $T = 300$ K 时($kT \approx 0.026$ eV)，$N_2/N_1 = \mathrm{e}^{-10.20/0.026} \approx \mathrm{e}^{-400} \approx 10^{-170}$。可见，在常温的热平衡状态下，气体中几乎全部原子处在基态。

2.1.2　自发辐射、受激辐射和受激吸收

如前所述，从高能级 E_2 向低能级 E_1 跃迁相当于光的发射过程，相反的跃迁是光的吸收过程，两种过程都满足同一频率条件，即

$$\nu = \frac{E_2 - E_1}{h}$$

进一步的深入研究发现，光的发射过程实际上有两种：一是在没有外来光子的情况下，处在高能级的原子以一定的几率自发地向低能级跃迁，从而发出一个光子来，这种过程称为自发辐射过程，如图 2.2(a)所示；另一发射过程是在满足上述频率条件的外来光子的激励下，高能级的原子向低能级跃迁，并发出另一个同频率的光子来，这种过程称为受激辐射过程，如图 2.2(b)所示。自发辐射是个随机过程，处在高能级的各个原子随机地、独立地自发发射光子，形成一串串波列，这些波列在位相、偏振态和传播方向上都彼此无关，因而自发辐射的光波是非相干的。而受激辐射的光波，其频率、位相、偏振状态和传播方向都与外来的光波相同。

光的吸收过程如图 2.2(c)所示，与受激辐射一样，都是在满足上述频率条件的外来光子的激励下才发生的跃迁过程。由于原子在各能级上有一定的统计分布，因此在满足上述频率

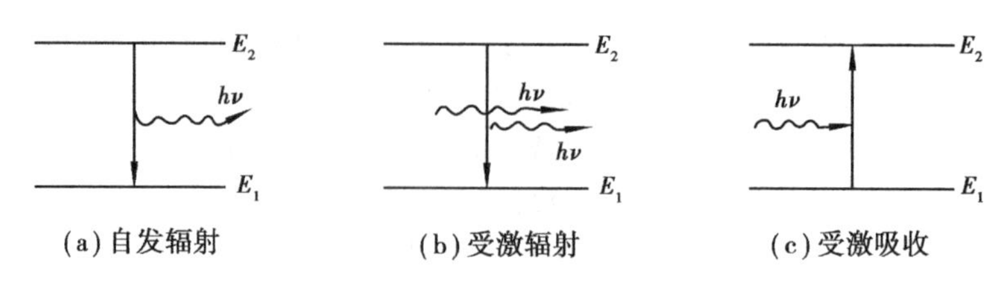

图 2.2　三种跃迁过程

条件的外来光束照射下,两能级间受激吸收和受激辐射这两个相反的过程总是同时存在,相互竞争,其宏观效果是二者之差。当吸收过程比受激辐射过程强时,宏观看来光强逐渐减弱;反之,当受激辐射过程比吸收过程强时,宏观看来光强逐渐加强。具体地回答这个问题必须分析两种过程的几率,下面就来讨论这个问题。

仍考虑任意两个能级 E_1、$E_2(E_2>E_1)$,设体系在某时刻 t 处于这两个能级的原子数分别是 N_1 和 N_2,既然两个受激跃迁过程是由外来光子引起的,单位时间内每个原子的受激跃迁几率都与满足频率条件的外来光子数密度,或者说原子周围该频率的辐射能密度的谱密度 $u(\nu)$ 成正比。而单位时间内发生某种跃迁过程的原子数($\mathrm{d}N/\mathrm{d}t$)还应正比于始态的原子数 N,因此,对于受激辐射过程($E_2\rightarrow E_1$),则

$$\frac{\mathrm{d}N_{21}}{\mathrm{d}t}=B_{21}u(\nu)N_2 \tag{2.4}$$

而对于受激吸收过程($E_1\rightarrow E_2$),则

$$\frac{\mathrm{d}N_{12}}{\mathrm{d}t}=B_{12}u(\nu)N_1 \tag{2.5}$$

自发辐射过程($E_2\rightarrow E_1$)的几率只与始态 E_2 上的粒子数 N_2 有关,与外来辐射能的密度无关,于是单位时间内发生自发辐射跃迁过程的原子数可写为:

$$\frac{\mathrm{d}N_{21}}{\mathrm{d}t}=A_{21}N_2 \tag{2.6}$$

式(2.4)~式(2.6)中引入的系数 B_{21},B_{12},A_{21} 称为"爱因斯坦系数",它们都是原子本身的属性,与体系中原子能级的分布状况无关。正因如此,可以利用细致平衡条件,推导出三者之间的比例关系。所谓细致平衡,是指每对能级之间粒子的交换都达到平衡。在热平衡态中,$u(\nu)$ 等于标准能谱 $u_{\mathrm{T}}(\nu)$,单位时间内由能级 E_2 跃迁到能级 E_1 的原子数为,$B_{21}u_{\mathrm{T}}(\nu)N_2+A_{21}N_2$,由能级 E_1 跃迁到能级 E_2 的原子数为,$B_{12}u_{\mathrm{T}}(\nu)N_1$,达到细致平衡时二者相等,即 $B_{21}u_{\mathrm{T}}(\nu)N_2+A_{21}N_2=B_{12}u_{\mathrm{T}}(\nu)N_1$,由此解出 $u_{\mathrm{T}}(\nu)$,得:

$$u_{\mathrm{T}}(\nu)=\frac{A_{21}N_2}{B_{12}N_1-B_{21}N_2}=\frac{A_{21}}{B_{12}N_1/N_2-B_{21}} \tag{2.7}$$

按正则分布的玻尔条件,即

$$\frac{N_1}{N_2}=\exp\left[(E_2-E_1)/kT\right]=\exp\left(h\nu/kT\right)$$

另一方面,按普朗克黑体辐射公式,即

$$u_{\mathrm{T}}(\nu)=\frac{4}{c}\gamma_0(\nu,T)=\frac{8\pi h}{c^3}\frac{\nu^3}{\exp\left(h\nu/kT\right)-1}$$

将上式代入式(2.7),得:

$$\frac{8\pi h\nu^3}{c^3}\frac{1}{\exp(h\nu/kT)-1}=\frac{A_{21}}{B_{12}\exp(h\nu/kT)-B_{21}}$$

要上式两端对任何 $h\nu/kT$ 之值均成立,必须系数分别相等,即

$$\frac{A_{21}}{B_{12}}=\frac{8\pi h\nu^3}{c^3}$$

及
$$B_{12}=B_{21}=B \tag{2.8}$$

或
$$A_{21}=\frac{8\pi h\nu^3}{c^3}B_{21}=\frac{8\pi h\nu^3}{c^3}B_{12} \tag{2.9}$$

以上仅是三个爱因斯坦系数之间的关系,它们表明,从下面越难激发上去的能级,从上面自发地跃迁下来的几率也越小。再次强调,虽然式(2.8)、式(2.9)是由细致平衡条件得出的,由于 A_{21}、B_{21}、B_{12} 与分布状况无关,因此这些关系式都是普遍成立的。

以上理论是爱因斯坦于 1917 年提出来的,它为后来激光的发明奠定了理论基础。A_{21}、B_{21}、B_{12} 统称为"爱因斯坦系数",式(2.8)、式(2.9)称为"爱因斯坦公式"。

2.1.3 粒子数反转与光放大

当一束频率为 ν 的光通过具有能级为 E_2 和 $E_1(E_2-E_1=h\nu)$ 的介质时,将同时发生受激吸收和受激辐射过程。前一种过程使入射光减弱,后一种过程使入射光加强。若在时间 $\mathrm{d}t$ 内,单位体积内受激吸收的光子数为 $\mathrm{d}N_{12}$,受激辐射的光子数为 $\mathrm{d}N_{21}$,则由式(2.4)与式(2.5)有:

$$\mathrm{d}N_{21}=B_{21}u(\nu)N_2\mathrm{d}t$$
$$\mathrm{d}N_{12}=B_{12}u(\nu)N_1\mathrm{d}t$$

于是

$$\frac{\mathrm{d}N_{21}}{\mathrm{d}N_{12}}=\frac{B_{21}u(\nu)N_2\mathrm{d}t}{B_{12}u(\nu)N_1\mathrm{d}t}\propto\frac{N_2}{N_1} \tag{2.10}$$

①当 $(N_2/N_1)<1$ 时,高能级 E_2 上的粒子数 N_2 少于低能级 E_1 上的粒子数 N_1,这正是热平衡时粒子数按玻耳兹曼正则分布的情况。此时,$\mathrm{d}N_{21}>\mathrm{d}N_{12}$,即光经介质传播的过程中,受激吸收的光子数大于受激辐射的光子数,宏观效果表现为光被吸收。

②当 $(N_2/N_1)>1$ 时,高能级 E_2 上的粒子数 N_2 大于低能级 E_1 上的粒子数 N_1,出现所谓的"粒子数反转分布"情况。此时,$\mathrm{d}N_{21}>\mathrm{d}N_{12}$,即光经介质传播的过程中,受激辐射的光子数大于受激吸收的光子数,宏观效果表现为光被放大,或称光增益。能造成粒子数反转分布的介质称为激活介质或增益介质。

由此可见,实现粒子数反转分布是产生激光的必要条件,这只有在非热平衡状态下才能达到。

2.1.4 能级的寿命

粒子在 E_2 能级上停留的平均时间称为粒子在该能级上的平均寿命,简称"寿命"。设时间 $\mathrm{d}t$ 内高能级 E_2 上粒子数的改变量为 $-\mathrm{d}N_2$,负号表示因自发辐射 E_2 上的粒子数随时间而减少,则

$$-\mathrm{d}N_2=-\mathrm{d}N_{21}=-A_{21}N_2\mathrm{d}t \tag{2.11}$$

积分后得：

$$N_2 = N_{20}\exp(-A_{21}t)$$

式中，N_{20}为 $t=0$ 时 E_2 上的粒子数。上式表明，N_2 减少的快慢与 A_{21} 有关。自发辐射系数 A_{21} 越大，自发辐射过程就越快，经过相同时间 t 后，留在 E_2 上的粒子数 N_2 就越少。因为 A_{21} 具有时间倒数的量纲，令

$$\tau = \frac{1}{A_{21}} \tag{2.12}$$

τ 反映粒子平均在 E_2 能级上停留时间的长短，即粒子在 E_2 能级上的寿命。它恰好是 E_2 上粒子数减少为初始时的 1/e（约 36%）所用的时间。将式（2.12）代入式（2.11），即有：

$$N_2 = N_{20}\exp(-t/\tau) \tag{2.13}$$

从式（2.11）和式（2.13）可以看出，自发辐射系数小，自发辐射的过程就慢，粒子在 E_2 能级上的寿命就长，原子处在这种状态就比较稳定。寿命特别长的激发态称为亚稳态，其寿命可达 $10^{-3}\sim 1$ s，而一般激发态寿命仅有 10^{-8} s。实验上因原子的撞碰和外界的干扰，能级的实际寿命比上述理论结果（相应称为自然寿命）还要小几个数量级。

2.1.5　激光器的基本结构

用激光器可以获得激光，激光器通常由激活介质（工作物质）、泵浦（激励源）和谐振腔三部分构成，如图 2.3 所示。

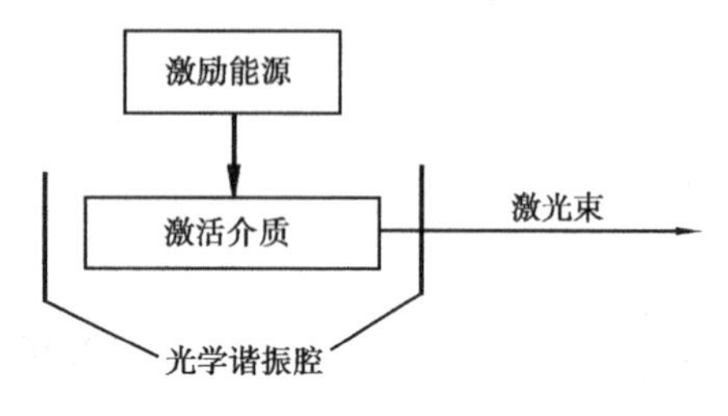

图 2.3　激光器的基本组成部分

激活介质是激光器中产生受激辐射的物质，其作用是使入射光得到放大，是激光器的核心。它应满足的条件是：具有一对能产生激光的能级，其中高能级应有足够长的寿命，以使得粒子被激发到该能级后能滞留较长时间，从而在这能级上积累较多的粒子，与低能级之间形成粒子数反转。

泵浦的作用是供给工作物质的能量，使介质中处于基态的粒子获得能量后被“抽运”到高能级，形成粒子数反转。泵浦供给能量的过程，称为光抽运。

谐振腔是位于激光器两端的一对反射镜，其结构相当于一个 F-P 标准具。其中一个为全反射镜，反射率 R 接近 100%；另一个为部分反射镜，反射率 R 仅有 80% 左右，它可使激光部分透过并输出。由于受激发的光子是从各个方向发射的，谐振腔的作用就是只让与反射镜轴向平行的光束能在激活介质中来回地反射，连锁式地放大，最后形成稳定的激光输出，偏离轴向的光则很快地从侧面逸出。谐振腔对光束方向的选择，保证了激光器输出的激光具有很好的方向性。经谐振腔反射回来的光对激活介质的作用称为光反馈。激光器实际上就是一个正反馈放大器，若反射镜安装在激光管两端面，则为内腔式激光器；若反射镜安装在激光管两端之外，则为外腔式激光器。

2.1.6　激活介质的粒子数反转与增益系数

光抽运可以将粒子从低能级抽运到高能级。在二能级系统中，由于发生受激吸收和受激辐射的几率是相同的（$B_{12}=B_{21}$），最终只能达到两个能级的粒子数相等而使系统趋向稳定，因

此不能实现粒子数反转。若在高能级之间还有一个或两个中间能级，且它们之间的相对间隔满足一定关系，即形成三能级系统或四能级系统，这样就可能使中间能级和低能级之间实现粒子数反转，从而使受激辐射占优势，实现光放大。

图 2.4(a) 所示为激活介质的三能级图。E_1 为基态，E_2、E_3 为激发态，中间能级 E_2 为亚稳态。在泵浦作用下，基态 E_1 的粒子被抽运到激发态 E_3 上，E_1 上的粒子数 N_1 随之减少。但由于 E_3 能级的寿命很短，粒子通过碰撞很快地以无辐射跃迁的方式转移到亚稳态 E_2 上。由于 E_2 态寿命长，其上就累积了大量的粒子，即 N_2 大于 N_1，实现了亚稳态 E_2 与基态 E_1 间的粒子数反转分布。

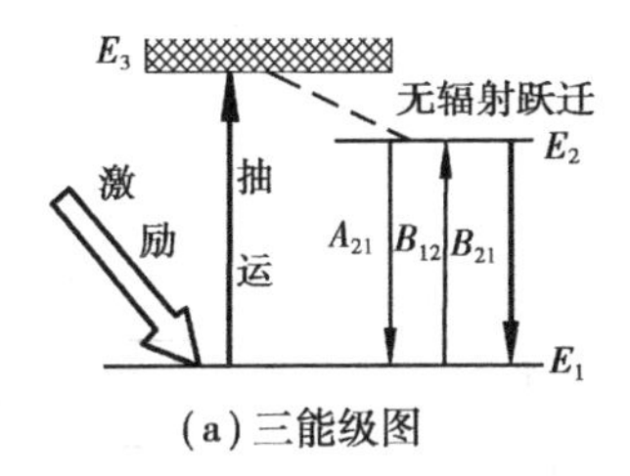

(a) 三能级图

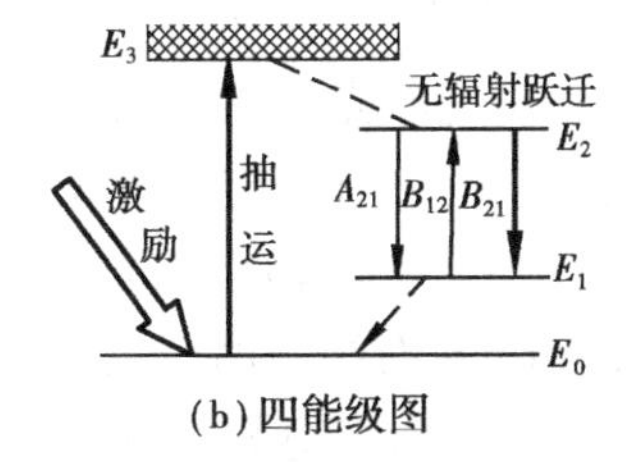

(b) 四能级图

图 2.4　激活介质的工作模式图

三能级激光器的效率不高，原因是抽运前几乎全部粒子都处于基态，只有激励源很强而且抽运很快，才可使 $N_2 > N_1$，实现粒子数反转。图 2.4(b) 所示为激活介质的四能级图，它是使系统在两个激发态 E_2、E_1 之间实现粒子数反转。因为这时低能级 E_1 不是基态而是激发态，其上的粒子数本来就极少，所以只要亚稳态 E_2 上的粒子数稍有积累，就容易达到 N_2 大于 N_1，实现粒子数反转分布，在能级 E_2、E_1 之间产生激光。于是，E_3 上的粒子数向 E_2 跃迁，E_1 上的粒子数向 E_0 过渡，整个过程容易形成连续反转，因而四能级系统比三能级系统的效率高。

无论三能级系统或四能级系统，要实现粒子数反转必须内有亚稳态，外有激励源（泵浦），粒子的整个输运过程必定是一个循环往复的非平衡过程。激活介质的作用就是提供亚稳态。所谓三能级或四能级图，并不是激活介质实际能级图，它们只是对造成反转分布的整个物理过程所作的抽象概括。实际能级图要比这复杂，而且一种激活介质内部，可能同时存在几对待定能级间反转分布，相应地发射几种波长的激光，如后面将要介绍的 He-Ne 激光器等。

下面讨论工作物质的增益。在激活介质中，个别处于高能级的粒子自发辐射频率为 ν 的光子并跃迁到低能级，这些自发辐射产生的光子将作为外来入射光在该介质中传播。由于这时激活介质已实现粒子数反转，所以频率为 ν 的光通过该介质后将获得增益，越走越强。如图 2.5 所示，设在激活介质 Z 处光强为 $I(Z)$，经 $\mathrm{d}Z$ 距离后，$I(Z)$ 的改变量为 $\mathrm{d}I(Z)$，则有：

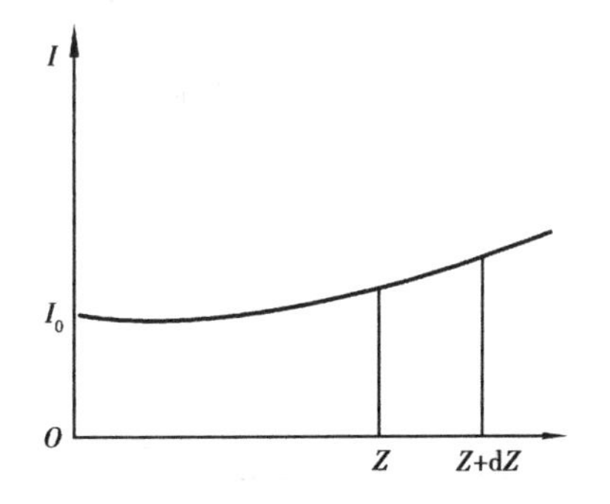

图 2.5　介质的增益

$$\mathrm{d}I(Z) = GI(Z)\mathrm{d}Z$$

式中，G 为增益系数，表示介质对光的放大能力。设在光的传播过程中 G 不变，将上式积分后得：

$$I(Z) = I_0(Z)\ \exp\ (GZ) \tag{2.14}$$

即 $I(Z)$ 将随着传播距离 Z 的增加呈指数增长。式中，$I_0(Z)$ 为 $Z=0$ 处的光强。

增益 G 的大小与频率 ν 和光强 I 都有关系。典型增益曲线的大致轮廓如图 2.6 所示，它

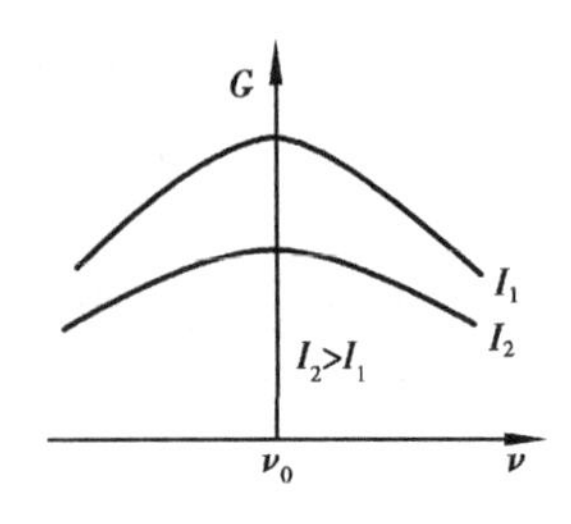

图 2.6　增益曲线

随光强的增加而下降。这一点可解释为：增益 G 随粒子数反转程度 (N_2-N_1) 的增加而上升，在同样的抽运条件下，光强 I 越强，意味着单位时间内从亚稳态上向下跃迁的粒子数就越多，从而导致反转程度减弱，因此增益也随之下降。

2.1.7　谐振腔与阈值

有了激活介质和谐振腔，还不一定能输出激光，这是因为激光在谐振腔内来回反射的过程中，一方面激活介质使光得到增益，光强变大；另一方面，光在端面上的反射、透射等会产生光能损耗，使光强变小。若光的增益小于其损耗，就没有激光输出。因此，必须使增益大于损耗，光在谐振腔内来回反射时，其光强才能不断增大，最后才有稳定的激光输出。

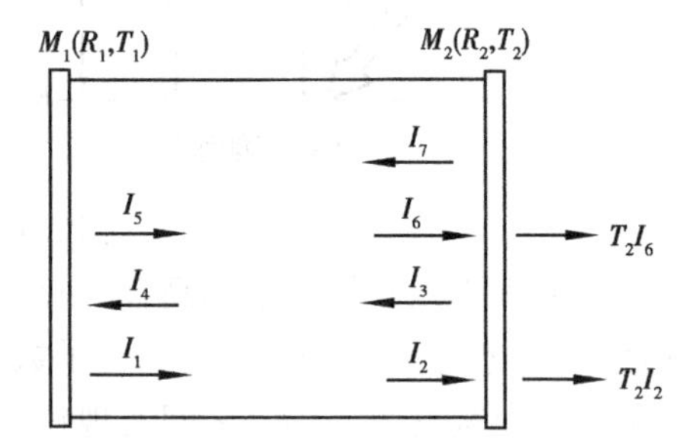

图 2.7　谐振腔内光的传播

如图 2.7 所示，设工作物质的长度也即谐振腔长为 L，增益系数为 G，左右端面两个反射镜 M_1、M_2 的反射率分别为 R_1、R_2，透射率分别为 T_1、T_2。在 M_1 处的光强为 I_1，经工作物质到达 M_2 时，光强增加为 $I_2=I_1\exp(GL)$，经 M_2 反射后，光强减少为 $I_3=R_2I_2=R_2I_1\exp(GL)$，$M_2$ 的反射光经介质到达 M_1 时，光强增加为 $I_4=I_3\exp(GL)=R_2I_1\exp(2GL)$ 再经 M_1 反射，光强减少为 $I_5=R_1I_4=R_1R_2I_1\exp(2GL)$，这时，光在工作物质中正好来回一次。要使光在这个过程中产生的增益大于其损耗，则必须保证：$R_2R_1I_1\exp(2GL)\geqslant I_1$，即

$$R_2R_1\exp(2GL)\geqslant 1 \tag{2.15}$$

对于给定的谐振腔 R_1、R_2，L 是一定的。从上式可见，要使其左端大于或等于 1，必须使增益系数 G 大于某个最低值 G_m，这个使式(2.15)成立的 G_m 值，就是谐振腔的阈值增益。式(2.15)称为谐振腔的阈值条件，由此可得谐振腔的阈值增益为：

$$G_m=\frac{1}{2L}\ln\left(\frac{1}{R_1R_2}\right)=-\frac{1}{2L}\ln R_1R_2 \tag{2.16}$$

实际上，在 $G>G_m$ 时，随着光强的增大，工作物质的实际增益 G 将下降，直至 $G=G_m$ 时，光强就维持稳定。

综上所述，形成激光的必要条件有两个：一个是在激光器工作物质内的某些能级间实现粒子数反转分布，另一个是激光器必须满足阈值条件。

2.1.8　激光的纵模和横模

谐振腔不仅使激光具有很好的方向性，同时还起着频率选择器的作用，使激光具有极好的单色性。

光波在两个反射镜之间来回反射，腔内存在着反向传播的两列相干波，当其波长 λ_k 满足干涉相长条件时，就以驻波形式在腔内稳定存在，即

$$2nL=k\lambda(k=0,1,2\cdots) \tag{2.17}$$

式中，L 为腔长；n 为工作物质的折射率；k 为正整数，表示腔内的波节数和波腹数。由 $\lambda=c/\nu$，

上式可写为：

$$\nu_k = \frac{kc}{2nL} \tag{2.18}$$

上式说明，只有满足这个频率关系的光波，才能以驻波形式存在于谐振腔中。光场沿轴向传播的振动模式称为纵模。一般来说，由于腔长 L 远大于 λ，所以 k 的取值不止一个，因而满足上述关系的频率也不止一个。而那些不满足这个频率关系的光波，就不能形成驻波，即不能产生谐振，也就不能形成激光。从式(2.18)可见，腔长 L 起着对频率的选择作用。

分别对式(2.17)和式(2.18)微分，得相邻两个谐振的波长差和频率差，即

$$\Delta\lambda_k = \frac{\lambda^2}{2nL} \tag{2.19}$$

$$\Delta\nu_k = \frac{c}{2nL} \tag{2.20}$$

可见，谐振频率是一系列分离的频率，其间隔 $\Delta\nu_k$ 称为纵模间隔。但这只是谐振腔允许的频率，其中只有落在激活介质所发射的谱线的线宽范围 $\Delta\nu$ 内，并同时满足阈值条件的那些谐振频率，才能形成激光，成为纵模频率。从激光器输出的频率个数 N（即纵模数），由激活介质的频宽 $\Delta\nu$ 和纵模间隔 $\Delta\nu_k$ 的比值决定，即

$$N = \Delta\nu / \Delta\nu_k \tag{2.21}$$

上式说明，激活介质发射的谱线频宽 $\Delta\nu$ 越大，可能出现的纵模数 N 越多；而纵模间隔 $\Delta\nu_k$ 越小（即腔长 L 越大），在同样的频宽内可容纳的纵模数越多，如图2.8所示。例如，He-Ne 激光器的氖放电管中，频率为 $\nu_0 = 4.74 \times 10^{14}$ Hz（$\lambda_0 = 0.6328$ μm）的谱线频宽为 $\Delta\nu = 1.5 \times 10^9$ Hz，$n \approx 1$。若激光器腔长 $L = 30$ cm 由式(2.20)可求得其纵模频率间隔 $\Delta\nu_k = 5.0 \times 10^8$ Hz。因此长 30 cm 的 He-Ne 激光管输出的纵横数为：

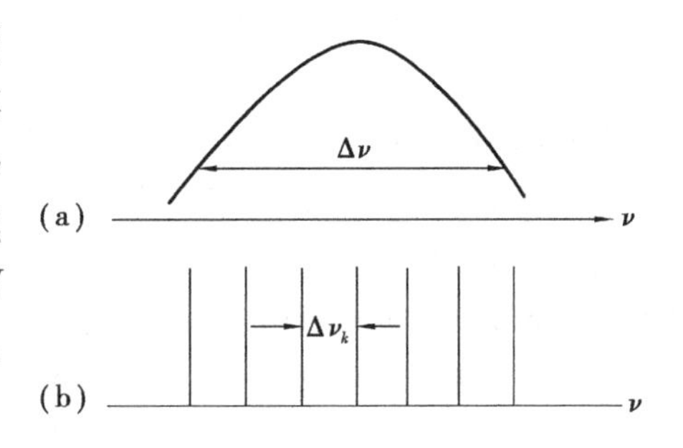

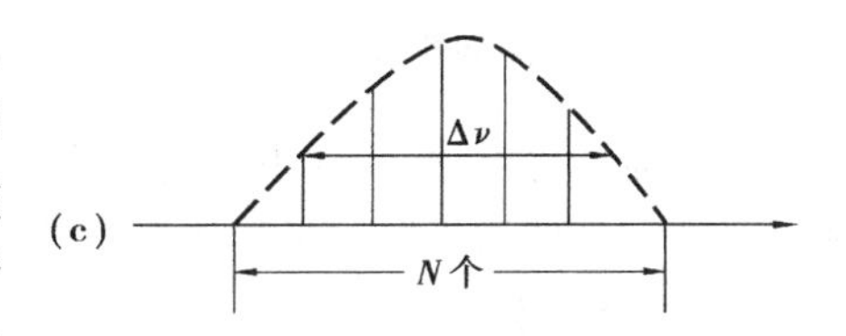

图2.8　谐振腔的纵模

$$N = \frac{1.5 \times 10^9}{5.0 \times 10^8} = 3$$

这种激光器称为多纵模（或多频）激光器。若腔长 $L = 10$ cm，则 $\Delta\nu_k = 1.5 \times 10^9$ Hz，于是 $N = (1.5 \times 10^9)/(1.5 \times 10^9) = 1$，即在长 10 cm 的 He-Ne 激光器中，虽然满足谐振条件的频率很多，但形成的激光只有一个频率，这种激光器称为单纵横（或单频）激光器。

激光腔内与轴向垂直的横截面内的稳定光场分布称为激光的横模。用接收屏观察激光器输出光束在屏上形成的光斑，有时会出现如图2.9所示的光斑图形。图2.9是激光的几种横模图形，按其对称性，可分为轴对称横模图2.9(a)和旋转对称横模图2.9(b)。

激光的模式一般用 TEM_{mnk} 表示，TEM 是电磁横波的缩写，k 为纵模数。在轴对称横模中，m、n 分别表示光束横截面内在 x 方向和 y 方向出现的暗区（即节点）数，如 TEM_{13}，在 x 方向有一个暗区，在 y 方向有3个暗区；在旋转对称横模中，m 表示沿半径方向出现的暗环数，n 表示

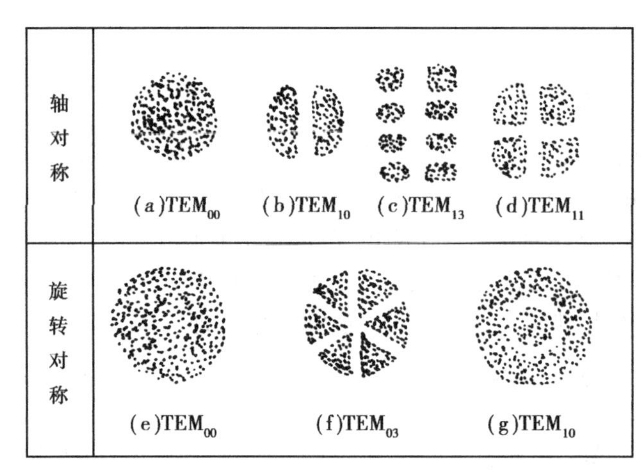

图 2.9　激光器输出的横模图形

圆中出现的暗直径数。例如 TEM_{03}，图中无暗环，有三条暗直径。

横模的形成可视为光波衍射的结果。光波在谐振腔内来回振荡时，只有落在直径为 d 的镜面上那部分才被反射，这相当于光通过直径为 d 的圆孔。由于圆孔的衍射作用，使光的波前发生畸变，边缘部分的光将偏离原光束传播方向。在光束第二次通过圆孔时，边缘部分将受阻被挡，每经过一次反射，相当于发生一次衍射，光波前的边缘部分受到一次削弱。光在经过几百次反射后，就形成了如图 2.9 所示的分布，其特点是：光能集中在光斑的中心部分，边缘光强很小，它在反射镜之间来回反射时，可保持其稳定的横向光场分布。

激光的纵模和横模实际上是从不同的侧面反映了谐振腔所允许的光场的各种纵向和横向的稳定分布。在实际应用中，希望激光的横向光强分布越均匀越好，而不希望出现高阶模。欲获得相干性良好的光束集中的激光，选模工作很重要。选模的方法很多，例如，除调节反射镜外，在腔内（或腔外）放一小孔，只让 TEM_{00} 模通过，抑制其他低次级模的产生。

2.1.9　几种典型的激光器

激光器的种类很多，这里主要讨论按其工作物质进行分类的几种激光器：固体激光器、气体激光器和液体激光器。半导体激光器将在下节作详细介绍。

（1）固体激光器

工作物质为晶体或玻璃的激光器统称为固体激光器，常见的有红宝石激光器，钕玻璃激光器，钇钕石榴石（YAG）激光器等。红宝石激光器是固体激光器的代表，它的基本结构如图 2.10所示。工作物质是一根淡红色的红宝石棒（Al_2O_3 晶体），其中掺入 0.05% 的铬离子（Cr^{3+}）。这些铬离子作为激活离子均匀地分布在基质（即 Al_2O_3）中，浓度大约为 $1.62\times10^{19}\ cm^{-3}$，它们替代了晶格中一部分铝离子（$Al^{3+}$）的位置，红宝石激光器有关的能级和光谱性质均来源于 Cr^{3+}。红宝石棒长 10 cm，直径 1 cm，两个端面精磨抛光，平行度在 1′以内，其中一个端面镀银，成为全反射面，另一个端面半镀银，成为透射率 10% 的部分反射面。激励能源是光源—螺旋形脉冲氙灯（现经常采用直管氙灯），氙灯在绿色和蓝色的光谱段有较强的光输出，这正好同红宝石的吸收光谱对应起来，由氙闪光灯照射到红宝石的侧面，外有聚光器加强照射效果。当由氙灯输入的能量超过激光器的阈值时，则每激励一次，就有一束相干光从红宝石的半镀银面射出，其波长为 0.694 3 μm（红光），谱线宽度小于 10^{-5} μm，脉冲峰值功率为 20 kW（总的输出能量达到 100 J）。

红宝石激光器为三能级系统激光器，如图 2.11 所示，激励源脉冲氙灯闪光时，处于基态的 Cr^{3+} 吸收光能跃迁到 E_3 能级，这是光抽运；处于 E_3，能级的粒子寿命很短（约 10^{-9} s），很快通过无辐射跃迁方式到达 E_2 能级，粒子在 E_2 能级的寿命很长（达 3×10^{-3} s），能够在 E_2 能级积

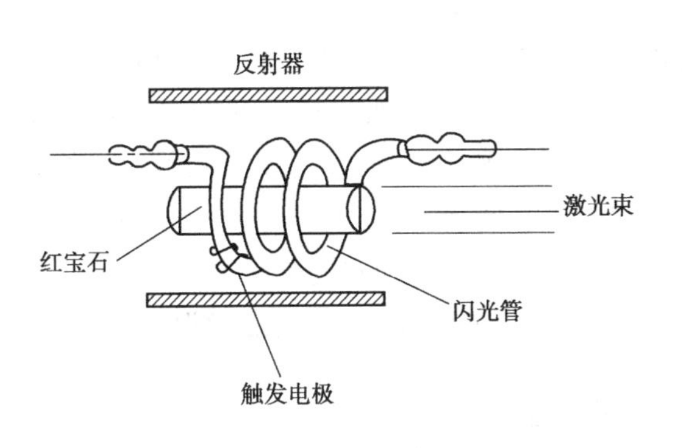

图 2.10　红宝石激光器

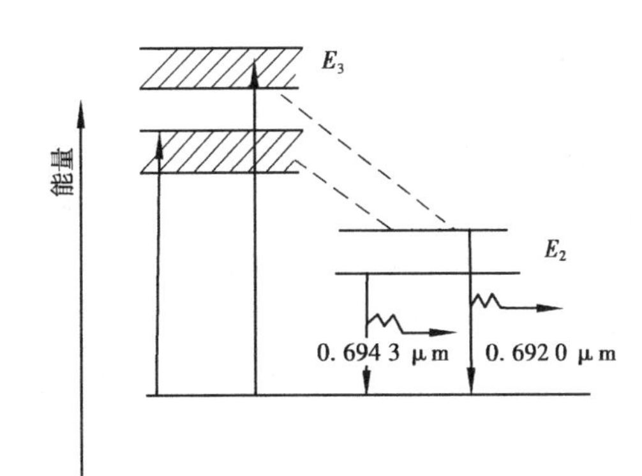

图 2.11　红宝石激光器三能级图

累大量粒子，在 E_2 和 E_1 两能级之间形成粒子数反转，由 E_2 能级向 E_1 能级跃迁，产生受激辐射发出 $\lambda = 0.694\ 3\ \mu m$ 和 $\lambda = 0.692\ 0\ \mu m$ 的谱线。

固体激光器的工作物质能储存较多的能量，比较容易获得大能量、大功率的激光脉冲。固体工作物质体积小，使用方便，但在效率和输出激光的频率稳定性、相干性（相干长度仅为毫米数量级）方面都不如气体激光器。

（2）**气体激光器**

气体激光器是应用最广泛的一种激光器，其工作物质是气体状态的原子、分子或离子。例如，氦氖激光器、二氧化碳激光器、氩离子激光器等。氦氖激光器是最早实现的气体激光器，图 2.12 所示为 He-Ne 激光器结构简图。它的工作物质是按 8∶1 的比例混合密封在放电管 A 内的 He-Ne 混合气体。激励源是 2 ~ 3 kV 的高压直流电源，接于放电管 C 和 C′。放电管的窗口与管轴成布儒斯特角，

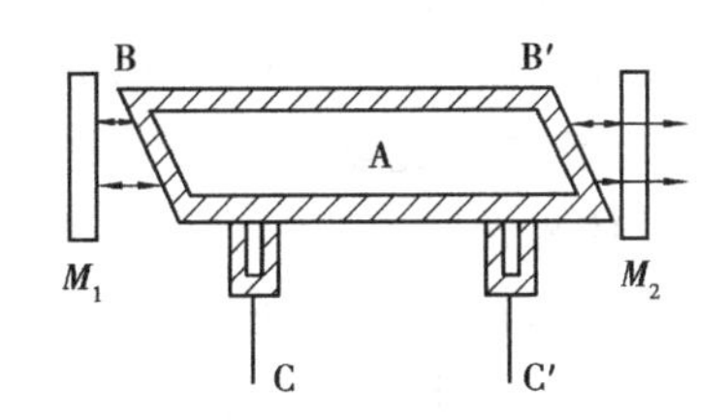

图 2.12　氦氖激光器

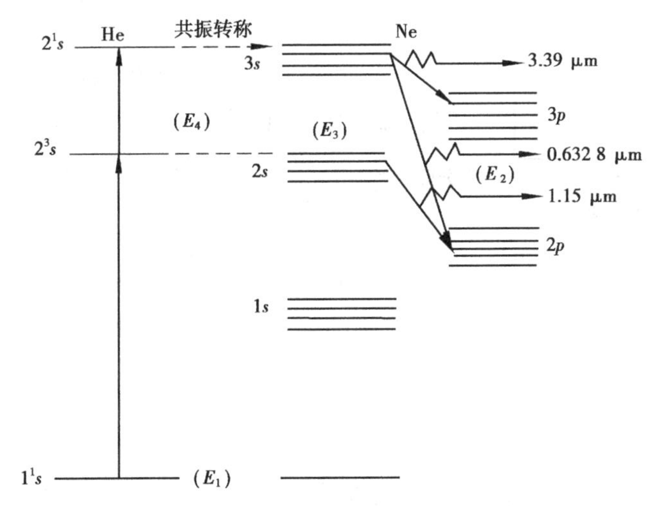

图 2.13　氦氖能级图

这样平行于纸面的偏振光可以毫无损失的得到反射，能满足谐振条件。因此，有布儒斯特窗口的激光器，发出的是完全偏振光。电极用铝制成，以减少溅射。放电管长10 ~ 100 cm以上，相应的毛细管直径从 1 ~ 5 mm。如果反射镜的反射峰配合在 0.632 8 μm，则可抑制其他几个波

长的谐振，使 0.632 8 μm 输出为最大。常用的 He-Ne 激光器输出功率为 1 毫瓦到几十毫瓦，以连续、单色平面偏振光输出。由于单色性好，相干长度可达几十米至几千米，应用极为广泛。

He-Ne 激光器是四能级系统的激光器，如图 2.13 所示。涉及激光产生的四个能级分别为：E_1（1^1s 态），E_2（$2p$ 和 $3p$ 态），E_3（$2s$ 和 $3s$ 态）和 E_4（2^1s 和 2^3s 态）。气体激光器激发的方式一般为气体放电。在放电中，被加速的电子撞击氦原子，使其从基态 1^1s_0 跃迁到激发态 2^3s 和 2^1s 这两个亚稳态上，这是光抽运；从图 2.13 可见，氦的 2^3s、2^1s 亚稳态能级与氖的 $2s$ 和 $3s$ 态能级相近，位于这两个亚稳态上的氦原子很容易与基态氖原子相碰，放出能量返回基态，而将氖原子激发，即

$$He^* + Ne \rightarrow He + Ne^* + \Delta E$$

式中，标注“ * ”者，表示该原子处于激发态。若两种气体原子能量大致相同，相差值 ΔE 很小，就会因碰撞发生能量交换，这种过程称为共振转移。共振转移的结果，使氖原子激发到 $2s$、$3s$ 态上只要有少量粒子，就可以与低能级 $2p$、$3p$ 态之间实现粒子数反转，产生受激辐射。

辐射产生的谱线分别为：

$3s \rightarrow 3p$ 跃迁，发射 $\lambda = 3.39$ μm 谱线；

$3s \rightarrow 2p$ 跃迁，发射 $\lambda = 0.632\,8$ μm 谱线；

$2s \rightarrow 2p$ 跃迁，发射 $\lambda = 1.15$ μm 谱线。

工作物质发射的光波在谐振腔内形成光振荡，在满足阈值的条件下，输出激光。

(3)液体激光器

液体激光器的工作物质是一些有机染料溶液，例如若丹明、香豆素、碳化青等；或是一些无机液体，例如掺钕离子的三氯氧磷等。

液体中的能带宽，发出的激光波长范围宽达 0.05 μm 。利用如图 2.14 所示的装置，调节光栅衍射角 θ，只使某一波长的光在谐振腔纵轴方向产生衍射极大形成光振荡，并最后输出，以获得单一波长激光。因此，液体激光器输出的波长是连续可调的，其输出功率较高且稳定，制备简单，价格便宜。

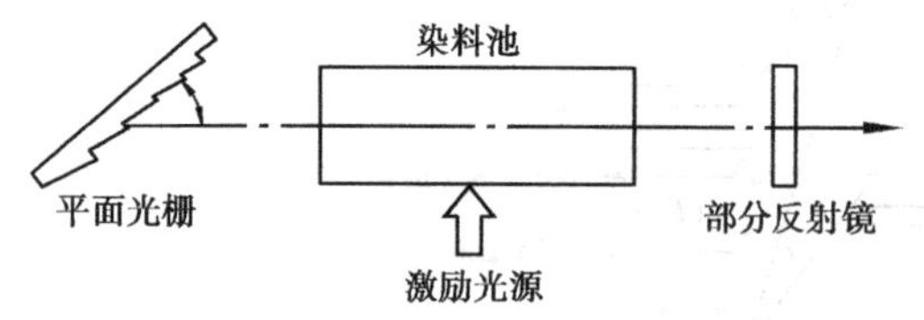

图 2.14　染料激光器

除以上介绍的几种典型激光器外，还有使工作物质（液体或气体）通过化学反应建立粒子数反转，产生受激光辐射的化学激光器，如氟—氢激光器等。它在激发方式和建立粒子数反转方面与上述激光器不同，其输出功率可以很大，输出波长丰富。由于它是利用化学反应中释放的能量作为激励源，一般不需要外加激励源，所以在野外等无电源情况下也可使用。

2.1.10　激光的特性及应用

(1)激光的特性

激光与普通光源发射的光相比，具有方向性好、相干性好、亮度高的特性。

1)方向性好

从激光器射出的光束基本上沿激光器轴向传播，其发散的立体角约为 $\pi \times 10^{-6}$（球面度），而普通点光源是在 4π 立体角中发射，面光源是在 2π 立体角中发射，激光束的发散立体角仅为普通光源发散立体角的 10^{-6}，可以将能量高度集中在很小的立体角内。

2）相干性好

①时间相干性　激光线宽很窄，即单色性很好。例如，一般的氦氖激光器频宽约为 $\Delta\nu = 10^6$ Hz，稳频 He-Ne 激光器约为 $\Delta\nu = 10^4$ Hz；其相干时间 τ_0 分别为 10^{-6} s 和 10^{-4} s，相干长度分别为 3×10^2 m 和 3×10^4 m 。而普通光源发出的光，相干长度不超过0.1 m。

②空间相干性　普通光源发出的光子分别属于各种不同的模式，而激光光子则属于一个或少数几个模式。由于各个模式的光子是不相干的，所以普通光源的光只有在一定空间范围即相干孔径角 α 以内才相干；而激光仅有几个模存在，其空间相干性可以相当好。若是单模激光器，则其激光束截面上各点发出的光子都是相干的，具有完全的空间相干性。

3）高亮度

激光方向性好，能量被高度集中在很小的立体角 $\Delta\Omega$ 内；激光的单色性好，能量被高度压缩在很窄的频谱范围 $\Delta\nu$ 内。由于将能量在空间和时间上高度集中，所以激光的亮度可以比普通光源高出很多。例如，一脉冲激光器发射的脉冲能量为 $\Delta E = 1$ J，脉冲宽度 $\Delta t = 10^{-9}$ s；带宽 $\Delta\nu = 10^9$ Hz，光束发射立体角 $\Delta\Omega = \pi \times 10^{-6}$；另一普通白炽灯，功率为1 W，在 $\Delta t = 1$ s 内发射的能量也为 $\Delta E = 1$ J，光谱宽度 $\Delta\nu = 10^{14}$ Hz，光束发散的立体角 $\Delta\Omega = 2\pi$，两者的光谱亮度相差 2×10^{20} 倍。

4）单色性好

激光的谱线宽度 $\Delta\lambda$ 很小。例如，普通光源中单色性最好的氪（Kr^{36}）灯（$\lambda = 0.6056$ μm），在低温条件下，其谱线宽度 $\Delta\lambda = 4.7 \times 10^{-7}$ μm，而单模稳频氦氖激光器发出波长 $\lambda = 0.6328$ μm的激光，$\Delta\lambda < 10^{-11}$ μm 。

（2）激光的应用

激光的应用非常广泛，几乎遍及工业、农业、军事、医疗、科学研究等每一个领域。根据各种激光器发射光的功率密度，相干性、准直性、单色性的不同，应用范围也不同。例如，激光通信、激光测距、激光定向、激光准直、激光雷达、激光切削、激光手术、激光武器、激光显微分析、激光受控热核反应等，主要是利用激光的方向性与高功率密度；而激光全息、激光测长、激光干涉、激光多普勒效应，则主要是利用激光的单色性和相干性。当然，激光的几方面的特性往往不能截然分开，有的应用（如非线性光学）与激光的几方面的特性都有关。下面就一些方面的应用举例介绍。

1）激光测距

根据光束往返时间，可以测定目标的距离。然而普通光束的发散角较大，光强也比较小，距离大了，返回的光束十分微弱。巨脉冲红宝石激光器可在20 ns 的时间内发射4 J 的能量，脉冲功率达 2×10^8 W，而发散角经透镜进一步会聚可小至5″。利用这一束定向的强光束已经精确地测定了地球到月球之间的距离，在平均为 4×10^5 km 的距离上测量误差只有3 m，这是以往其他方法无法实现的。

2）激光加工

由于激光束高度平行，通过透镜可使之聚焦于很小一点，在这里产生高温，使材料熔化或气化，靠急速膨胀的冲击波还可穿透工件，利用这个原理可进行打孔、切割、焊接等加工工艺。

激光加工有如下特点：

①激光加工是无接触加工，加工机可适当地与加工材料分离，因此有可能对零件中复杂曲折的细微部分进行加工，在磁场中也能进行加工。

②脉冲激光加工消耗的能量较少,而且能量是在短时间内供给的,因此能避免对加工点外的热影响,又由于加工时间短,有可能对运动中的物质加工。

③激光加工适用于多种材料的微细加工,与机械加工相比,实现自动控制较容易。

3)激光在医学上的应用

激光对有机物产生光、热、压力、电磁等多方面作用,它在医学研究及医疗上的应用已越来越广泛。例如,用激光治疗视网膜脱落,可从外部用很强的光线照射眼睛,利用眼球内水晶体的聚焦作用,将光能集中在视网膜的微小点上,靠它的热效应使组织凝结,将脱落的视网膜熔接到眼底上。此外,利用激光对牙齿打孔、切割和填补;用激光手术刀切割人体组织,既不流血也不留疤痕;激光还可以破坏肿瘤,测定血液成分,探测体内器官的病变;等等。由于红血球对蓝光有强烈的吸收,因此用蓝光波段的氩离子激光器作手术刀时有光致凝结作用。又由于机体中的水分对红外光有强烈的吸收,所以用二氧化碳激光器作为手术刀,也可导致小范围内的凝结作用。

4)激光受控热核聚变

轻原子核(氢、氘、氚等)聚合为较重的原子核,并释放出大量核能的反应,称为核聚变反应。核聚变反应需要在 $10^7 \sim 10^8$ ℃以上的高温才能有效地进行。由于氘氚混合物的质量及激光的能量都可被控制,这种过程称为受控核聚变。人们有可能利用聚变中产生的能量,作为电力的能源。目前美国、日本都建立了相当规模的实验室进行热核聚变研究。

将激光分成多束,从各个方向均衡地照射在氘、氚混合体制作的小靶丸上,巨大的脉冲功率密度使靶丸在很短的时间内高度压缩,并产生高温完成核聚变反应。

5)非线性光学效应

激光出现之前的光学研究的基本内容是弱光束在介质中的传播、反射、折射、干涉、衍射、线性吸收与线性散射等现象。这些现象是满足波的叠加原理的,现在称之为线性光学。强光在介质中将出现很多新现象,例如谐波的产生、光参量振荡、光的受激散射、光束自聚焦、多光子吸收、光致透明和光子回波等,研究这些现象的学科称为非线性光学,在这里波的叠加原理不再成立。光的非线性效应一般是比较弱的,只有激光光源出现后,非线性光学研究的大力开展才有可能。下面选择几种非线性光学效应作简单介绍。

①光学倍频与混频

在第1章中已知,因折射率 $n=\sqrt{\varepsilon}$,介质的光学性质完全由极化率 $\chi_e=\varepsilon-1$ 决定。对于各向同性的线性介质,极化强度与电场强度成正比,即

$$P = \chi_e \varepsilon_0 E$$

或简写为 $P=\alpha E$。这一规律实际上只限于场强 E 不太大的时候,当 E 很大时,P 还与 E 的高次方有关,即

$$P = \alpha E + \beta E^2 + \gamma E^3 + \cdots \tag{2.22}$$

式(2.22)是简化后的标量式,通常的非线性光学晶体都是各向异性的,P 与 E 之间遵从复杂的张量关系。这里只是用式(2.22)作一些粗浅的说明。上式中的系数 α、β、γ…逐次减小,它们的数量级之比约为:

$$\beta/\alpha = \gamma/\beta = \cdots = 1/E_{原子}$$

式中,$E_{原子}$ 为原子中的电场,当 $E \ll E_{原子}$ 时,式(2.22)中的非线性项 βE^2、γE^3…都不重要,介质只表现出线性光学的性质。线性光学的基本性质是输出振荡的频率总与输入的信号相同,不

同频率的信号彼此独立，不会混合。由于激光的功率密度较大，其电场强度的量级可达 10^8 V/cm，式(2.22)中的非线性项不能被忽略，在式(2.22)中的平方项 βE^2 中，当 E 为单频的简谐振荡时，有：

$$E = E_0 \cos \omega t$$

则平方项对 P 的贡献为：

$$\begin{aligned} P^{(2)} &= \beta E^2 = \beta E_0^2 \cos^2 \omega t \\ &= (\beta E_0^2/2)(1 + \cos 2\omega t) \end{aligned} \tag{2.23}$$

这里出现了直流成分和二倍频项 $\cos 2\omega t$，即二次谐波。不难看出，从更高次的非线性可以导出更高次的谐波来。

最初的光学二倍频实验是 1960 年完成的，实验装置如图 2.15 所示，光源用的是红宝石激光器，$\lambda = 0.694\ \mu\text{m}$，聚焦在石英晶体上产生了微弱的 0.347 μm 的二次谐波光束。

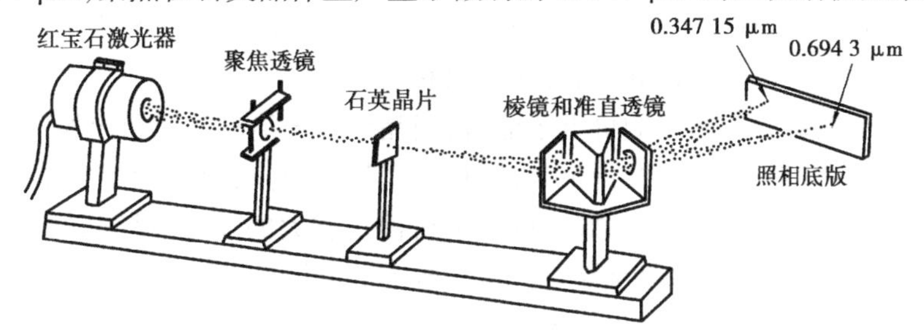

图 2.15　最早产生二次谐波的实验

下面讨论混频问题，设输入的是两种不同频率的振荡，即

$$E = E_1 \cos \omega_1 t + E_2 \cos \omega_2 t$$

则

$$\begin{aligned} P^{(2)} &= \beta E^2 = \beta (E_1 \cos \omega_1 t + E_2 \cos \omega_2 t)^2 \\ &= \beta E_1^2 \cos^2 \omega_1 t + \beta E_2^2 \cos^2 \omega_2 t + 2\beta E_1 E_2 \cos \omega_1 t \cos \omega_2 t \\ &= (\beta E_1^2/2)(1 + \cos 2\omega_1 t) + (\beta E_2^2/2)(1 + \cos 2\omega_2 t) + \\ &\quad \beta E_1 E_2 [\cos(\omega_1 + \omega_2) t + \cos(\omega_1 - \omega_2) t] \end{aligned} \tag{2.24}$$

这里除了直流成分和二倍频外，还出现了和频项 $\cos(\omega_1 + \omega_2)t$ 和差频项 $\cos(\omega_1 - \omega_2)t$。

倍频和混频在激光技术中有着广泛的应用，常用的非线性光学晶体有磷酸二氢钾（DKP，KH_2PO_4）、磷酸二氢铵（ADP，$NH_4H_2PO_4$）、磷酸二氘钾（DKDP，KD_2PO_4）等。近年来，新研制的一些非线性系数更大的晶体，如铌酸锂（$LiNbO_3$）、铌酸钡钠（$Ba_2NaNb_5O_{15}$）等颇引人注目。

②受激喇曼散射

自发喇曼散射的散射光强 I_s 的增加正比于入射光强 I_0，它是不相干的。当入射光束是很强的相干激光光束时，就有可能产生受激喇曼散射。这时散射光强 I_s 的增加正比于 I_0 和 I_s 的乘积，即

$$dI_s = \alpha I_0 I_s dx$$

积分后得 I_s 随距离 x 增长的情况，即

$$I_s(x) = I_s(0) \exp(a I_0 x) = I_s(0) \exp(Gx) \tag{2.25}$$

这里增益 $G = \alpha I_0$ 正比于入射光强，上式描述的与激活介质中的光放大过程无关。可见，受激喇曼散射与自发喇曼散射的差别正如受激辐射与自发辐射的差别一样，受激喇曼散射光

具有很高的空间相干性和时间相干性，其强度也比自发喇曼散射光大得多。用这种方法可以获得多种新波长的相干辐射，受激喇曼散射的用途之一是测量大气污染。第3章中还将较详细地介绍光纤中的非线性光学效应。

2.2 半导体光源——发光二极管与半导体激光器

2.2.1 半导体中的能带

(1)半导体中的能带

根据原子结构理论，电子在原子的各层轨道上运动，都具有一定的能量，称为能级。当很多原子结合在一起时，所有电子的能级分裂的结果，形成一组密集的能级带，简称能带。用电子能量来衡量，能带可分为价带、导带和禁带(又称带隙)。

价带是价电子能级分裂出来的价电子能带，当晶体处于绝对零度和无外界激发时，价电子完全被共价键束缚住，是不导电的，价带是被电子填满的。导带是自由电子能带，在没有自由电子的情况下，这个能级是空着的。如果价电子获得足够大的能量，跳到导带上，就成为自由电子，它们在外电场作用下就能参与导电。由于电子的能级是不连续的，因此能带之间有一段空隙，称为禁带。禁带是电子不存在的区域。

价带与导带之间的带隙宽度是决定物质导电性能的一个重要量度，价带中的价电子如果获得足够的能量才能够越过禁带而跑到导带中去，这种过程称为电子受"激发"，也相当于共价键内的束缚电子冲破了共价键而成为自由电子。可见，禁带宽度 E_g 的含义是表示电子从价带跳到导带所必须获得的最小激发动能。有些物质的禁带很宽，意味着这些物质的价带内的电子通常是不可能跳到导带中去的，除非给予原子很大的外加动能，这些物质就是绝缘体。半导体的禁带比绝缘体小得多，在室温下会有少量电子激发到达导带，但数量较少，导电率很低。导体则没有禁带，有些导体的价带和导带甚至是重合的，在常温下自由电子很多。图2.16所示为绝缘体、半导体和导体能带图。

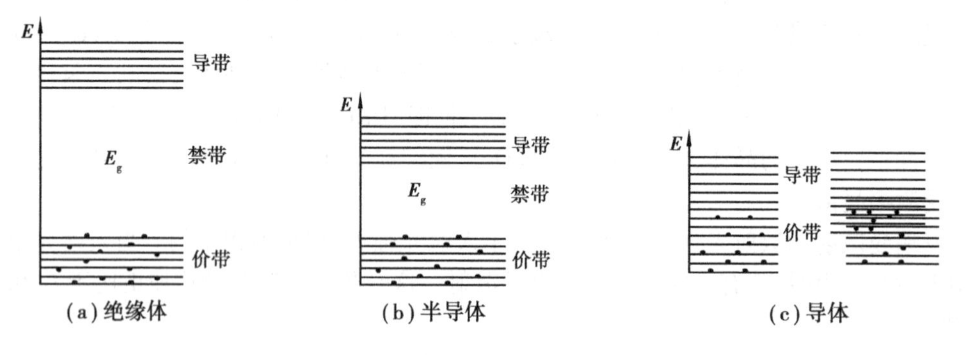

图2.16　绝缘体、半导体和导体的能带

完全纯净的结构完整的半导体晶体称为本征半导体。在绝对温度为零度和没有外界激发时，价带中完全充满电子而导带中一个电子也没有，与绝缘体一样，其导电性能随温度的增加而增加。在本征半导体内掺入微量杂质，可使半导体性能发生显著变化，掺杂的本征半导体称为杂质半导体。若掺入的杂质提供电子给导带，则称该杂质为施主杂质或N型杂质；若掺入的杂质提供空隙给价带，则称该杂质为受主杂质或P型杂质。掺入N型杂质的材料称为N型半导体；掺入P型杂质的材料称为P型半导体。砷化镓(CaAs)晶体材料对于用作室温发光二极管(LED)和半导体激光器(LD)是很重要的，在这些材料中，锡和碲用于掺杂剂，提供电子给导带，而锗则引入陷阱晶格提供空穴给价带。

(2)**费密原理与费密能级**

物质中的电子在不断地作无规则的运动，它们可以从较低的能级跃迁到较高的能级，也可以从较高的能级跃迁到较低的能级。就一个电子来看，它所具有的能量时大时小，不断地变化，但从大量电子的统计规律来看，电子按能量大小的分布却有一定规律，因而只能从大量电子的统计规律来衡量每个能级被电子占据的可能性。

一般而言，电子占据各个能级的几率是不等的，占据低能级的电子多，而占据高能级的电子少。统计物理学指出，电子占据能级的几率遵循费密统计规律：在热平衡状态下，能量为E的能级被一个电子占据的几率为：

$$f(E) = \frac{1}{1 + \exp[(E - E_F)/kT]} \tag{2.26}$$

式中，$f(E)$为电子的费密分布函数；k、T与式(2.2)中的k、T相同，分别为波耳兹曼常数和绝对温度；E_F为费密能级，它与物质的物性有关，其物理意义将在下面说明。

据式(2.26)，某个能级E不被电子占据的几率$f'(E)$则为：

$$f'(E) = 1 - f(E) = -\frac{1}{1 + \exp[-(E - E_F)/kT]} \tag{2.27}$$

现讨论费密分布函数的一些特性。假定费密能级E_F为已知，则$f(E)$是能量E与温度T的函数。根据式(2.26)可画出$f(E)$的曲线如图2.17所示。

由式(2.26)可见，当$T=0$ K时，若$E<E_F$，则$f(E)=1$；若$E>E_F$，则$f(E)=0$。可见，在绝对零度时，能量比E_F小的能级被电子占据的几率是100%，而能量比E_F大的能级被电子占据的几率为零，即所有低于E_F的能级都被占满，而所有高于E_F的能级都空着。因而费密能级是在绝对零度时电子所具有的最大能量，是能级在绝对零度时能否被占据的一个界限，因而它是一个很重要的参数。

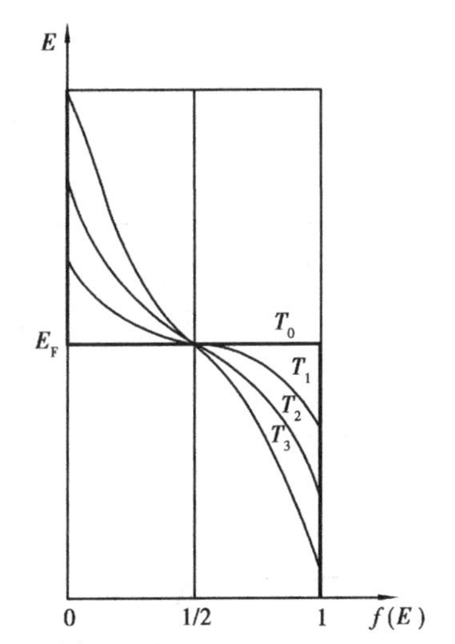

图2.17　费密分布函数变化曲线
$T_3>T_2>T_1>T_0$

当$T>0$ K时，若$E<E_F$，则$f(E)>1/2$；若$E=E_F$，则$f(E)=1/2$；若$E>E_F$，则$f(E)<1/2$。这一结果说明，当系统的温度高于绝对零度时，如果某能级的能量比费密能级低，则该能级被电子占据的几率大于50%；若能级的能量比费密能级高，则该能级被电子占据的几率小于50%；而当能级的能量恰等于费密能级时，该能级被电子占有的几率恰等于50%。下面举例说明高于和低于费密能级的能态上被电子占据的情况：

当$E-E_F>5kT$时，$f(E)<0.007$；

当$E-E_F<-5kT$时，$f(E)>0.993$。

可见，温度高于绝对零度时，能量比费密能级高$5kT$的能态被电子占据的几率只有0.7%，几率很小，能级几乎是空的：而能级比费密能级低$5kT$的能态被电子占据的几率是99.3%，几率很大,该能级上几乎总有电子。一般可以认为,在温度不很高时,能量小于费密能级的能态基本上为电子所占据;能量大于费密能级的能态基本上没有被电子占据;而电子占据费密能级的几率是任何温度下都是1/2。因此,费密能级的位置比较直观地标志了电子占据能态的情况,或者说费密能级标志了电子填充能级的水平,费密能级高说明在较高的能态上有电子。

图2.17还反映出了在不同温度下的$f(E)$-E的曲线,从图中可以看出,随着温度的升高,占据能量高于E_F的能级上的电子增多,而占据能量底于E_F的能级上的电子减少。

在式(2.26)中,当$E-E_F \gg kT$时,由于$(E-E_F)/kT \gg 1$,费密分布函数就转化为:

$$f(E) = \exp\left(-\frac{E-E_F}{kT}\right) = \exp\left(\frac{E_F}{kT}\right)\exp\left(-\frac{E}{kT}\right)$$

令$\exp\left(\frac{E_F}{kT}\right)=A$,并将$f(E)$记为$f_B(E)$,则

$$f_B(E) = A\exp\left(-\frac{E}{kT}\right) \tag{2.28}$$

上式表明,在一定温度下,电子占据能量为E的能级的几率$f_B(E)$由式(2.28)中的指数因子所决定,即电子能级的分布近似服从波耳兹曼分布规律见式(2.2)。

(3)PN结的特性

当P型半导体与N型半导体结合后,在它们之间就出现了电子和空穴的浓度差别,电子和空穴都要从浓度高的地方向浓度低的地方扩散,扩散的结果破坏了原来P区和N区的电中性,P区失去空穴留下带负电的杂质离子,N区失去电子留下带正电的杂质离子,由于物质结构的原因,它们不能任意移动,形成一个很薄的空间电荷区,称为PN结,其电场的方向由N指向P,称为内电场。该电场的方向与多数载流子(P区的空穴和N区的电子)扩散的方向相反,因而它对多数载流子的扩散有阻挡作用,称为势垒,如图2.18所示。

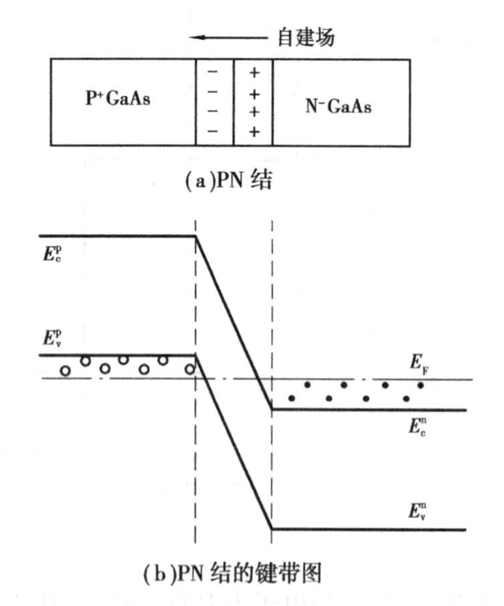

图2.18　P^+-N^-GaAs半导体PN结及其能带图

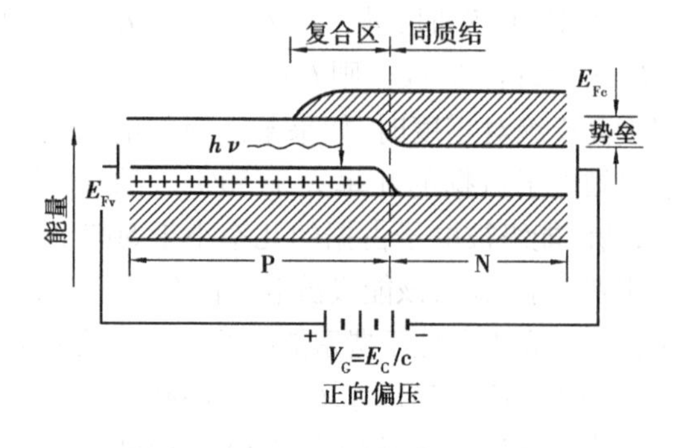

图2.19　加了正向偏压的半导体二极管PN结上的各个部分和能级

当外加电场正端接 P 区负端接 N 区与内电场方向相反时，电子被迫从 N 区向 P 区方向集结，当足够数量的电子能级上升到导带能级，它们的电子能级就超过了势垒能级，电子流过 PN 结进入 P 区，如图 2.19 所示。

此时，价带中有许多空穴存在而导带中有许多电子存在，这种状态称为粒子数反转。来自导带的电子失去它的一些能量并下降到价带时，它们和空穴复合并产生出光子，这种过程称为复合。在理想情况下，能量完全以光子的形式释放出来。如果这一过程自发地发生，则所发出的光子能量近似地等于带隙的能量 E_g，所产生的光子在许多随机的方向上进行。另一方面，若在复合区有足够密度的光子存在，则自发发射（或复合）及受激复合两者都会发生，所产生的受激光子的行进方向和原始光子相同。为了使发光半导体（LED）和二极管激光器（LD）能分别正常工作，自发发射和受激发射都是必要的。

电流密度与复合层厚度成正比，为了要减小电流，减小复合层的厚度是必要的，这可以在砷化镓（GaAs）晶体中采用具有不同数量的铝（Al）的合金层来实现。采用铝代替镓时，只会引起十分小的或根本不会引起晶格畸变。用铝来取代等量的镓以形成镓铝砷（GaAlAs），图 2.20 所示为其带隙和铝的相对含量之间的关系。用高达 37% 的铝来代替镓，带隙从 1.43 eV 增加到 1.92 eV，大约有 0.5 eV 的增量。在铝的相对含量大于 0.37，即 $x>0.37$ 的情况下，复合时除了产生光子外，还发生一些其他过程，其结果使得并不是所有的能量都用来产生光子，部分能量变成热能，从而可能损伤晶体，并具有减少产生激光的趋势。

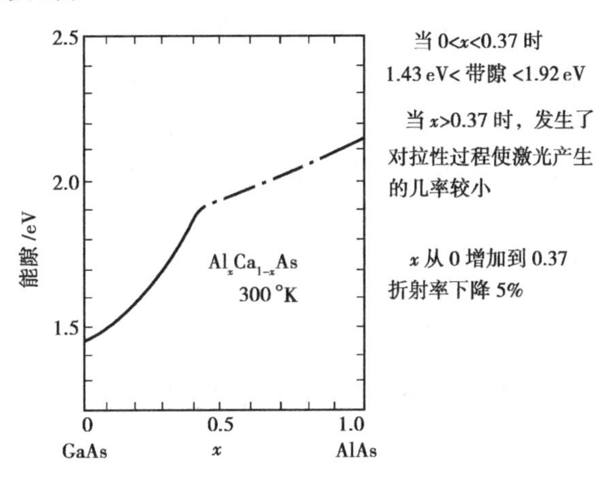

图 2.20　带隙能级和铝-镓-砷组分（$Al_xGa_{(1-x)}As$）的关系

根据光子能量关系 $E_t = h\nu$［见式（2.1）］及波长—频率关系 $\lambda\nu = c/n$ 可以得到波长，即

$$\lambda = \frac{hc}{nE_t} \tag{2.29}$$

式中，c 为真空中的光速，折射率 n 取为 1，E_t 是粒子的能量损耗。

对于一个拥有一电子电荷的粒子，其能量损耗为带隙能量 E_g，即

$$\lambda = 1.24/E_g \tag{2.30}$$

式中，波长 λ 的单位为 μm，带隙能量 E_g 的单位为 eV。因此，对于 $\lambda = 0.90$ μm 的砷化镓，当含铝 37% 时，$\lambda = 0.64$ μm。采用四元合金铟-镓-砷-磷（InGaAsP）可以制造更长波长（1.1 ~ 1.6 μm）的半导体激光器。

另一个重要的效应是当铝的相对含量 x 从零增加到 0.37 时，折射率减小 5%，因此，随着 x 的增加带隙增大，而折射率减小，带隙几乎增加 30%，而折射率大约减少 5%。

图 2.21 所示为一种晶体的能带结构，这种晶体是在两层具有较高铝浓度的区域中间夹有一层具有较低铝含量的第三区域所构成的。相应的晶体结构可以用许多工艺来形成，其中之一是液相处延生长工艺。外延生长是从表面进行的晶体生长，这里给出一简单描述。使砷化镓晶体的一个表面和高温的镓-铝-砷（GaAlAs）溶液相接触，而使晶体的温度保持在比液体温

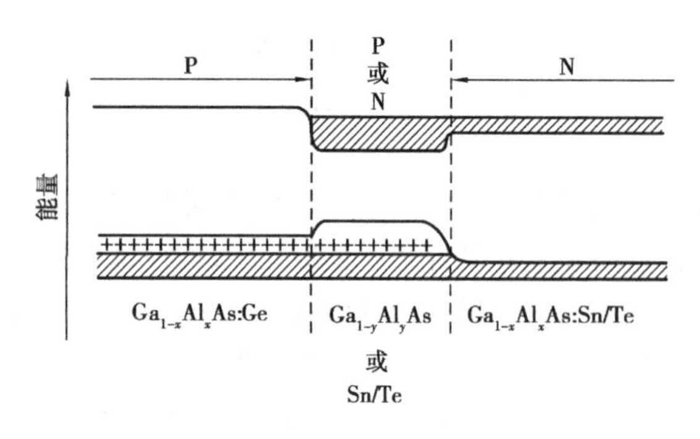

图 2.21　加有正向偏压的半导体双异质结激光器的结中能级，该结是由有较高浓度的铝环绕有较低浓度的铝而构成的

度略低的水平，晶体生长就从表面开始了，一旦获得了适当厚度的生长层后，便将晶体从槽中移开，并使它与另一种组合的液体相接触，形成第二层组分生长层，结果便得到了由一个 P 型层和一个 N 型层所构成的晶体，其中每层都有较高的铝含量，因而有较大的带隙和较低的折射率，而在它们中间的是一层复合层，该层有较低的铝含量，较小的带隙和较高的折射率。在复合层中的铝含量决定了辐射光的波长，用这种方法便可以得到相应于图 2.21 所示能级图的结构。利用这种工艺可以使复合层做得很薄，常常是 1 μm 的几十分之几。采用在铟-磷（InP）基片上进行液相外延生长的办法，就能生成更长波长的四元系 InGaAsP 合金。

复合层有较低的铝含量，因而有较小的带隙，但在其每一边上的薄层中却有较高的铝含量，因而有较大的带隙。在这种情况下，当加上电偏压时，电子从 N 型层进入复合层。复合频繁地发生在具有最低带隙的层中，在这里形成光子。

2.2.2　发光二极管

（1）发光二极管的工作原理及结构

发光二极管（Light Emitting Diode　LED）是一种冷光源，其核心部分是由 P 型半导体和 N 型半导体组成的晶片，其原理如图 2.22 所示。在 P 型半导体和 N 型半导体之间有一个过渡层，称为 PN 结。在某些半导体材料的 PN 结中，注入的少数载流子与多数载流子复合时，会将多余的能量以光的形式释放出来，从而将电能直接转换为光能。PN 结加反向电压，少数载流子难以注入，故不发光。这种利用注入式电致发光原理制作的二极管称为发光二极管，通称 LED。它是直接将电能转换成光能的器件，没有热转换过程，其发光机制是电致发光，不同的掺杂半导体材料，发出的光的颜色是不一样的。例如，用 GaAs 时，复合区发出的光是红色的；用 GaP 时，则发出绿色的光。由于发光面积小，故可以视为点光源。

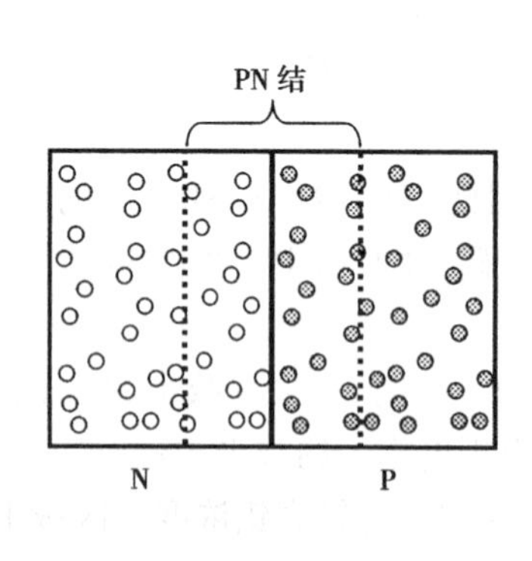

（a）PN 结

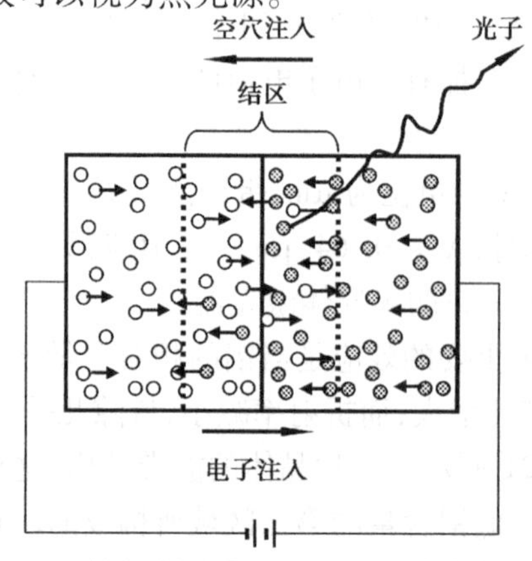

（b）正偏时，两种载流子在结区复合发光

图 2.22　LED 发光原理示意图

LED 结构图如图 2.23 所示,它的基本结构是将一块 PN 结芯片,置于一个有引线的架子上,然后四周用环氧树脂密封,起到保护内部芯线的作用,因而 LED 的抗震性能好。

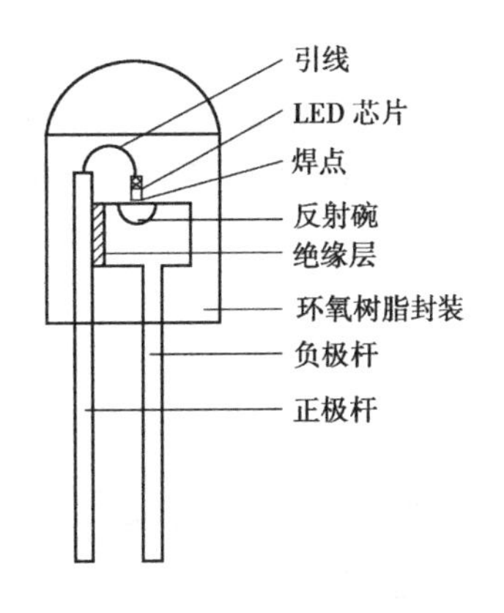

图 2.23　LED 结构示意图

(2)**发光二极管的分类**

在光纤系统中,作为光源使用的发光二极管与一般用于显示的发光二极管不同。光纤传感系统用的发光二极管的发射光波长应在光纤低损耗区,其亮度高、工作可靠、调制效率高。发出非相干光的发光二极管有同质结或双异质结,有面发光的 Burrus 型发光二极管,也有边缘发光的二极管。在面发光结构中,同质结发光二极管可以达到 15 ~ 25 W/(sr · cm^2),双异质结发光二极管可以达到 50 ~ 200 W/(sr · cm^2)。另外,单程增益的超辐射二极管(SLD)采用细长条形结构,端面发光,腔长约 1 000 μm,其输出功率和亮度可接近半导体激光二极管。

发光二极管都是采用晶体材料制作,使用最广泛的是砷化镓-铝镓砷材料系。PN 结在正向偏置条件下,能够发射可见光或红外波段的自发辐射光。大部分器件采用异质结构,不同带隙能量宽度的 P 型层和 N 型层联合产生不同的特性。发光光谱在波长为 0.8 ~ 0.9 μm 时,是用砷化镓和铝镓砷制作。如果为了光纤具有最佳传输特性,使波长范围在 1.0 ~ 1.3 μm 的红外区域,则应使用铟镓磷砷材料制作。

1)表面发光二极管

发光二极管与一般半导体二极管结构类似,都由 PN 结构成。目前发光二极管大都是外延法制备的,有气相外延法和液相外延法。制作注入发光的 PN 结时,一般外延层通常生长在砷化镓或磷化镓衬底上,利用硅在砷化镓中是两性杂质的特点,在一次液相外延的降温过程中,可以形成 PN 结。硅在高温外延生长过程置换镓而成施主——在低温时硅置换砷而成受主,先后形成 N 型层和 P 型层。图 2.24 所示为平面结构的镓砷磷发光二极管的管芯部分,上电极为钝铝,下电极为金-锗-镍合金。图 2.25 所示为带有圆型反射器的发光二极管,可将空间各个方向发散的光集中于所需方向。由图可以看出,管芯周围几个侧面的光都经过反射而向同一方向输出。

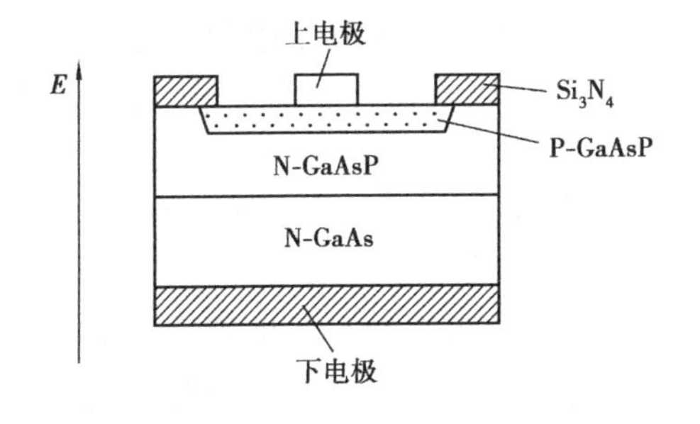

图 2.24　镓砷磷发光二极管

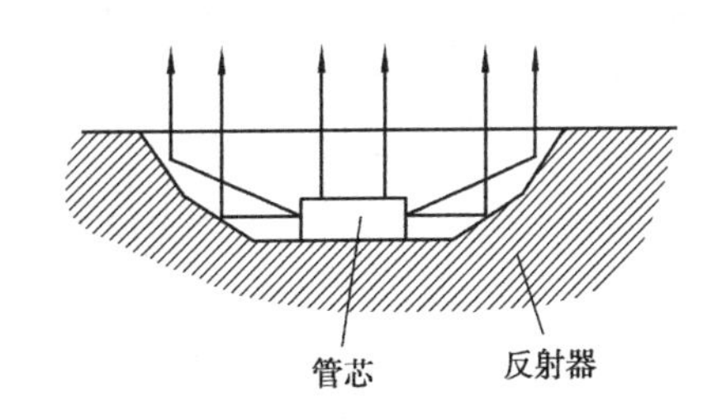

图 2.25　带有圆形发射器的发光二极管

为了光纤传感与光纤通信系统使用方便,厂家专门生产了带有尾纤的发光二极管。图 2.26所示为砷化镓镓铝砷双异质结发光二极管的简图,在有源区的两侧各有一个镓铝砷限制层,上面为 N 型层,下面为 P 型层,在砷化镓衬底上的金属层为上电极,侵蚀成腐蚀坑里有耦合光纤伸入,并被环氧树脂封装。这种结构可以使耦合效率更高一些,是多模光纤系统比较理想的光源。这种发光二极管的发光表面直径50 μm,在2π立体角内的光输出功率约为1 mW,相应的亮度为25 W/(sr·cm²)。由于面发光二极管亮度不高,因此它不适用于单模光纤系统,只是用于多模光纤的光源。

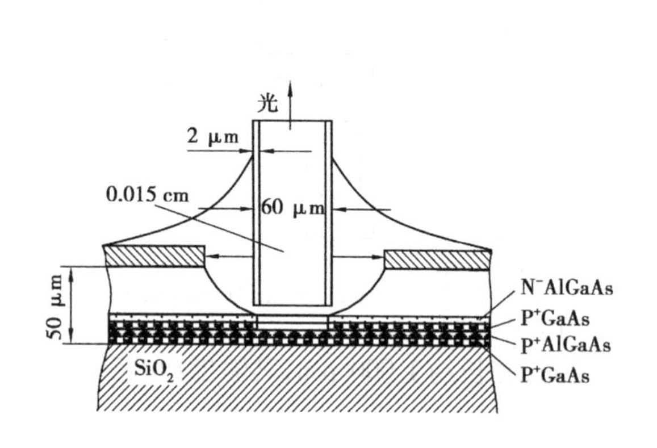

图2.26　带尾纤的双异质结发光二极管

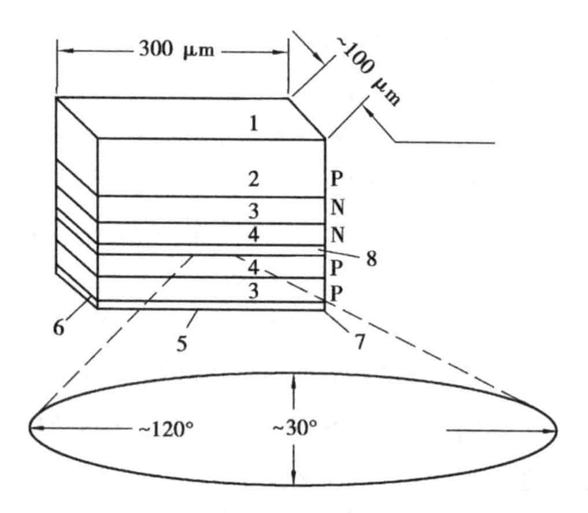

图2.27　侧边发光的半导体发光二极管

1—金属;2—衬底;3—光限制层;4—载流子限制层;

5—条形结构;6—热沉;7—隔离层;8—有源层

2)侧边发光二极管

图2.27所示为侧边发光的半导体发光二极管部面简图,图中各部分并未按比例画。所谓侧边发光,是指发光方向与结方向是平行的。图中所示为一种双异质结发光二极管,光限制层和载流子限制层是分开的,这是一种半定向输出的砷化镓-铝镓砷器件。它发出的光束受异质结构的波导效应影响,形成比较定向的光束,光束发散角在垂直于结的方向约30°,在水平方向约120°,与表面发光二极管相比,有较高的光耦合效率。对于接收立体角小的光纤来说,这个优点就更显重要。另外,由于发光面积很小,所以有效亮度非常高,比表面发光的二极管亮度要高40~60倍,可以达到1 000~1 500 W/(sr·cm²)。因此,侧边发光二极管可以作为单模光纤的非相干光源。

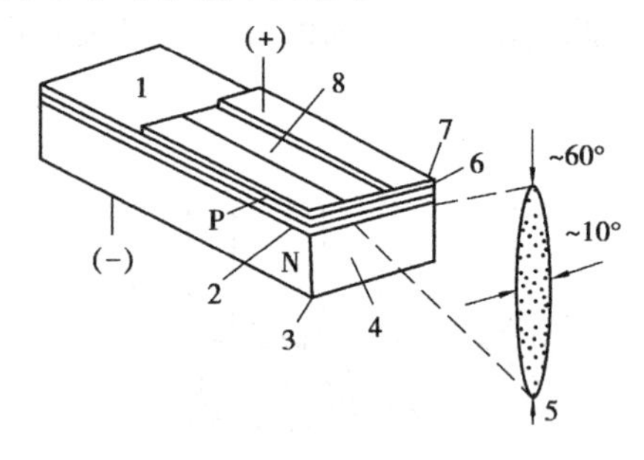

图2.28　超辐射发光二极管

1—损耗区;2—有源层;3,7—金属;

4—解理面;5—非相干输出光束;

6—隔离层;8—条形结构(增益区)

尽管侧边发光的发光二极管利用自发辐射的局部内波导改善了发射光的方向性,但器件内部复合区本身的光吸收使发射光功率受到了限制。为了减少内部光吸收的影响,可以在器件表面开槽,目的是将复合区控制在发射附近。另外,在发射面上镀增透膜,以减少反射损失,从而进一步提高光效率。

3)超辐射发光二极管

这种二极管也属于侧边发光二极管。为实现单程放大,仍采用细长条形结构,其中一端有防止反射的损耗区,在此不存在光反馈,使光不形成光振荡,只有在电流通过的受激发射区内才具有单程光增益;在另一端有光功率输出,输出功率随注入电流增加而增强,输出光仍为非相干光束,但输出光束的方向性有改善,输出功率也比一般侧边发光的二极管提高了,因发光过程为受激辐射的单程光放大,因而输出光谱也窄了,一般可在0.08 μm左右。但这种器件的工作电流密度较高,电流强度数值也大。图2.28所示为一种砷化镓-铝镓砷双异质结构的单程光增益的超辐射发光二极管,图中示意性地画成了同质结构。

2.2.3　发光二极管的主要特性及应用

(1)发光二极管的主要特性

表示发光二极管性能的参数有电学方面的,也有光学方面的,还有热学方面的,这里只介绍主要几项。

1)LED的伏安特性

伏安特性是表征LED芯片PN结性能的主要参数。LED的伏安特性具有非线性和单向导电性,即外加正偏压时表现为低电阻,反之为高电阻,其特性曲线如图2.29所示。

由于LED本质上就是一个二极管,所以其电学特性与普通二极管一致。从LED的伏安曲线来看,LED存在两个重要的电压,即正向导通电压V_{LED}和正常工作电压V_D。当LED两端压降大于V_{LED}时,LED正向导通。LED在正向导通后,其正向电压的细小变动将引起LED电流的很大变化。电压超过V_D时,电流迅速上升,当LED两端压降达到正常工作电压V_D时,如果再继续加大电压,则电流将直线上升,有可能损坏LED。不同掺杂材料LED的正常工作电压值见表2.1。

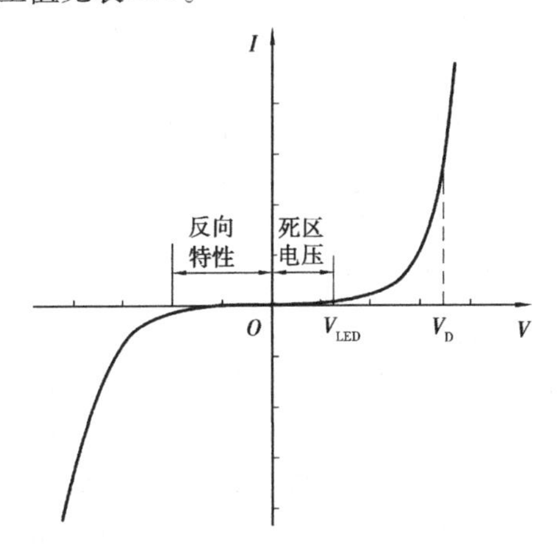

图2.29　LED光电特性曲线

表2.1　不同掺杂材料LED的正常工作电压值

材　料	正常工作电压V_D/V
GaP(Zn-O)/Zn-O	2.2
$Ga_xAl_{1-x}As$/GaP	8
$GaAs_{0.5}P_{0.4}$/GaAs	1.7
$GaAs_{0.35}P_{0.65}$(N)/GaP	2.1
$GaAs_{0.15}P_{0.85}$(N)/GaP	2.2
GaP(N)/GaP	2.2
GaN/Ae_2O_3	7.5

正向工作电流一般取10~30 mA,正向管压降为0.2~0.5 V,因而电源电压比开启点电压稍高一些。反向击穿电压一般在-2 V以上就视为正常,实际上,反向击穿电压一般在-10~25 V,可以满足使用要求。

2)LED的光电特性

LED光输出功率与其工作电流成正比。从图2.30可以看出,LED是一电流元件,通过控制LED驱动电流的大小,可以控制LED输出光功率的大小。图中阴影部分为LED的额定工作电流。不同的LED,其额定工作电流的大小也是不同的,一般从10 mA至30 mA。LED长期工作在大电流下,将影响LED的可靠性和寿命,并有可能失效。LED的响应速度非常快,可以通过控制LED工作电流的大小,以实现各种彩色效果。实际上,LED的设计都是通过控制工作电流的大小来实现的。

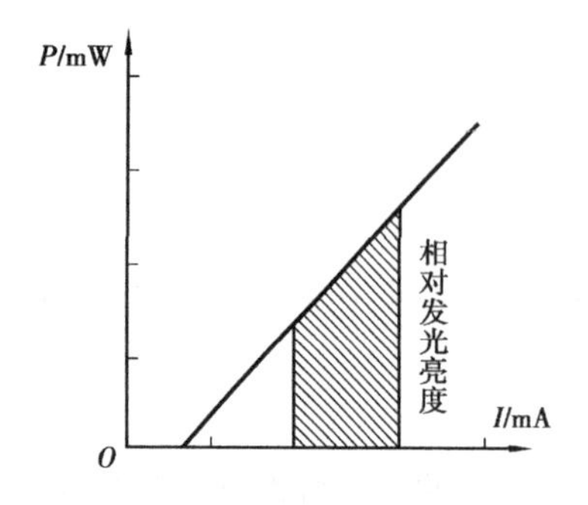

图 2.30 LED 光电特性曲线

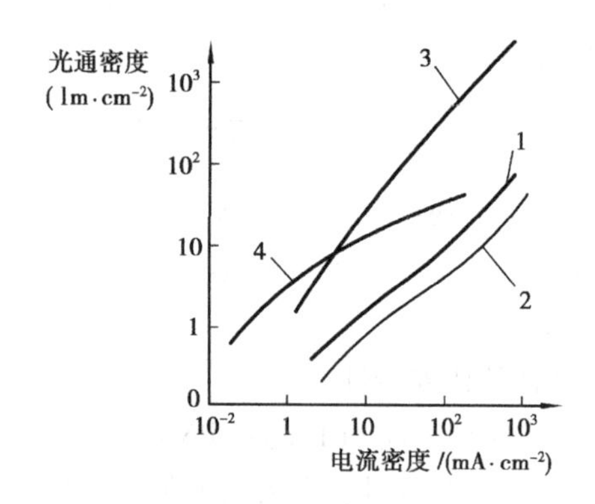

图 2.31 光通密度与电流密度的关系
1—镓砷磷;2—镓铝砷;3—磷化镓(绿色);
4—磷化镓(红色)

图 2.31 所示为几种材料发光二极管的光通密度与电流密度的关系。总的说来,发光二极管就是呈现这样的特性。对于一些掺杂不是很高的材料,当载流子达到一定数值后,光通密度达到饱和,再增加电流注入时,光通密度增加很少,甚至不再增加。

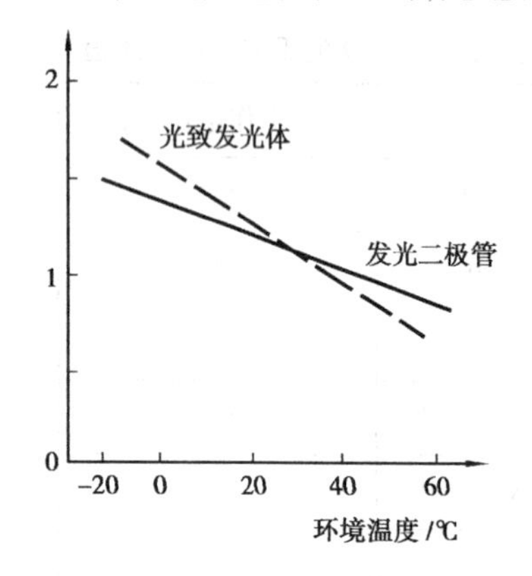

图 2.32 发光二极管的相对发光亮度与环境温度的关系

发光二极管随着环境温度的增加,相对发光亮度就会下降,如图 2.32 所示。因此,发光二极管工作的环境温度越高,所允许的耗散功率越小,允许的工作电流也就越小,结温控制在额定值之下。当然,即使环境温度不变,由于注入电流加大,引起结温升高,发光亮度—电流密度曲线也会呈现饱和现象。

3)LED 的光学特性

①发光强度 I_v LED 的发光强度通常是指发光二极管在指定工作电流驱动下,在法线(对圆柱形 LED 而言是指其轴线)方向上的发光强度,是表征发光器件发光强弱的重要性能。若在该方向上辐射强度为 1/683 W/sr,则发光强度为 1 cd。由于一般的发光二极管的发光强度通常较小,所以常用的单位为 mcd。LED 采用的是圆柱形、圆球形封装,由于凸透镜的作用,故都具有很强的指向性,其中法向方向上的光强最大,其与水平面的交角为 90°。当偏离正法向方向不同的角度时,光强也随之变化。

②发光波长 对于直接带隙半导体来说,峰值波长 λ_p 同其禁带宽度相对应,而对于掺 ZnO 或 N 的 GaN 等间接带隙材料来说,峰值波长由等电子陷阱发光中心的位置决定。半导体中,参与电子-空穴复合的能带有一定宽度,而不是能级之间的载流子复合发光,因此,导带底附近和价带顶附近的能态都会对发光有贡献,这便形成了发光管的发射光谱较宽。通常,发光二极管的光谱半宽度 $\Delta\lambda$ 为 50~150 nm。

表 2.2 列出了红、橙、黄、绿、蓝 5 种颜色的 7 类发光二极管光学参数。显然,发光管的峰值波长同其颜色是一一相对应的。

表2.2 7类发光二极管光学参数

材 料	发光颜色	峰值波长 λ_p/nm	光谱半宽度 $\Delta\lambda$/nm
GaP(Zn-O)/Zn-O	红	700	100
$Ga_xAl_{1-x}As/GaP$	红	660	30
$GaAs_{0.5}P_{0.4}/GaAs$	红	650	20
$GaAs_{0.35}P_{0.65}(N)/GaP$	橙	630	40
$GaAs_{0.15}P_{0.85}(N)/GaP$	黄	590	30
GaP(N)/GaP	绿	565	30
GaN/Ae_2O_3	蓝	490	80

③发光效率 发光效率即为光通量与电功率之比。LED的效率有内部效率(PN结附件由电能转化成光能的效率)与外部效率(辐射到外部的效率)之分,内部效率只是用来分析和评价芯片优劣的特性。LED最重要的特性是辐射出光能量(发光量)与输入电能之比,即发光效率。发光效率表征了光源的节能特性,这是衡量现代光源性能的一个重要指标。

④发光方向性 没有封装的LED芯片发出的光是发散的,而经过封装的LED能使其汇聚。根据不同的用途和设计需要,在产品选用时就需要考虑LED的发光方向问题,即光强分布问题。例如体育场的LED大型彩色显示屏,如果选用的LED单管分布范围很窄,那么面对显示屏处于较大角度的观众将看到失真的图像;应用于交通标志的LED灯也要求在较大范围内肉眼能识别。

4)LED的热学特性

LED的热学参数与PN结的结温有很大的关系。一般工作在小电流($I_F<10$ mA)下,或者在10~20 mA下长时间连续点亮时,LED的温升不明显。若环境温度较高,LED的主波长或峰值波长λ_p就会向长波长漂移,发光亮度也会下降,尤其是点阵、大显示屏的温升对LED的可靠性、稳定性的影响更为显著。LED的主波长与温度的关系可表示为:

$$\lambda_p(T') = \lambda_0(T_0) + \Delta T_g \times 0.1 \text{ nm/℃}$$

由上式可知,每当结温升高10 ℃时,波长向长波漂移1 nm,且发光的均匀性、一致性变差。这对于供照明用的灯具光源要求小型化、密集排列以提高单位面积上的光强和光亮度的设计来说,尤其应注意选用散热性好的灯具外壳或专门通风设备,确保LED长期稳定工作。

(2)发光二极管的应用

1)LED照明技术

半导体技术已经改变了世界,半导体照明技术将再一次改变我们的世界。作为一种全新的照明技术,LED照明技术代表了光电子时代最重要的应用,它是利用半导体芯片作为发光材料、直接将电能转换为光能的发光器件。自20世纪60年代世界第一个半导体发光二极管诞生以来,LED照明由于具有寿命长、节能、色彩丰富、安全、环保的特性,已被全球公认为新一代的环保型高科技光源。

LED是一种冷光源,体积小,重量轻,结构坚固。LED改变白炽灯钨丝发光与节能灯三基色粉的原理,将电直接转化成光。它发热量少,不像白炽灯将电转化成热再转化成光,浪费太多热量,也不像荧光灯那样因消耗高能量而产生有毒气体。LED 采用直流驱动方式,工作电压低,不像传统霓虹灯那样要求高压而且容易损坏,比霓虹灯节省电能 80% 以上,工作安全可靠。因此,LED 光源具有寿命长、光效高、无辐射与低功耗等特点。LED 的光谱几乎全部集中于可见光频段,其发光效率可达 80% ~90%。

节能环保是 LED 最大的特点,在我国具有非常重要的现实意义。将 LED 与普通白炽灯、螺旋节能灯及三基色荧光灯进行比较,其结果显示:普通白炽灯的发光效率为 12 lm/W,寿命小于 2 000 h;螺旋节能灯的发光效率为 60 lm/W,寿命小于 8 000 h;三基色荧光灯的发光效率为 96 lm/W,寿命大约为 10 000 h;而直径为 5 mm 的白光 LED 的发光效率为 20 ~28 lm/W,寿命可大于 100 000 h。我国照明用电约占总电量的 12%,保守估计 2010 年我国总发电量将达到 30 000 亿度,照明用电将达到约 3 600 亿度,若能节约一半的照明用电就是 1 800 亿度,相当于两个三峡电站的年发电量。照明节能将产生两方面益处:能源消耗的节约和二氧化碳气体排放量的减少。

LED 作为新型的绿色光源产品,是未来发展的必然趋势,现在 LED 照明技术正处于一个迅速发展的阶段,发光效率不断改善,根据海兹定律,每 18 ~24 个月单个 LED 封装器件输出的光通量将翻一倍。现在白光 LED 的发光效率已达到白炽灯 2 倍以上,到 2010 年将超过荧光灯,到 2020 年将达到荧光灯的 2 倍,届时 LED 将成为全球照明的主要光源。

2)LED 的其他应用

在 30 多年的发展历程中,LED 除了在照明方面的巨大的应用前景,它在其他领域的应用从 20 世纪 70 年代已经开始,当时已将 GaP、GaAsP 同质结橘红色、黄色、绿色低发光效率的 LED 应用于指示灯以及数字和文字显示。随着新材料的开发和工艺的改进,LED 趋于高亮度化和全色化,显色性能逐渐改善,价格逐渐降低,其应用领域越来越广。目前,LED 的主要应用领域包括大屏幕彩色显示、照明灯具、激光器、多媒体显像、LED 背景光源、交通信号灯、仪器仪表、光纤通信、卫星通信、海洋光通信以及图形识别等。

①交通信号标志方面的应用

最初 LED 用于仪器仪表的指示光源,后来各种颜色的 LED 在交通信号灯和在室外红、绿、蓝及全彩显示屏得到了广泛应用,产生了很好的经济效益。采用 LED 作为公路、铁路、空港、海港、高速公路、城市交通等处的信号标志灯,可大量节省电能,并维护交通安全。经过多年的替换工作,全国主要城市由传统交通灯替换为 LED 交通灯的工作已经完成。同时,LED 显示还是道路交通诱导系统主要发布载体。常见的交通诱导 LED 显示方式有交通诱导 LED 显示屏(可变情报板)、交通诱导路径显示牌、停车指示牌、可变标识等。交通诱导信息室外 LED 显示,根据道路交通管理的要求和交通诱导信息发布显示的实际情况,在具体的使用功能上具有以下特点:高亮度,视角合理;显示颜色以红、绿、黄为主;显示亮度自动可调;全天候工作,环境条件复杂;远程控制,智能检测;安全性、实时性、准确性和可靠性要求高。

②广告业方面的应用

城市夜间广告牌过去都由霓虹灯组成,但它需要高压,耗电大、成本高、且易坏,如今采用超高亮度 LED 制作,可节省大量电能,工作寿命长,制作方便,且易采用单片机控制,使广告牌效果更理想。

③汽车工业上的应用

以往汽车上所用灯皆采用白炽灯，因其怕振动、撞击，极易损坏。1987年后，我国汽车工业逐步用超高亮度LED代替白炽灯作信号指示，即可节电80%，又因其工作寿命较汽车寿命还长，可免去大量维修工作，用于小汽车的中央高置刹车灯，又由于LED的响应较白炽灯快200~300 ms（在高速公路上，这个时间相当于4.9~7.3 m的刹车距离），可及早提醒司机刹车，减少车辆追尾事故，增加安全性。现在汽车的照明灯都普遍采用LED灯。

此外，汽车仪表板及各种控制部分的照明灯、背光灯都可采用超高亮度的LED。目前，LED已经逐步应用在汽车的第三刹车灯上。虽然LED目前还面临着单位瓦数流明低以及相关政策的限制，在进入汽车尾灯及前灯市场还需要一定的时间，但是随着成本性能比的下降以及发光效率的提升，最终LED将逐步实现从汽车内部、后部到前部的转移，最终占据整个汽车车灯市场。凭借着汽车的巨大产能，LED车灯市场面临着巨大的发展潜力。

④城市景观照明工程中的应用

城市景观照明是一个庞大的工程，由于LED色彩丰富、灵活多变最能体现建筑物的细节，因而LED将以其特有的优点在城市夜景照明中大显身手。景观照明市场主要以街道、广场等公共场所装饰照明为主。LED与太阳能电池配合，可实现无能源消耗的完全绿色环保的照明系统。

对建筑物某个区域进行投射，无非是使用控制光束的圆头和方向形状的投光灯具，这与传统的投光灯具概念完全一致。但是，由于LED光源小而薄，线性投射灯具的研发无疑成为LED投射灯具的一大亮点，因为许多建筑物根本没有地方放置投光灯。它的安装便捷，可以水平也可垂直方向安装，与建筑物表明很好地结合，为照明设计师带来了新的照明理念，拓展了创作空间，并将对现代建筑和历史建筑的照明手法产生深远的影响。

⑤显示屏的应用

LED显示屏按使用环境分为户内显示屏、户外显示屏，按颜色上又分为单色、双色和全彩显示屏。LED全彩显示屏由RGB三基色LED组成，每基色具有256级灰度，可显示16 777 216种颜色，色彩鲜艳，图像逼真。LED全彩显示屏既能显示各种颜色的文字、图形，又能显示图像、2D/3D计算机动画，尤其是能显示高清晰度、色彩丰富的视频动态图像。凭借着上述优势，LED全彩显示屏广泛应用在体育场馆、市政广场、演唱会、车站、机场等场所。

全彩色LED显示屏是当今世界上最为引人注目的户外大型显示装置，采用先进的数字化视频处理技术，有无可比拟的超大面积与超高亮度。根据不同的户内外环境，采用各种规格的发光像素，实现不同的亮度、色彩、分辨率，以满足各种用途。它可以动态显示图文动画信息，利用多媒体技术，可播放各类多媒体文件。

⑥背光源的应用

每个手机有6~12个LED，现除了用于指示灯外，显示屏的背光源也大量用LED代替，各种仪器仪表的显示屏也用LED作背光源，各种平板电视、液晶显示器等照明背光源也将用LED代替CCFL，不仅亮度提高，而且更安全、更可靠，还可实现调光。

LED将使未来"灯"的概念与现在完全不同，它可能是一条线，可能是一张纸，也可能是你所能想象到的任何形状。

2.2.4 半导体激光器

(1)半导体激光器的工作原理

半导体发光二极管与半导体激光器在结构上很相近。它是一种相干辐射光源,要使它能产生激光,必须具备以下3个基本条件:

①增益条件。建立起激活介质(有源区)内载流子的反转分布。在半导体中代表电子能量的是由一系列接近于连续的能级所组成的能带,因此,在半导体中要实现粒子数反转,必须在两个能带区域之间,处在高能态导带底的电子数比处在低能态价带顶的空穴数大很多,这靠给同质结或异质结加正向偏压,向有源层内注入必要的载流子来实现,将电子从能量较低的价带激发到能量较高的导带中去。当处于粒子数反转状态的大量电子与空穴复合时,便产生受激发射作用。

②要实际获得相干受激辐射,必须使受激辐射在光学谐振腔内得到多次反馈而形成激光振荡。激光器的谐振腔是由半导体晶体的自然解理面作为反射镜形成的,通常在不出光的那一端镀上高反多层介质膜,而出光面镀上减反膜。法布里-珀罗腔半导体激光器可以很方便地利用晶体的与PN结平面相垂直的自然解理面(即〔110〕面)构成谐振腔。

③为了形成稳定振荡,激活介质必须能提供足够大的增益,以弥补谐振腔引起的光损耗及从腔面的激光输出等引起的损耗,不断增加腔内的光场。这就必须要有足够强的电流注入,即有足够的粒子数反转,粒子数反转程度越高,得到的增益就越大,即要求必须满足一定的电流阈值条件。当激光器达到阈值时,具有特定波长的光就能在腔内谐振并被放大,最后形成激光而连续地输出。可见,在半导体激光器中,电子和空穴的偶极子跃迁是基本的光发射和光放大过程。对于新型半导体激光器而言,人们目前公认量子阱是半导体激光器发展的根本动力。量子线和量子点能否充分利用量子效应的课题已延至本世纪,科学家们已尝试用自组织结构在各种材料中制作量子点,而GaInN量子点已用于半导体激光器。另外,科学家也已经制作出了另一类受激辐射过程的量子级联激光器,这种受激辐射基于从半导体导带的一个次能级到同一能带更低一级状态的跃迁,由于只有导带中的电子参与这种过程,因此它是单极性器件。

(2)半导体激光器的分类

半导体激光器也有同质结构的、异质结和双异质结的,有脉冲态工作的,也有能在室温下连续工作的。半导体激光器的制作技术发展很快,器件与性能不断得到改进,最近又报道了可以控制激光输出为单纵模的分布反馈半导体激光器(DFB),其性能和稳定性又有提高,这是光通信和光纤传感器较为理想的光源。下面分别对几种典型的半导体激光器进行介绍:

1)注入式半导体激光器

一般固体激光器和气体激光器的发光是能级之间的跃迁产生的,而半导体激光器的发光是能带之间的电子-空穴对复合而产生的。

激发过程是使半导体中的载流子从平衡状态的激发态。激励的方式有很多种,这里仅讨论电注入激励方式。

处于非平衡激发态的非平衡载流子回到较低的能量状态或基态而放出光子的过程,就是辐射复合过程。实际上,发光的过程同时有光的吸收存在,复合产生的光子又可能激发产生新的电子-空穴对,而光子本身又被吸收,这个过程称为共振吸收。

注入式半导体激光器要产生激光，应满足以下条件：

①要产生足够的粒子数反转。在半导体激光器中，粒子数反转是指载流子的反转分布，也就是在注入区中，简并化分布的导带电子和价带空穴处于相对反转分布状态。

②要有谐振腔，能起到光反馈作用，形成激光振荡。结型砷化镓激光器在制成PN结以后，沿晶体(110)方向解理，解理面就构成激光器所需的平行反射镜面，反射率约30%，它们组成法布里-珀罗谐振腔。在有激区内，导带中的电子和价带中的空穴复合，发出方向不同的光子，其中一部分光子在两个平行的镜面间多次反射，并激发产生更多同样的光子，从而得到光放大作用。

③产生激光还必须满足阈值条件，也就是增益要大于总的损耗。

在半导体激光器中，受激原子非常紧密地堆积在一起，能级重叠成能带。受激原子的堆积密度高达$10^{18}/cm^3$，而一般气体激光器的受激原子堆积密度为$10^{10}/cm^3$。由于半导体激光器的增益系数相当高，所以用晶体的解理面之间很短的距离作为谐振腔长，也能达到阈值条件。

受激辐射大于共振吸收时才有可能产生激光。注入区中非平衡载流子的受激复合率R_u与本区内导带电子浓度$N_c f_c$、价带空穴浓度$N_v(1-f_v)$和光强$I(\nu,z)$或辐射能量密度$\rho(\nu,z)$成正比，写成表达式为：

$$R_u = B_{cv}N_c f_c N_v(1-f_v)\rho(\nu,z) \tag{2.31}$$

式中，N_c、N_v分别为导带和价带的有效能级密度，f_c、f_v为费密分布函数，B_{cv}为爱因斯坦系数(即受激发射系数)，ν为光子频率，z为位置坐标，光沿z方向传播。

注入区共振吸收过程是再产生电子空穴对的过程，非平衡载流子产生率Q_u与价带电子浓度$N_v f_v$和导带空穴能级密度$N_c(1-f_c)$及辐射能量密度$\rho(\nu,z)$成正比，即

$$Q_u = B_{vc}N_v f_v N_c(1-f_c)\rho(\nu,z) \tag{2.32}$$

式中，Q_u为单位时间、单位体积内共振吸收的光子数，B_{vc}为共振吸收系数。

产生激光的增益条件为$R_u > Q_u$，也即$f_c > f_v$。用费密能级表示，可得：

$$E_{FC} - E_{FV} > E_g \tag{2.33}$$

式中E_g为禁带宽度。

所以上式表明，要实现粒子数反转分布，必须使准费密能级之差大于禁带宽度。

为分析阈值条件，详细考虑激活区内的增益和损耗。光在谐振腔内往返一次不衰减的条件为：

$$gL = \alpha L + \frac{1}{2}\ln\frac{1}{R_1R_2} \tag{2.34}$$

式中，R_1、R_2为谐振腔两个反射面的反射率，g为增益系数，l为谐振腔长，α为损耗系数。

等式左边表示总增益，等式右边表示总损耗，第一项为内部损耗，第二项为端面损耗。上式说明增益系数必须大于某值，才能产生激光。g可表示为：

$$g = \alpha + \frac{1}{2L}\ln\frac{1}{R_1R_2} \tag{2.35}$$

结型激光器靠注入电流来提供增益，增益和电流密度之间的关系可表示为：

$$g = \beta J^m \tag{2.36}$$

式中，m为指数，J为电流密度，β为增益因子。

将式(2.36)代入式(2.35)可得：

$$J^m = \frac{1}{\beta}\left(\alpha + \frac{1}{2L}\ln\frac{1}{R_1R_2}\right) \tag{2.37}$$

对于同质结激光器,$m=1$,双异质结激光器的 $m=2.8$。

砷化镓激光器的输出功率与激励电流的关系如图 2.33 所示,曲线转折点对应电流即为激光器阈值电流(图中虚线与横坐标交点)。

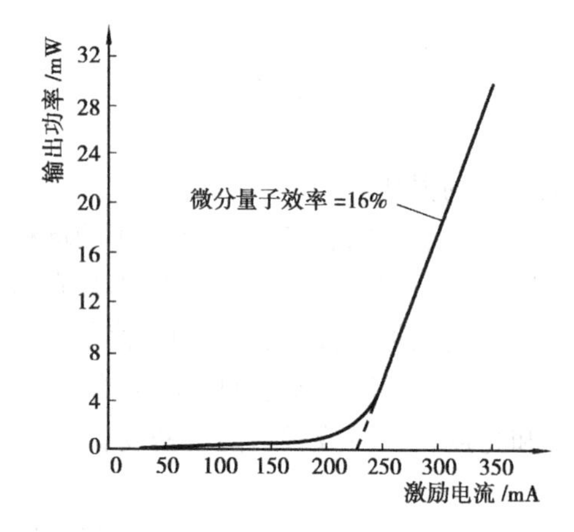

图 2.33 激光器输出功率与激励电流的关系

2)半导体异质结激光器

半导体激光器的一个重要特性指标是阈值电流(后面将作介绍),由于同质结激光器的阈值电流很高,只能在脉冲状态下工作。为了获得能在室温下连续工作的器件,发展了异质结激光器。异质结激光器用不同的半导体材料制成,分单异质结激光和双异质结激光器,它们是用砷化镓(GaAs)材料和镓铝砷(GaAlAs)材料制成的。图 2.34 所示为同质结和异质结半导体激光器的结构示意图。

材料 $Ga_{1-x}Al_xAs$ 是指在 GaAs 材料中掺入AlAs而形成。下标"x"与"$1-x$"是指 AlAs 与 GaAs 的比例。P 型与 N 型镓铝砷材料分别写为 P-$Ga_{1-x}Al_xAs$和 N-$Ga_{1-x}Al_xAs$,这种合成材料的折射率、禁带宽度、损耗等都与 GaAs 不同。

半导体异质结激光器分单异质结和双异质结激光器,它们的结构如图 2.34(b)、(c)所示,这两种激光器能更好地限制载流子和光波。

加有正向偏压时同质结、单异质结和双异质结激光器的有关情况如图 2.35 所示。

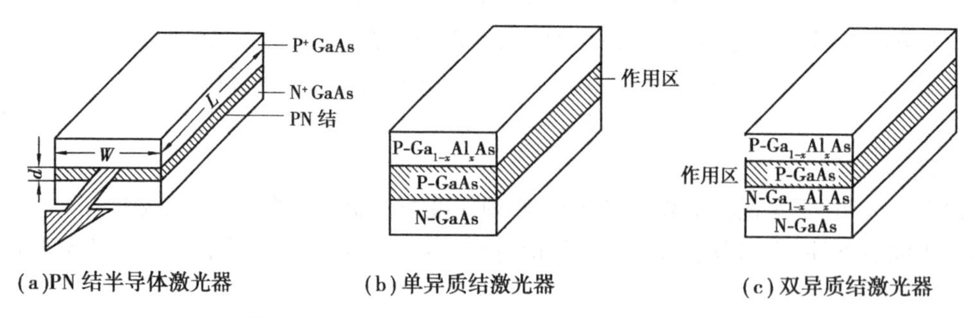

图 2.34 同质结和异质结半导体激光器的结构示意图

对于同质结激光器,当加正向偏压时,将向结区注入非平衡载流子。这些非平衡载流子也扩散到 P 区和 N 区,因而复合区也扩散 P 区和 N 区,由于电子扩散长度 L_n 大于空穴扩散长度 L_p(对于 GaAs,$L_n \approx 5\ \mu m$,$L_p = 1.7\ \mu m$),所以发光区偏向 P 区一侧。由于激活区极宽,所需的激励电流很大。从图 2.35(a)中可知,P 区与 N 区的折射率差很小($\Delta n \approx 0.1\% \sim 1\%$),光波导效应不显著,这使没有光放大作用的非激活区中仍有较强的消失场,因而加大了损耗,增加了激光器的阈值电流。

异质结激光器与此不同,如图 2.35(b)所示的单异质结激光器,当加上正向偏压时,由于 P-GaAs和 P-GaAlAs 之间的结效应较弱,所以电压主要降在 PN 结上,于是,PN 结的势垒降低,将有大量的电子从 N-GaAs 区注入 P-GaAs 区。又由于 P-GaAs 与 P-GaAlAs 构成的异质结有较高的电子势垒,使这些非平衡的电子载流子受到限制,不能继续向 P-GaAlAs 区扩散,这样就在

P-GaAs 区积累了大量的电子,使之成为进行光放大的激活区。与同质结相比,其激活区的电子浓度大,光增益系数高。此外,由于两种不同质材料的折射率差较大($\Delta n = 5\%$),故光波导效应较显著,散失到激活区外的消失场较小,损耗下降。异质结对电子和光波的双重限制,使其阈值电流大大降低。

单异质结激光器只有激活区的一侧限制非平衡载流子和光波,双异质结则在激活区的两侧都对载流子和光波进行限制。从图 2.35(c)可知,P 区和 N 区的多数载流子很容易注入 P-GaAs区,在这里形成激活区,但这些非平衡载流子受两侧异质结的限制,不易向外扩散,因而其浓度极大地增加,增益大为提高;同时,由于两种材料折射率指数的差异,光波导效应显著,因而损耗大大减小,这都使阈值电流大大降低。

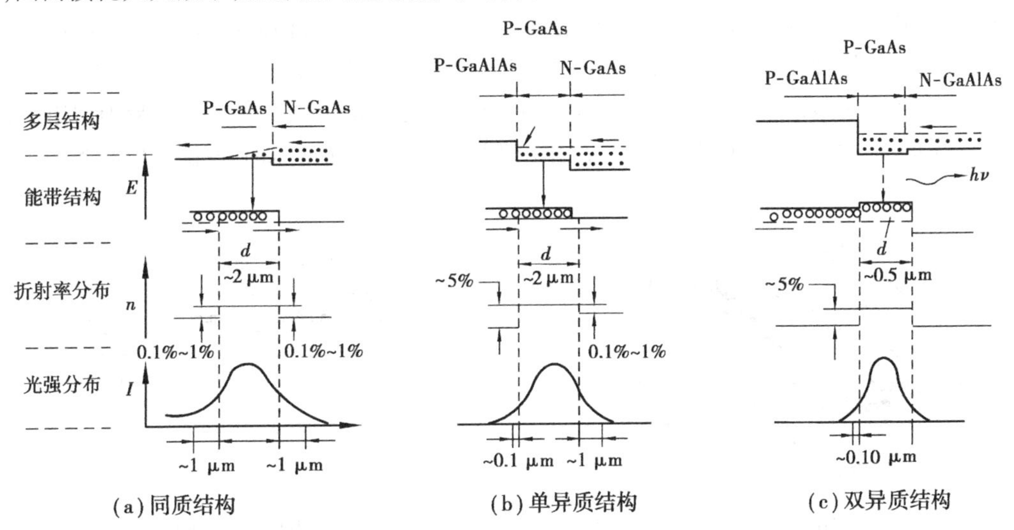

图 2.35 同质结、单异质结、双异质结激光器加有正向偏压时的情况

3)长波长半导体激光器

GaAs-GaAlAs 异质结半导体激光器的工作波长 λ_0 为 0.84 ~ 0.90 μm,第 3 章中的分析表明,光纤中传输的光波波长在 1.55 μm 附近时,为光波传输的低损耗区,随着光纤通信在长波长波段的发展,相应地要求研制长波长的激光器与之配合。

激光器的工作波长与选用的材料有关。禁带宽度为 E_g 的半导体激光物质发出光子的频率和波长为:

$$\nu \approx \frac{E_g}{h} \tag{2.38}$$

$$\lambda_0 \approx \frac{1.24}{E_g} \tag{2.39}$$

式中,λ_0 的单位为 μm,E_g 的单位为 eV。

当两种以上的半导体材料合成时,合成材料的禁带宽度将要改变。根据各种材料比例的不同,合成材料的禁带宽度也将不同,因而可用改变材料比例的方法,使发光波长有所改变。

目前所使用的长波长激光器有以下几种:

①$Ga_{1-x}In_xAs$-$Ga_{1-y}In_yP$ 三元素激光器

这种激光器称为镓铟砷激光器,它是以 GaInAs 作为激活层,由 GaInAs 和 GaInP 构成异质结激光器,其工作波长 λ 为 1.06 ~ 1.70 μm。

②$GaAs_{1-x}Sb_x$-$Ga_{1-y}Al_yAs_{1-x}Sb_x$ 三元素激光器

这种激光器称为镓砷锑激光器，它是以镓砷锑为激活层的双异质结激光器，其工作波长 λ 为 0.87 ~ 1.68 μm。

③$Ga_xIn_{1-x}As_yP_{1-y}$-InP 四元素激光器

这种激光器称为镓铟砷磷激光器，它是以 GaInAsP 为激活层的双异质结激光器，其工作波长 λ 为 1 ~ 1.70 μm。

4）分布反馈半导体激光器

由于光纤通信和集成光学的需要，分布反馈式半导体激光器（DFB）获得迅速发展。这种激光器能得到单纵模输出，而且很容易与光纤调制器件等耦合，并适于作集成光路的光源。

在图 2.36 中，图（a）为双异质结分布反馈半导体激光器的结构简图，图（b）为剖面简图，图（c）为波纹光栅结构图。由图可以看出，分布反馈式半导体激光器与普通半导体激光器不同，激光振荡不是由解理面构成的谐振腔来提供反馈，而是用周期性的波纹光栅结构形成的光耦合提供激光振荡。当激活区介质的增益与光栅波纹深度满足一定要求时，就能形成激光输出。

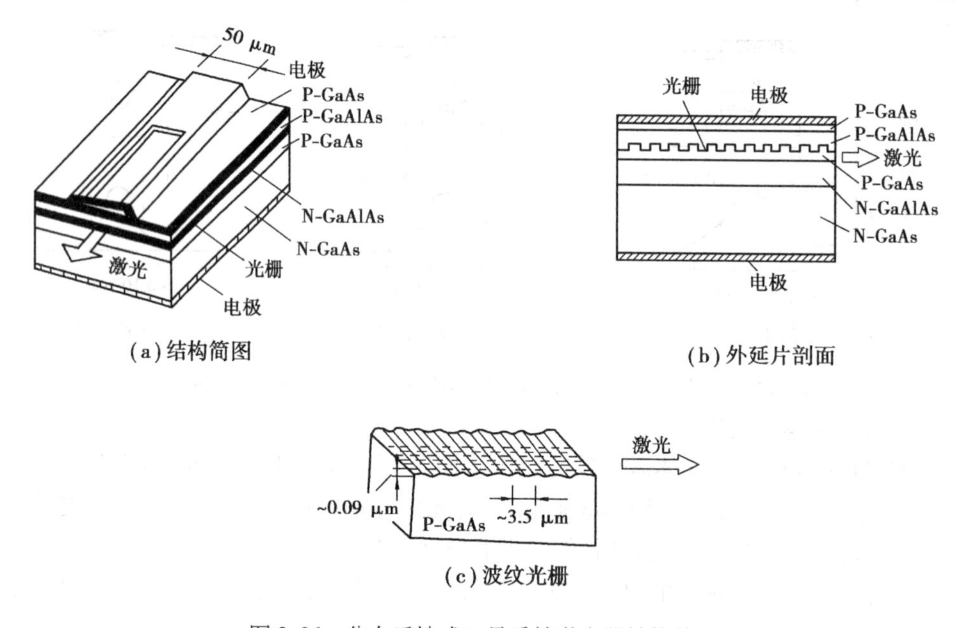

图 2.36　分布反馈式双异质结激光器结构简图

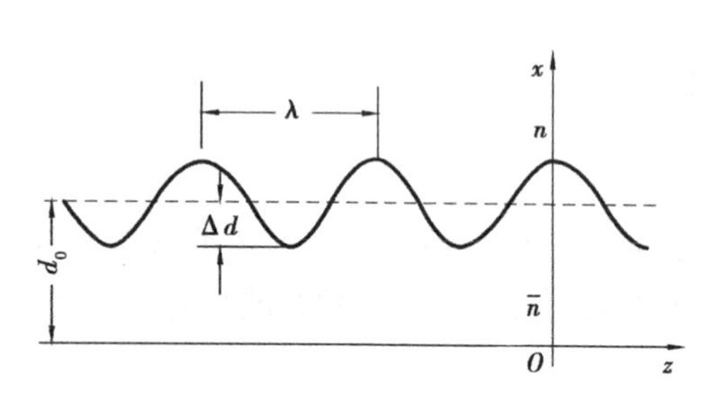

图 2.37　波纹结构周期变化示意图

分布反馈式半导体激光器是根据布喇格反射原理，采用波纹光栅结构，图 2.37 所示为波纹结构周期性变化时激活层的厚度周期性地变化的情况。若光沿 z 方向传播，则

$$d(z) = d_0 + \Delta d \cos(2\beta_0 z) \qquad (2.40)$$

式中，$d(z)$ 为激活层在 z 处的厚度，d_0 为激活层介质的平均厚度，Δd 为激活区厚度的变化幅度，β_0 为由布喇格条件给出的系数，z 为光传播方向的坐标值。

由布喇格条件得：

$$\beta_0 = \frac{2\pi q}{\lambda_b} \tag{2.41}$$

式中，q 为纵模指数，λ_b 为满足布喇格条件的波长。

若用频率表示，则

$$\nu_b = c/\lambda_b \tag{2.42}$$

式中，c 为光速，ν_b 为布喇格频率。

由于波纹光栅的作用，介质中的折射率和增益系数也呈现周期性变化，即

$$n(z) = \bar{n} + n_m(2\beta_0 z) \tag{2.43}$$

$$g(z) = \bar{g} + g_m(2\beta_0 z) \tag{2.44}$$

上二式中，n_m 为折射率调制幅度，g_m 为增益系数调制幅度，$\bar{n}$ 为晶体材料折射，$\bar{g}$ 为增益系数平均值。

分布反馈半导体激光器的特殊结构使得腔内不同纵模的阈值增益不同，高阶模的阈值也高。因此，在一定增益之下，只能激发起最低次模，从而获得单纵模运转。

2.2.5　半导体激光器的主要特性及应用

(1)半导体激光器的主要特性

半导体激光器是半导体二极管，它具有半导体二极管的一般特性，还具有激光器所具有的光频特性。这里以 PN 结激光器为主介绍半导体激光器的主要工作特性。

1)伏安特性

半导体激光的伏安特性与一般半导体二极管相同，具有单向导电性，其伏安特性曲线如图 2.38 所示。由于工作时加正向偏压，所以其结电阻很小。其正向电阻值主要由材料的体积电阻和引线的接触电阻来决定，这些电阻虽然很小，但由于工作电流很大，其作用不能忽略。

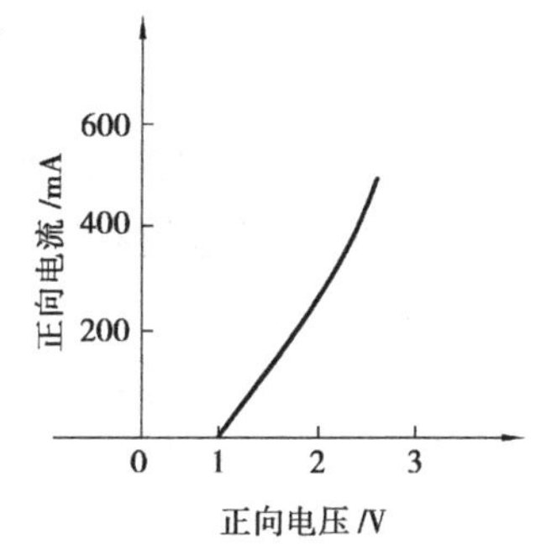

图 2.38　伏安特性曲线

2)量子效率与阈值电流

在复合区内，有两种复合：一种称为辐射复合，另一种称为无辐射复合。前者发出光子，后者不发出光子，而是将多余的能量以热的形式散失掉，因而注入的电子只有一部分对发光是有效的。通常用内量子效率 η_i 表示辐射复合所占的比例，即

$$\eta_i = \frac{\text{激活区每秒产生的光子数}}{\text{激活区每秒注入的电子 - 空穴对数}}$$

由于各种损耗的存在，激光器输出的光子数会减少，因而又定义了外量子效率 η_{ex}。

$$\eta_{ex} = \frac{\text{激活区每秒发射的光子数}}{\text{激活区每秒注入的电子 - 空穴对数}}$$

设激光器发射的光功率为 P_{ex}，光子的能量为 $h\nu$，则激光器每秒发射的光子数为 $P_{ex}/h\nu$；又设正向激励电流为 I，电子的电荷为 q，激活区每秒注入的电子-空穴对数为 I/q，则

$$\eta_{ex} = \frac{P_{ex}/(h\nu)}{I/q} \tag{2.45}$$

因为　$h\nu \approx E_g \approx qV$

所以

$$\eta_{ex} = \frac{P_{ex}}{IV} \tag{2.46}$$

V 为激光器 PN 结上的正向电压。

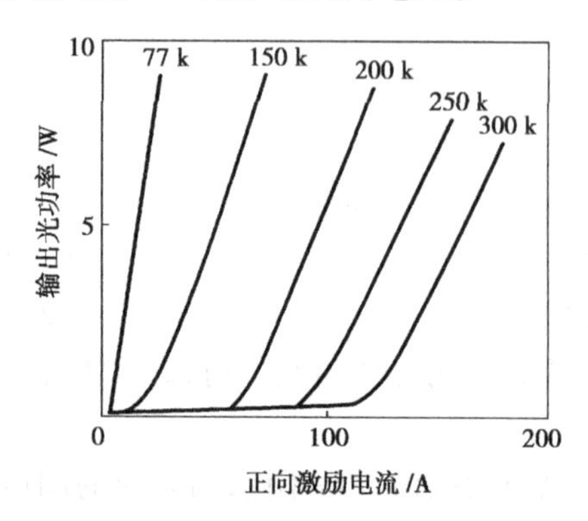

图 2.39 半导体激光器正向激励电流与输出光功率之间的关系曲线

阈值是 LD 的基本特性之一，它标志着激光器的增益与损耗的平衡点，即阈值以后激光器才开始出现净增益，LD 的阈值常用电流密度或电流大小表征。图 2.39 所示为砷化镓器件正向激励电流与输出光功率之间的关系曲线，每一条曲线转折点所对应的电流即为激光阈值电流，曲线簇说明输出功率与热力学温度有关，温度越低，转换效率就越高。但在某一温度下，只有当正向激励电流 I 大于阈值电流 I_{th} 时，输出光功率才开始急剧上升；当 $I < I_{th}$ 时，输出光功率很小，不能发射激光，只能发出荧光，可作为 LED 使用。为了更确切地描述器件的转换效率，实际上用外微分量子效率 η_D 表示，即

$$\eta_D = \frac{(P_{ex} - P_{th})/(h\nu)}{(I - I_{th})/q} \tag{2.47}$$

式中，P_{ex} 为输出光功率，P_{th} 为阈值电流所对应的输出光功率，实际上这个值很小，$p_{th} \ll P_{ex}$，则

$$\eta_D = \frac{P_{ex}/(h\nu)}{(I - I_{th})/q} = \frac{P_{ex}}{(I - I_{th})V} \tag{2.48}$$

η_D 表示了阈值以上线性范围关系曲线的斜率，η_D 仅是温度的函数，曲线的斜率与电流无关，当注入电流超过阈值时，输出功率与注入电流成正比增加。

3）方向特性

普通气体激光器和固体激光器方向性很好，光束的发散角只有 $\pi \times 10^{-6}$（球面度），而半导体激光器的方向性要差得多。半导体激光器的作用区矩形光学谐振腔，其长、宽、高分别为 l、w 和 d，其端面可近似看作面积为 $A = wd$ 的相干光源，其辐射图样近似一个矩形狭缝的衍射图形，它的方向性用光束发散角表示。光束在与 PN 结垂直方向的半功率点的张角称为垂直发散角，以 θ_d 表示，光束在平行 PN 结方向半功率点的张角称为水平发散角，以 θ_w 表示。从矩形狭缝的光强分布可以求出，即

$$\theta_d \approx 2\arcsin\frac{\lambda_0}{d} \tag{2.49}$$

$$\theta_w \approx 2\arcsin\frac{\lambda_0}{w} \tag{2.50}$$

式中，λ_0 为光波波长。一般 θ_d 在 40°左右，θ_w 为 10°左右，如图 2.40 所示，可见，其光束的发散是各向异性的。

在光纤通信与光纤传感技术中，激光器方向性的好坏影响到它与光纤耦合的效率。单模光纤芯径小，数值孔径小，此项指标更为重要。

4）光谱特性

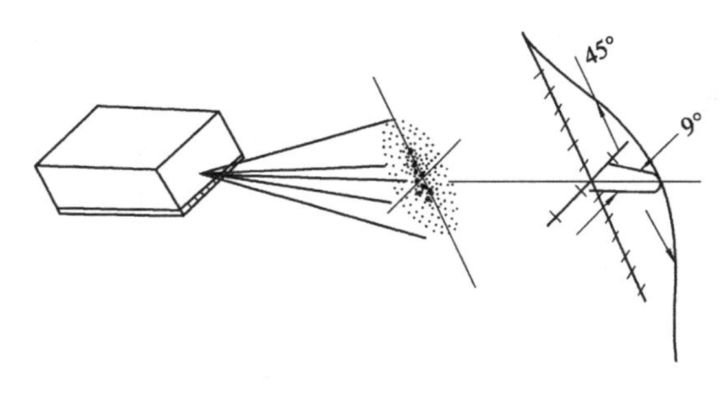

图2.40　激光束发散角分布图

由于半导体的导带、价带都有一定的宽度，所以复合发光的光子有较宽的能量范围，因而半导体激光器的发射光谱比固体激光器和气体激光器要宽。

光谱曲线半峰值处的全宽定义为LD的光谱线宽，LD在阈值以下的谱宽达60 nm，而阈值以上的谱宽达压窄到2～3 nm或更小。半导体激光器的光谱随激励电流而变化，当激励电流低于阈值电流时，发出的是光荧光。这时的光谱很宽，其宽度常达百分之几微米，如图2.41(a)所示。当电流增大到阈值时，发出的光谱突然变窄，谱线中心强度急剧增加，这表明出现了激光，其光谱分布如图2.41(b)所示。由此可见，光谱变窄、单色性增强是半导体激光器达到阈值时的一个特征，因而可通过激光器光谱的测量来确定阈值电流。

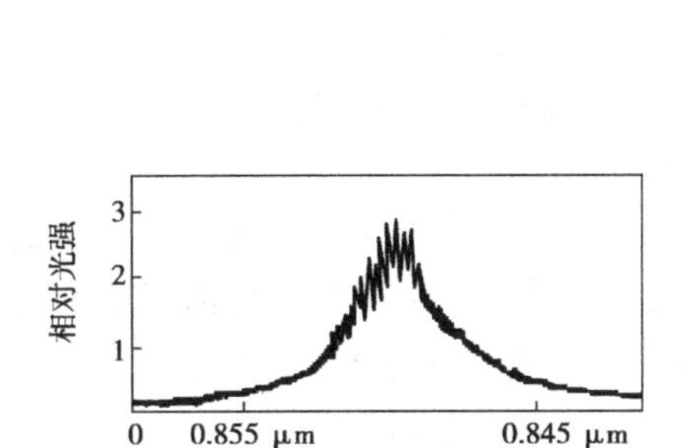

(a)低于阈值时

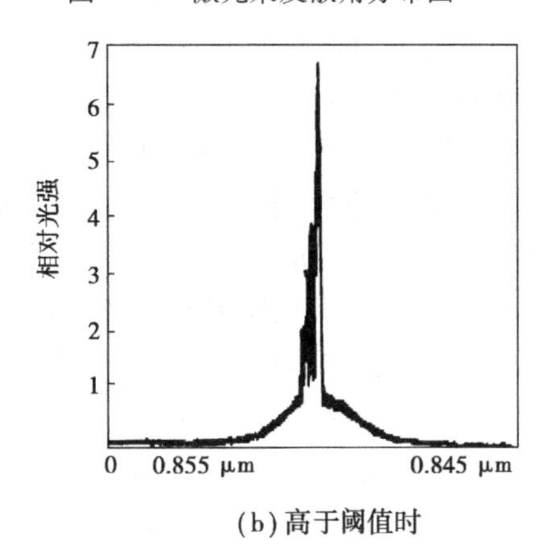

(b)高于阈值时

图2.41　GaAs激光器的光谱

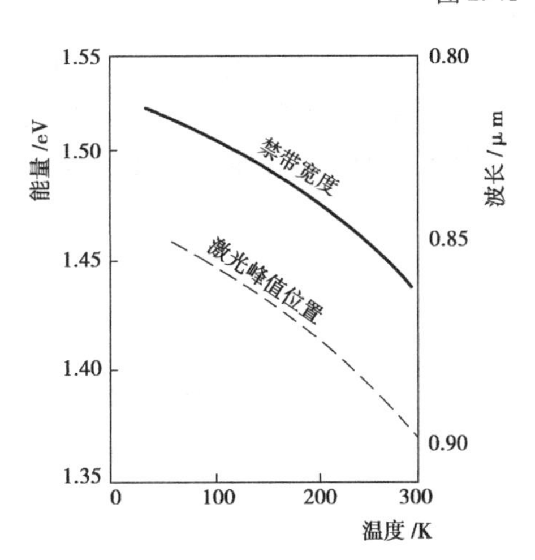

图2.42　激光峰值位置与温度的关系

半导体激光器发射的光谱随温度而变化，GaAs激光器在77 K下，其光谱宽度为万分之几微米，室温下宽度为千分之几微米，目前分布反馈型激光器的谱宽只有10^{-4} μm左右。另一方面，温度升高时，激光峰值向长波方向移动，这是由于禁带宽度随温度升高而变小，因而发射光子的频率变小的缘故($E_g = h\nu$)。图2.42所示为激光峰值位置随温度变化的情况，纵坐标分别是禁带宽度的能量值和对应的波长值。

(2)**半导体激光器的应用**

世界上第一只半导体激光器是1962年问世的，经过几十年来的研究，半导体激光器得到了惊人的发展，它的波长从红外、红光到蓝绿光，被盖范围逐渐扩大，各项性能参数也有了很大的提高，其制作技术经历了由扩散法到液相外延法(LPE)、气相外延法(VPE)、分子束外延法

(MBE)、MOCVD 方法(金属有机化合物汽相淀积)、化学束外延(CBE)以及它们的各种结合型等多种工艺,其激射阈值电流由几百毫安降到几十毫安直到亚毫安,其寿命由几百到几万小时乃至百万小时,从最初的低温(77 K)下运转发展到室温下连续工作,输出功率由几毫瓦提高到千瓦级(阵列器件),它具有效率高、体积小、重量轻、结构简单,能将电能直接转换为激光能,功率转换效率高(已达 10% 以上,最大可达 50%),以及便于直接调制和省电等优点,因此应用领域日益扩大。目前,固定波长半导体激光器的使用数量居所有激光器之首,某些重要的应用领域过去常用的其他激光器已逐渐为半导体激光器所取代。

半导体激光器的最主要应用领域是 Gb 局域网,850 nm 波长的半导体激光器适用于大于 1 Gb/s 局域网,1 300 ~ 1 550 nm 波长的半导体激光器适用于 10 Gb/s 局域网系统。半导体激光器的应用范围覆盖了整个光电子学领域,已成为当今光电子科学的核心技术。半导体激光器在激光测距、激光雷达、激光通信、激光模拟武器、激光警戒、激光制导跟踪、引燃引爆、自动控制、检测仪器等方面获得了广泛的应用,形成了广阔的市场。

1978 年半导体激光器开始应用于光纤通信系统,半导体激光器可以作为光纤通信的光源和指示器,以及通过大规模集成电路平面工艺组成光电子系统。由于半导体激光器有着超小型、高效率和高速工作的优异特点,所以这类器件的发展一开始就与光通信技术紧密结合在一起,它在光通信、光变换、光互连、并行光波系统、光信息处理和光存储、光计算机外部设备的光耦合等方面有重要用途。半导体激光器的问世极大地推动了信息光电子技术的发展,如今,它是光通信领域中发展最快、最为重要的激光光纤通信的重要光源。半导体激光器再加上低损耗光纤,对光纤通信产生了重大影响,并加速了它的发展。因此,可以说,没有半导体激光器的出现,就没有当今的光通信。GaAs/GaAlAs 双异质结激光器是光纤通信和大气通信的重要光源,凡是长距离、大容量的光信息传输系统无不都采用分布反馈式半导体激光器(DFB-LD)。半导体激光器也广泛地应用于光盘技术中,光盘技术是集计算技术、激光技术和数字通信技术于一体的综合性技术。它是大容量、高密度、快速有效和低成本的信息存储手段,它需要半导体激光器产生的光束将信息写入和读出。

下面是几种常用的半导体激光器的应用:

1)在精密机械加工方面的应用

量子阱半导体大功率激光器在精密机械零件的激光加工方面有重要应用,同时也成为固体激光器最理想的、高效率泵浦光源。由于它的高效率、高可靠性和小型化的优点,导致了固体激光器的不断更新。

2)在显示、印刷业和医学领域的应用

在印刷业和医学领域,高功率半导体激光器也有应用。可见光面发射激光器在光盘、打印机、显示器中都有着很重要的应用,特别是红光、绿光和蓝光面发射激光器的应用更广泛。蓝绿光半导体激光器用于水下通信、激光打印、高密度信息读写、深水探测及应用于大屏幕彩色显示和高清晰度彩色电视机中。总之,可见光半导体激光器在用于彩色显示器光源、光存储的读出和写入、激光打印、激光印刷、高密度光盘存储系统、条码读出器以及固体激光器的泵浦源等方面有着广泛的用途。量子级联激光的新型激光器应用于环境检测和医检领域。另外,由于半导体激光器可以通过改变磁场或调节电流实现波长调谐,且已经可以获得线宽很窄的激光输出,因此,利用半导体激光器可以进行高分辨光谱研究。可调谐激光器是深入研究物质结构而迅速发展的激光光谱学的重要工具。大功率中红外(3 ~ 5 μm)LD 在红外对抗、红外照明、激光雷达、大气窗口、自由空间通信、大气监视和化学光谱学等方面有广泛的应用。

3)在构造新型激光器方面的应用

①光纤激光器

利用掺杂稀土元素的光纤研制的光纤放大器给光波技术领域带来了革命性的变化。光纤激光器就是在光纤放大器的基础上发展起来的。光纤激光器与其他激光器一样,由能产生光子的增益介质使光子得到反馈,并在增益介质中进行谐振放大的光学谐振腔和激励光跃迁的泵浦源三部分组成,其结构如图2.43所示。谐振腔腔镜可以是反射镜、光纤光栅或是光纤环。工作物质是掺稀土元素的增益光纤,可长达几十米到几百米。泵浦光一般采用半导体激光器作为泵浦源产生,从左面腔镜耦合进入掺杂光纤,左面镜对于泵浦光全部透射,对于受激辐射光全反射,以便有效利用泵浦光和防止泵浦光产生谐振而造成输出光不稳定。右面镜对于激射光部分透射,以便造成激射光子的反馈和获得激光输出。泵浦光上的光子被介质吸收,形成粒子数反转分布,最后在掺杂光纤介质中产生受激辐射而输出激光。

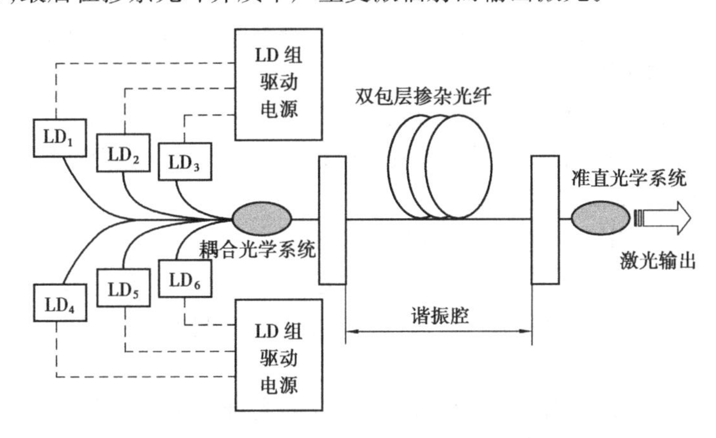

图2.43　光纤激光器基本结构

在此原理的基础上还可以采用多个LD构成泵浦激光器组输出,通过耦合光学系统耦合到掺杂光纤中,以产生大功率的激光输出,它是构造高功率的光纤激光器必不可少的条件。半导体激光器体积小的特点也是构造小型化全光纤激光器的必要条件。

②红外波长光谱连续新型激光器

朗讯科技公司下属研发机构贝尔实验室的科学家们已成功研制出世界上首款能够在红外波长光谱范围内持续可靠地发射光的新型半导体激光器。新设备克服了原有宽带激光发射过程中存在的缺陷,在先进光纤通信和感光化学探测器等领域有着广阔的潜在应用。相关的制造技术可望成为未来用于光纤的高性能半导体激光器的基础。

③超宽带半导体激光器

有关新激光器性质的论文刊登2002年2月21日出版的《自然》杂志上。文章主要作者贝尔实验室物理学家Claire Gmachl断言:“超宽带半导体激光器可用来制造高度敏感的万用探测器,以探测大气中的细微污染痕迹,还可用于制造诸如呼吸分析仪等新的医疗诊断工具。”半导体激光器是一种非常方便的光源,具备紧凑、耐用、便携和强大等特点。然而,典型半导体激光器通常为窄带设备,只能以特有波长发出单色光。相比之下,超宽带激光器具有显著的优势,可以同时在更宽的光谱范围内选取波长,制造出可在范围广泛的操作环境下可靠运行的超宽带激光器,正是科学家们长久以来追求的一个目标。

为了研制出新型的激光器，贝尔实验室科学家们采用了650余种光子学中使用的标准半导体材料，并将其叠放在一起组成一个“多层三明治”。这些层面共分为36组，其中不同层面组在感光属性方面有着细微的差别，并在特有的短波长范围内生成光，同时与其他各组之间保持透明，所有这些层面组结合在一起，就能发射出宽带激光。

超宽带激光器可在6~8 μm红外波长范围产生1.3 W的峰值能量。Gmachl指出：“从理论上讲，波长范围可以更宽或更窄。选择6~8 μm范围波长发射激光，目的是更令人信服地演示我们的想法。未来，我们可以根据诸如光纤应用等具体应用的特定需求量身定制激光器。”

如前所述，半导体激光器自20世纪80年代初以来，由于取得了DFB动态单纵模激光器的研制成功和实用化，量子阱和应变层量子阱激光器的出现，大功率激光器及其列阵的进展，可见光激光器的研制成功，面发射激光器的实现、单极性注入半导体激光器的研制等一系列的重大突破，半导体激光器的应用越来越广泛，半导体激光器已成为激光产业的主要组成部分，目前已成为各国发展信息、通信、家电产业及军事装备不可缺少的重要基础器件。

(3)**LD与LED的比较**

半导体发光二极管(LED)与半导体激光二极管(LD)在结构上的根本区别就是：LED没有光学谐振腔，形不成激光；它的发光限于自发辐射；它发出的是荧光，而不是激光。

将LD与LED相比，LD的优点是：

①LD的响应速度较快，可用于较高的调制速率。

②LD的光谱较窄，应用于单模光纤时，光在光纤中传播引起的色散小，可用于大容量通信；而LED中由于没有选择波长的谐振腔，所以它的光谱是自发辐射的光谱，其谱宽度一般为0.03~0.04 μm。

③由于LD辐射光束的发散角较小，因而耦合的光纤中的功率较高，传播距离较远；而LED的发散角一般在40°~20°范围内，耦合到光纤中的效率较低，通常只有3%左右。

④LD的光强及效率较高，LED的光强及效率较低。

LD比LED不足的方面是：

①温度特性较差。由于激光管的阈值电流依赖于温度T，故其输出功率也依赖于T。发光二极管没有阈值电流，故其温度特性较好。

②易损坏，寿命短。

半导体光源的损坏一般由三种原因引起，即内部损坏(如PN结损坏)、接触损坏(如引线断掉)和光学谐振端面的损坏(如光纤碰角或端面污染引起)。前两种为发光二极管和激光二极管所共有，而后一种损坏却是激光二极管所独有的，由于这一因素而大大降低了激光二极管使用寿命。

③半导体激光器价格昂贵，发光二极管比较便宜。

④半导体激光顺的 *P-I* 曲线不如发二极管的 *P-I* 曲线线性范围大，调制时的动态范围相对较小。

由于半导体激光器的上述特点，一般在不需要特别大的发光功率及远距离传输等特殊场合，常使用半导体发光二极管，一般的光电传感器(如光栅传感器，光纤传感器等)，大多使用发光二极管，而在大容量、远距离光纤通信中宜使用半导体激光器。

思考题

2.1　简述波尔频率条件。

2.2　模式符号 TEM_{12} 含义是什么？画出该符号表示的轴对称和旋转对称的横模图。

2.3　激光器的基本结构包括哪几部分？形成激光的必要条件是什么？

2.4　激光与普通光源发射的光相比具有哪些特性？激光在医学上的应用主要是利用激光的哪两种效应？

2.5　举例说明激光的相干性在科技或生产中的应用。

2.6　画出三种跃迁过程示意图，并简要说明。

2.7　砷化镓(GaAs)晶体中以适量铝代替镓成为镓铝砷(GaAlAs)时，复合半导体的特性会产生怎样的变化？在双异质结半导体激光器中，怎样利用掺铝获得更大的复合几率？

2.8　简述三能级与四能级激光器的工作原理及其特点。

2.9　温度对半导体激光器波长位置变化的影响，说明其原因。

2.10　根据波尔频率条件(能级与频率的关系)分析环境温度变化与激光峰值波长的关系。

2.11　名词解释

①粒子数反转　②能级的寿命　③激光的横模　④激光的纵模

第3章 光波的传输

3.1 光波在各向同性介质中的传播

在第1章"电磁波与光波"中所分析的电磁波在无限均匀介质中传播的性质,即为光波在各向同性介质中传播的性质,这里再补充一些知识作为本节的内容。

3.1.1 单色平面波与单色球面波的复数表达式

(1)单色平面波的复数表达式

单色平面波是指电场强度 $\boldsymbol{E}$ 和磁场强度 $\boldsymbol{H}$ 都以单一频率随时间作正弦或余弦变化(简谐振动)而传播的波。虽然实际光源所发出的光波或光波在传播过程中的情形是复杂的,但根据傅里叶分析的数学方法总可以将一般的复杂形式的波看成许多不同频率的单色波的叠加。因此,了解单色波的表达式及其特征是很重要的。因为要经常对单色平面波进行加减、微积分等线性运算,所以一般将作简谐振动的单色平面波写成复数形式运算时比起三角函数来要方便得多。但要记住,对运算取其实部即代表光波的实际振动。在第1章的分析中已经得到,在任意方向上传播的平面电磁波的复数表达式为〔见第1章式(1.43)〕:

$$\boldsymbol{E}(\boldsymbol{r},t) = \boldsymbol{E}_0\exp\{-\mathrm{i}[\boldsymbol{k}\cdot\boldsymbol{r}-\omega t)+\phi_o]\} \tag{3.1}$$

式中,ϕ_0 为初相位;$\boldsymbol{k}$ 为波矢量(简称波矢),$\boldsymbol{k}$ 的方向即表示波的传播方向,$\boldsymbol{k}$ 的大小 $k = 2\pi/\lambda$,表示波在介质中的波数。

式(3.1)中,指数前取正或负是无关紧要的,按表示法指数上的正相位代表相位超前,负相位代表相位落后的波数。矢径 $\boldsymbol{r}$ 表示空间各点的位置,如图3.1所示。ω 为圆(角)频率,并有:

$$\omega = 2\pi\nu = \frac{2\pi}{T} \tag{3.2}$$

式中,ν 称为频率,T 为周期,λ 为光波波长,并有:

$$\lambda = v\cdot T = \frac{v}{\nu} \tag{3.3}$$

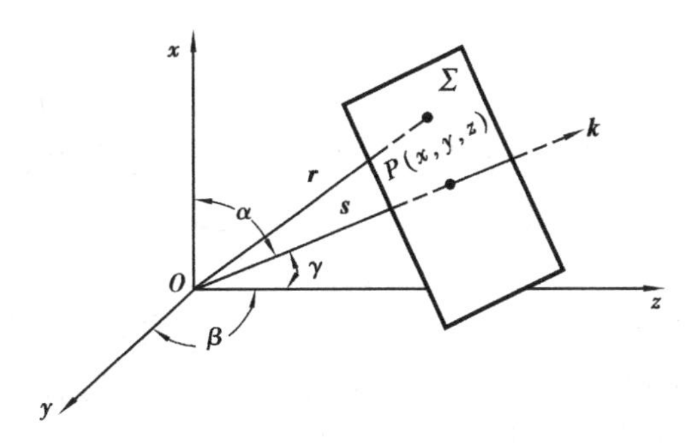

图3.1　沿空间任意方向传播的平面波

根据平面电磁波的性质，电矢量 **E** 和磁矢量 **B** 处于同样的地位，因而也可以写出磁场强度 **H** 的相应表达式，但从光与物质的作用看，两者并不相同。例如，实验证明使照相底片感光的及对视网膜起作用的都是电场，而不是磁场。因此，在讨论光的振动性质时，只考虑电矢量 **E**，并称 **E** 为光矢量。

在式(3.1)中，可将时间变量和空间变量写成完全分离的两部分，并可令初位相 $\phi_0=0$，式(3.1)即可写为：

$$\boldsymbol{E}(\boldsymbol{r},t)=\boldsymbol{E}_0\exp(-\mathrm{i}\boldsymbol{k}\cdot\boldsymbol{r})\exp(\mathrm{i}\omega t)=\boldsymbol{E}(\boldsymbol{r})\exp(\mathrm{i}\omega t) \tag{3.4}$$

其中

$$\boldsymbol{E}(\boldsymbol{r})=\boldsymbol{E}_0\exp(-\mathrm{i}\boldsymbol{k}\cdot\boldsymbol{r}) \tag{3.5}$$

称为复振幅，复振幅 $\boldsymbol{E}(\boldsymbol{r})$ 同时表明空间任一点振动的振幅和相位，在讨论单色波场中各点振动的空间分布时，时间因子 $\exp(\mathrm{i}\omega t)$ 总是相同的。因此，这个因子可以不写，而直接用复振幅进行运算。

原则上光波应用矢量 $\boldsymbol{E}(\boldsymbol{r},t)$ 来描述和处理，但实际上许多光学问题（如干涉、衍射）常常将光波当成标量波处理。在各向同性的均匀介质中，电场矢量的各个分量都满足同一形式的微分方程。因此，使得有可能用标量，即将它理解为电场的某一分量来处理。而且，一般光源辐射的光不是偏振光，而是自然光，即振动方向杂乱无章或 x 和 y 方向两分量的相位作随机变化的光。对于这样的光，在观测时间内不必要也几乎不可能去描述振动方向，而只能用标量去描述。光波的标量处理虽有一定的近似性，但通常情况下，其精确性已经足够。式(3.5)写成标量式，即

$$E=E_0\exp(-\mathrm{i}\boldsymbol{k}\cdot\boldsymbol{r}) \tag{3.6}$$

式中，E 表示复振幅。

如图3.1所示，Σ 为垂直于传播方向 $\boldsymbol{k}$ 的平面（波阵面），Σ 上各点的矢径 $\boldsymbol{r}$ 在 $\boldsymbol{k}$ 方向上的投影均为 s，即

$$\boldsymbol{k}\cdot\boldsymbol{r}=ks=\text{常数}$$

上式代入式(3.6)可知，对于 $\boldsymbol{k}\cdot\boldsymbol{r}=$常数的空间各点 $P(x,y,z)$ 的场强 E 相同，而 $\boldsymbol{k}\cdot\boldsymbol{r}=$常量就是垂直于 $\boldsymbol{k}$ 方向的平面的方程，此时的式(3.6)则代表沿 $\boldsymbol{k}$ 方向传播的平面波。

设传播方向的方向余弦为 $\cos\alpha$、$\cos\beta$、$\cos\gamma$，则

$$\boldsymbol{k}=k_x\boldsymbol{e}_x+k_y\boldsymbol{e}_y+k_z\boldsymbol{e}_z=k(\cos\alpha\,\boldsymbol{e}_x+\cos\beta\,\boldsymbol{e}_y+\cos\gamma\,\boldsymbol{e}_z)$$

式中，$\boldsymbol{e}_x$、$\boldsymbol{e}_y$、$\boldsymbol{e}_z$ 分别表示 x、y、z 方向的单位矢量。$k_x=k\cos\alpha$，$k_y=k\cos\beta$，$k_z=k\cos\gamma$ 分别为波矢 $\boldsymbol{k}$ 的三个直角坐标分量。

对于空间任意点 $P(x,y,z)$ 有：

$$\boldsymbol{r}=x\boldsymbol{e}_x+y\boldsymbol{e}_y+z\boldsymbol{e}_z$$

所以，式(3.6)可写为：

$$\begin{aligned}E&=E_0\exp[-\mathrm{i}(k_xx+k_yy+k_zz)]\\&=E_0\exp[-\mathrm{i}k(x\cos\alpha+y\cos\beta+z\cos\gamma)]\end{aligned} \tag{3.7}$$

当选取坐标系，使传播方向与 z 方向一致时，$\cos\alpha=\cos\beta=0$，则

$$E = E_0\exp(-\mathrm{i}kz)$$

$$E = E_0 e^{-\mathrm{i}kz} \tag{3.8}$$

式(3.6)、式(3.7)、式(3.8)都是单色平面波复振幅的复数表达式。

(2)**单色球面波的复数表达式**

平面波只是亥姆霍兹方程式(1.39)的一种最简单的解,对于二阶线性偏微分方程式(1.39),可以分别求出 E 和 H 的多种形式的解。另一种最简单的解或最简单的波是球面波,即在以波源为中心的球面上有相同的场强,而且场强变化沿径向传播的波。这种波的场强分布只与离波源的距离 r 和时间 t 有关,而与传播方向无关。因此,当以标量波考虑时,亥姆霍兹方程式(1.39)的球面波解可以写为如下形式,即

$$E = E(r)$$

选取波源位于直角坐标原点,则有:

$$r = \sqrt{x^2 + y^2 + z^2}$$

因为

$$\nabla^2 E = \frac{\partial^2 E}{\partial x^2} + \frac{\partial^2 E}{\partial y^2} + \frac{\partial^2 E}{\partial z^2}$$

而

$$\frac{\partial E}{\partial x} = \frac{\partial E(r)}{\partial r}\cdot\frac{\partial r}{\partial x} = \left(\frac{\partial E}{\partial r}\right)\frac{x}{r}$$

$$\begin{aligned}
\frac{\partial^2 E}{\partial x^2} &= \frac{\partial}{\partial x}\left(\frac{x}{r}\frac{\partial E}{\partial r}\right) = \frac{1}{r}\frac{\partial E}{\partial r} + x\frac{\partial}{\partial x}\left(\frac{1}{r}\frac{\partial E}{\partial r}\right)\\
&= \frac{1}{r}\frac{\partial E}{\partial r} + x\frac{\partial}{\partial r}\left(\frac{1}{r}\frac{\partial E}{\partial r}\right)\frac{\partial r}{\partial x}\\
&= \frac{1}{r}\frac{\partial E}{\partial r} + \frac{x^2}{r}\left(-\frac{1}{r^2}\frac{\partial E}{\partial r} + \frac{1}{r}\frac{\partial^2 E}{\partial r^2}\right)\\
&= \frac{1}{r}\frac{\partial E}{\partial r} - \frac{x^2}{r^3}\frac{\partial E}{\partial r} + \frac{x^2}{r^2}\frac{\partial^2 E}{\partial r^2}
\end{aligned}$$

同理可得:

$$\frac{\partial^2 E}{\partial y^2} = \frac{1}{r}\frac{\partial E}{\partial r} - \frac{y^2}{r^3}\left(\frac{\partial E}{\partial r}\right) + \frac{y^2}{r^2}\frac{\partial^2 E}{\partial r^2}$$

$$\frac{\partial^2 E}{\partial z^2} = \frac{1}{r}\frac{\partial E}{\partial r} - \frac{z^2}{r^3}\frac{\partial E}{\partial r} + \frac{z^2}{r^2}\frac{\partial^2 E}{\partial r^2}$$

所以

$$\begin{aligned}
\nabla^2 E &= \frac{3}{r}\frac{\partial E}{\partial r} - \frac{x^2 + y^2 + z^2}{r^3}\frac{\partial E}{\partial r} + \frac{x^2 + y^2 + z^2}{r^2}\frac{\partial^2 E}{\partial r^2}\\
&= \frac{2}{r}\frac{\partial E}{\partial r} + \frac{\partial^2 E}{\partial r^2}\\
&= \frac{1}{r}\frac{\partial^2}{\partial r^2}(rE)
\end{aligned}$$

因此,亥姆霍兹方程式(1.39),可以写为(标量形式),即

$$\frac{\partial^2}{\partial r^2}(rE) + k^2(rE) = 0 \tag{3.9}$$

将式(3.9)与式(1.41)比较,只要把沿 z 方向传播的平面电磁波 $E(z)$ 换 $rE(r)$,式(3.9)与式(1.41)即完全相同。因此,式(3.9)的解与式(1.42)类似,可写为:

$$E(r,t) = \frac{E_0}{r}\exp[-\mathrm{i}(kr-\omega t)+\phi_0] \tag{3.10}$$

若令 $\phi_0=0$，复振幅为：

$$E(r) = \frac{1}{r}E_0 e^{-\mathrm{i}kr} \tag{3.11}$$

式(3.10)即为单色球面波的表达式，因为时间因子是可分离变量，且在讨论空间某一点的光振动时，时间因子总是相同的，所以常常略去不写。讨论中经常用的是单色球面波的复振幅表达式，即式(3.11)。

式(3.11)中，E_0 为一常数，表示在单位半径($r=1$)的波面上的振幅；E_0/r 表示球面波的振幅，它与传播距离 r 成反比。从能量守恒原理不难理解这一结果。

3.1.2　平面电磁波场中能量的传播

(1)能流密度——坡印廷(Poynting)矢量

电磁场是一种物质，它具有能量。在一定区域内电磁场发生变化时，其能量也随着变化。能量按一定方式分布于场内，由于场是运动着的，场能量也随着场的运动而在空间传播。描述电磁场能量的两个物理量是能量密度 w 和能流密度 $\boldsymbol{S}$，它们分别定义如下。

电磁场的能量密度 w 表示场内单位体积的能量，是空间位置 x 和时间 t 的函数，$w=w(x,t)$；能流密度 $\boldsymbol{S}$ 描述能量在场内的传播，$\boldsymbol{S}$ 在数值上等于单位时间内垂直流过单位横截面的能量，其方向代表能量传播的方向。为了进一步讨论电磁波场中能量的传播，下面介绍一下洛伦兹力的概念。

反映电磁场的运动规律以及它和带电物质相互作用规律的理论基础，除了麦克斯韦方程组外，就是所谓洛伦兹力公式。库仑定律指出：静止电荷 Q 受到静电场的作用力为 $\boldsymbol{F}=Q\boldsymbol{E}$；安培定律指出：稳恒电流元 $\boldsymbol{J}\mathrm{d}V$ 受到磁场的作用力为 $\mathrm{d}\boldsymbol{f}=\boldsymbol{J}\times\boldsymbol{B}\mathrm{d}V$。若电荷为连续分布，其密度为 ρ，则电荷系统单位体积所受的力密度 $\boldsymbol{f}$ 为：

$$\boldsymbol{f} = \rho\boldsymbol{E} + \boldsymbol{J}\times\boldsymbol{B} \tag{3.12}$$

洛伦兹将这结果推广为普遍情况下场对电荷系统的作用力，因此，上式称为洛伦兹力密度公式。将电磁作用力公式用到一个带电量为 e 的粒子上，得到一个带电粒子受电磁场的作用力，即

$$\boldsymbol{F} = \mathrm{e}\boldsymbol{E} + \mathrm{e}\boldsymbol{V}\times\boldsymbol{B} \tag{3.13}$$

此式称为洛伦兹力公式。近代物理学实践证实了洛伦兹力公式对任意运动速度的带电粒子都是适用的。

考虑空间某区域 V，其界面为 S，设 V 内的电荷分布为 ρ，电流密度为 $\boldsymbol{J}$。能量守恒定律要求单位时间通过界面 S 流入 V 内的能量等于场对 V 内电磁场能量增加率之和。

以 $\boldsymbol{f}$ 表示场对电荷作用力密度，$\boldsymbol{v}$ 表示电荷运动速度，则场对电荷系统所作的功率为：

$$\iiint \boldsymbol{f}\cdot\boldsymbol{v}\mathrm{d}V$$

V 内能量的增加率为：

$$\frac{\mathrm{d}}{\mathrm{d}t}\iiint w\mathrm{d}\boldsymbol{v}$$

通过界面 S 流入 V 内的能量为：

$$-\oiint \boldsymbol{S}\cdot \mathrm{d}\sigma$$

式中，$\mathrm{d}\sigma$ 为面元，界面的法线方向向外。根据能量守恒定律，即

$$-\oiint \boldsymbol{S}\cdot \mathrm{d}\sigma = \iiint \boldsymbol{f}\cdot \boldsymbol{v}\mathrm{d}V + \frac{\mathrm{d}}{\mathrm{d}t}\iiint w\mathrm{d}V \tag{3.14}$$

相应的微分形式为：

$$\nabla \cdot \boldsymbol{S} + \frac{\partial \omega}{\partial t} = -\boldsymbol{f}\cdot \boldsymbol{v} \tag{3.15}$$

若 V 包括整个空间，则通过无限远界面的能量应为零。这时，式(3.14)左边的面积分为零，则

$$\iiint_{\infty} \boldsymbol{f}\cdot \boldsymbol{v}\mathrm{d}V = -\frac{\mathrm{d}}{\mathrm{d}t}\iiint_{\infty} w\mathrm{d}V \tag{3.16}$$

此式表示场对电荷所作的总功率等于场的总能量减小率，因此，场与电荷的总能量守恒。

由洛伦兹力公式式(3.13)得：

$$\boldsymbol{f}\cdot \boldsymbol{v} = (\rho \boldsymbol{E} + \rho \boldsymbol{v}\times \boldsymbol{B})\cdot \boldsymbol{v} = \rho \boldsymbol{v}\cdot \boldsymbol{E} = \boldsymbol{J}\cdot \boldsymbol{E} \tag{3.17}$$

由麦克斯韦方程组式(1.15)中的(Ⅳ)式，得：

$$\boldsymbol{J} = \nabla \times \boldsymbol{H} - \frac{\partial \boldsymbol{D}}{\partial t}$$

则

$$\boldsymbol{J}\cdot \boldsymbol{E} = \boldsymbol{E}\cdot (\nabla \times \boldsymbol{H}) - \boldsymbol{E}\cdot \frac{\partial \boldsymbol{D}}{\partial t} \tag{3.18}$$

用矢量分析公式及麦氏方程，即

$$\begin{aligned}\boldsymbol{E}\cdot (\nabla \times \boldsymbol{H}) &= -\nabla \cdot (\boldsymbol{E}\times \boldsymbol{H}) + \boldsymbol{H}\cdot (\nabla \times \boldsymbol{E})\\ &= -\nabla \cdot (\boldsymbol{E}\times \boldsymbol{H}) - \boldsymbol{H}\cdot (\partial \boldsymbol{B}/\partial t)\end{aligned} \tag{3.19}$$

代入式(3.18)，得：

$$\boldsymbol{J}\cdot \boldsymbol{E} = -\nabla \cdot (\boldsymbol{E}\times \boldsymbol{H}) - \boldsymbol{E}\cdot \frac{\partial \boldsymbol{D}}{\partial t} - \boldsymbol{H}\cdot \frac{\partial \boldsymbol{B}}{\partial t} \tag{3.20}$$

与式(3.15)比较得到能流密度 $\boldsymbol{S}$ 和能量密度变化率($\partial w/\partial t$)的表示式为：

$$\boldsymbol{S} = \boldsymbol{E}\times \boldsymbol{H} \tag{3.21}$$

$$\frac{\partial w}{\partial t} = \boldsymbol{E}\cdot \frac{\partial \boldsymbol{D}}{\partial t} + \boldsymbol{H}\cdot \frac{\partial \boldsymbol{B}}{\partial t} \tag{3.22}$$

能流密度 $\boldsymbol{S}$ 也称坡印廷矢量，是电磁波传播问题的一个重要物理量。

在各向同性介质中〔见式(1.16)、式(1.17)〕，有：

$$\boldsymbol{B} = \mu\mu_0 \boldsymbol{H}, \qquad D = \varepsilon\varepsilon_0 \boldsymbol{E}$$

所以

$$w = \frac{1}{2}(\varepsilon\varepsilon_0 E^2 + \mu\mu_0 H^2) \tag{3.23}$$

根据第 1 章中的式(1.44)可得：

$$\varepsilon\varepsilon_0 E^2 = \mu\mu_0 H^2 \tag{3.24}$$

所以

$$w = w_e + w_m = \frac{1}{2}(\varepsilon\varepsilon_0 E^2 + \mu\mu_0 H^2) = \varepsilon\varepsilon_0 E^2 = \mu\mu_0 H^2 \tag{3.25}$$

式中，$w_e = \frac{1}{2}\varepsilon\varepsilon_0 E^2$ 为电场的能量密度，$w_m = \frac{1}{2}\mu\mu_0 H^2$ 为磁场的能量密度。

第1章中曾经指出，电矢量 $\boldsymbol{E}$ 与磁矢量 $\boldsymbol{H}$ 互相垂直并垂直于波矢方向 $\boldsymbol{k}$，与式(3.21)比较可知，在各向同性介质中，波矢(波面法线)方向 $\boldsymbol{k}$ 与能流方向(光线方向)$\boldsymbol{S}$ 是一致的，波速(相速 $\boldsymbol{v}$)也就是能流速度。

(2)平均能流密度——光强度

光波属高频电磁波，其频率为 $\nu \approx 10^{15}$ Hz 数量级，即其振动的时间周期为 $T = 10^{-15}$ s 数量级。肉眼的响应能力最小可达 $\Delta t = 10^{-1}$ s，感光胶片及目前最好的光电探测器的时间响应能力($\Delta t \approx 10^{-8}$ s)也跟不上。此外，人们常常关心的是同一波场中不同空间位置的能流的强弱，则不必考虑瞬时能流值，而只能求能流对时间的平均值以突出其空间分布。因此，引入光强度的概念，即接收器观测到的光波在一个比振动周期大得多的观测时间内的平均能流密度。

由式(3.25)

$$w = \varepsilon\varepsilon_0 E^2 = \varepsilon\varepsilon_0 E_0^2 \cos^2[(kz - \omega t) + \phi_0]$$

以 $<w>$ 表示 w 在一个周期内的时间平均值，则得：

$$\begin{aligned} <w> &= 1/T\int_0^T \varepsilon\varepsilon_0 E_0^2 \cos^2[(kz - \omega t) + \phi_0]\,\mathrm{d}t \\ &= \frac{1}{2}\varepsilon\varepsilon_0 E_0^2 \end{aligned}$$

平均能流密度为：

$$<S> = v<w> = \frac{1}{2}\varepsilon\varepsilon_0 v E_0^2 = \frac{1}{2}\sqrt{\frac{\varepsilon\varepsilon_0}{\mu\mu_0}} E_0^2 \tag{3.26}$$

式中用了 $v = \frac{1}{\sqrt{\varepsilon\varepsilon_0\mu\mu_0}}$，这就是光强的一般表达式，常以 I 表示，即

$$I = <S>$$

在光学中常要比较同一介质中的平均能流密度，因此，通常略去式(3.26)中的系数，而直接写为：

$$I = E_0^2 \tag{3.27}$$

当在不同介质中比较光强时，由于式(3.26)中 $v = c/\sqrt{\varepsilon}$(在光学波段中，总可以假定 $\mu = 1$)，则

$$I = <S> = \frac{1}{2}\varepsilon_0 c n E_0^2 \tag{3.28}$$

此时，不但要考虑电场的振幅 E_0，还要考虑介质的折射率 n。

式(3.6)指出，平面波的复振幅为：

$$E = E_0 \mathrm{e}^{-\mathrm{i}\boldsymbol{k}\cdot\boldsymbol{r}}$$

据式(3.27)，则光强 I 应为复振幅 E 的模的平方，即

$$I = |E|^2 = E_0^2$$

可写为：

$$I = E \cdot E^{\star} \tag{3.29}$$

$E^{\star}$是 E 的复数共轭,二者相乘相位因子相消。式(3.29)是一个由复振幅分布求光强分布的常用公式,实际使用中极其方便。

3.1.3 相速度与群速度

迄今为止,人们得到的波速均指波阵面传播的速度,即单色波的等相位面传播的速度,称为相速,即

$$v_{\mathrm{P}} = \frac{\lambda}{T} = \frac{\omega}{k} \tag{3.30}$$

式中,λ 为单色波的波长,T 为单色波振动的周期,$\omega = 2\pi\nu$ 为圆频率,$k = 2\pi/\lambda$ 为波数。

复色光可视为若干单色波列的叠加,复色光在真空中传播的相速等于单色光在真空中传播的相速。但在媒质中,各单色光以不同的相速传播,复色光传播的问题也随之复杂化。为简明起见,假设复色光由两列单色光波组成,其振幅均为 E_0 频率分别为 $\omega_1 = \omega_0 + \mathrm{d}\omega, \omega_2 = \omega_0 - \mathrm{d}\omega$;波数分别为 $k_1 = k_0 + \mathrm{d}k, k_2 = k_0 - \mathrm{d}k$,向 z 方向传播,则这两列单色光波分别为:

$$\begin{aligned} E_1 &= E_0 \exp[-\mathrm{i}(k_1 z - \omega_1 t)] \\ E_2 &= E_0 \exp[-\mathrm{i}(k_2 z - \omega_2 t)] \end{aligned} \tag{3.31}$$

合成波为:

$$E(z,t) = E_1 + E_2 = 2E_0 \exp[-\mathrm{i}(k_0 z - \omega_0 t)]\cos(\mathrm{d}k \cdot z - \mathrm{d}\omega \cdot t) \tag{3.32}$$

其中余弦项起调制因子的作用,即形成波包形式,如图3.2所示。图中实线表示合成波,称为波包,虚线表示合成波的振幅变化。合成波的速度,即波包上任一点向前移动的速度,亦即波包上等振幅面向前推进的速度。它代表着波包具有的能量传播速度,称为群速度。

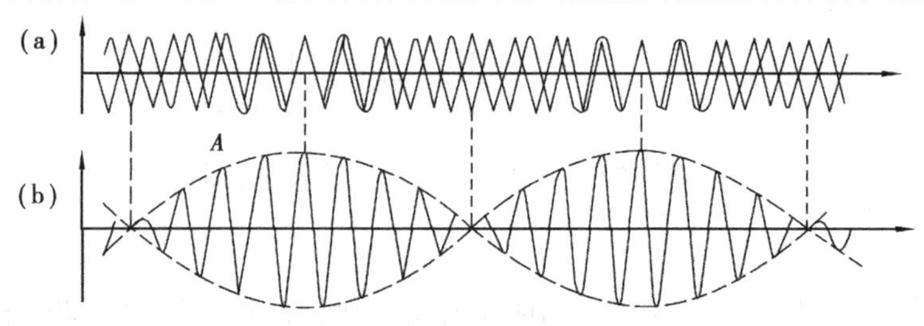

图3.2 “复色光”的合成波(虚线包络)

式(3.32)中振幅恒定的条件为:

$$\mathrm{d}k \cdot z - \mathrm{d}\omega \cdot t = \text{常数}$$

因 $\mathrm{d}k$ 和 $\mathrm{d}\omega$ 不随 z、t 而变,微分上式得:

$$\mathrm{d}k \cdot \mathrm{d}z - \mathrm{d}\omega \cdot \mathrm{d}t = 0$$

群速度为:

$$v_{\mathrm{g}} = \frac{\mathrm{d}z}{\mathrm{d}t} = \frac{\mathrm{d}\omega}{\mathrm{d}k} \tag{3.33}$$

将式(3.33)代入式(3.30),比较之后可以看出,单色光或波包的等位相面移动的速度即为相速;而波包的等振幅面移动的速度即为波包的群速,二者关系为:

$$v_{\mathrm{g}} = \frac{\mathrm{d}\omega}{\mathrm{d}k} = \frac{\mathrm{d}(v_{\mathrm{p}}k)}{\mathrm{d}k} = v_{\mathrm{p}} + k\frac{\mathrm{d}v_{\mathrm{p}}}{\mathrm{d}k} \tag{3.34}$$

由 $k=2\pi/\lambda$，$\mathrm{d}k=-(2\pi/\lambda^2)\mathrm{d}\lambda$，上式可化为：

$$v_g = v_p - \lambda \frac{\mathrm{d}v_p}{\mathrm{d}\lambda} \tag{3.35}$$

此式称为瑞利群速公式。在正常色散区域，$\mathrm{d}v_p/\mathrm{d}\lambda>0$，$v_g<v_p$，群速小于相速；在反常色散区域，$\mathrm{d}v_p/\mathrm{d}\lambda<0$，$v_g>v_p$，群速大于相速；在真空中无色散，$\mathrm{d}v_p/\mathrm{d}\lambda=0$，$v_g=v_p$，群速等于相速。

相速表征一个无穷的正弦波，其频率、振幅处处相同。这样的波不仅不存在，而且也是无法传递信号的。要实现信号传递，必须对波进行调制（振幅或频率的调制），无论采用哪种方式，都涉及不止一种频率的波。任何一个实际信号总是由不止一个频率的波所组成的群波，因此，群速就表示信号的传播速度，不计其吸收时，也是能量传播速度。

3.1.4　高斯光束的传播特性

平面电磁波具有确定的传播方向，但却广延于全空间。而从激光器发射出来的光束一般是很狭窄的光束。研究这种有限宽度的波束在自由空间中的传播特点，对于光电子技术和定向电磁波的传播问题都有重要意义。

（1）亥姆霍兹方程的波束解

波束的场强在横切面上的一种比较简单和常见的分布形式是高斯分布。这种波束能量的分布具有轴对称性，中部场强最大，靠近边缘处的能量逐步减弱。设波束的对称轴为 z 轴，则高斯分布函数为：

$$\exp\left[-\frac{(x^2+y^2)}{\omega^2}\right]$$

式中，$\sqrt{x^2+y^2}$是到波束中心轴（z 轴）的距离，当 $\sqrt{x^2+y^2}>\omega$ 时，高斯函数的值迅速下降。因此，参数 ω 表示波束的宽度，在激光束场合则表示光斑的大小。

由于波动的特点，波束在传播过程中一般不能保持截面不变，因而波束宽度一般是 z 的函数。当波束变宽时，场强也相应减弱，因此波的振幅一般也是 z 的函数。以 $u(x,y,z)$ 代表电磁场的任一直角分量，考虑到上述这些特点，设 u 具有如下形式，即

$$u(x,y,z) = g(z)\exp[-f(z)(x^2+y^2)]\exp(-\mathrm{i}kz) \tag{3.36}$$

式中，$\mathrm{e}^{-\mathrm{i}kz}$代表沿 z 方向的传播因子，它是依赖于 z 的主要因子。其他的因子中，还含有对 z 缓变的函数 $g(z)$ 和 $f(z)$，因子 $\exp[-f(z)(x^2+y^2)]$ 是限制光束的空间宽度的因子，因子 $g(z)$ 主要表示波的振幅。令

$$\psi(x,y,z) = g(z)\exp[-f(z)(x^2+y^2)] \tag{3.37}$$

式中，$\psi(x,y,z)$ 是 z 的缓变函数。所谓缓变，是相对于 $\exp(-\mathrm{i}kz)$ 而言的。因子 $\exp(-\mathrm{i}kz)$ 当 $z\leqslant\lambda$ 时已有显著变化，假设 $\psi(x,y,z)$ 当 $z\sim\lambda$ 变化很小，因而它对 z 的展开式中可以忽略高次项。

电磁场的任一直角分量 $u(x,y,z)$ 满足亥姆霍兹方程，即

$$\nabla^2 u + k^2 u = 0 \tag{3.38}$$

$$u(x,y,z) = \psi(x,y,z)\exp(-\mathrm{i}kz) \tag{3.39}$$

将式（3.39）代入式（3.38），忽略对 z 的高阶偏微分$\frac{\partial^2\psi}{\partial z^2}$项得：

$$\frac{\partial^2\psi}{\partial x^2} + \frac{\partial^2\psi}{\partial y^2} - 2\mathrm{i}k\frac{\partial\psi}{\partial z} = 0 \tag{3.40}$$

式(3.37)是尝试解。如果这尝试解满足式(3.40),它就是一种可能的波束形式。将式(3.37)代入式(3.40)得:

$$(x^2+y^2)[2gf^2-\mathrm{i}kgf']-[2fg-\mathrm{i}kg']=0 \tag{3.41}$$

式中,撇号表示对 z 的导数。上式应对任意 x、y 成立,因此,两方括号内的量应等于零。由此得 $f(z)$ 和 $g(z)$ 应满足方程,即

$$2f^2=\mathrm{i}kf' \tag{3.42}$$

$$2fg=\mathrm{i}kg' \tag{3.43}$$

若这两个方程有解,则假设解式(3.37)就是一个正确的解。这解与横切面坐标 x、y 有关的部分完全含于高斯函数中,其他因子仅为 z 的函数。

式(3.42)的解为:

$$f(z)=\frac{1}{A+\left(\frac{2\mathrm{i}}{k}\right)z} \tag{3.44}$$

式中,A 为积分常数。

比较式(3.42)和式(3.43),可见 $g=$常数$\cdot f$ 为式(3.43)的解,则

$$g(z)=\frac{u_0}{1+\left(\frac{2\mathrm{i}}{kA}\right)z} \tag{3.45}$$

式中,u_0 为另一个积分常数。

A 一般是复数,但由式(3.44)可知,A 的虚数部分可以用一项"$-(2\mathrm{i}/k)z_0$"抵消,即总可以选择 z 轴的原点,使 A 为实数。取 A 为实数,可以将 $f(z)$ 写为:

$$f(z)=\frac{1}{A(1+4z^2/k^2A^2)}\left(1-\frac{2\mathrm{i}}{kA}z\right) \tag{3.46}$$

令 $A=\omega_0^2$ (3.47)

$$\omega^2(z)=A\left(1+\frac{4z^2}{k^2A^2}\right)=\omega_0^2\left[1+\left(\frac{2z}{k\omega_0^2}\right)^2\right] \tag{3.48}$$

则 $f(z)$ 可写为:

$$f(z)=\frac{1}{\omega^2(z)}\left(1-\frac{2\mathrm{i}z}{k\omega_0^2}\right)$$

因而式(3.37)中的高斯函数为:

$$\exp[-f(z)(x^2+y^2)]=\exp\left[-\frac{x^2+y^2}{\omega^2(z)}\left(1-\frac{2\mathrm{i}z}{k\omega_0^2}\right)\right] \tag{3.49}$$

函数 $g(z)$ 的表达式(3.45)可写为:

$$g(z)=\frac{u_0}{\sqrt{1+\left(\frac{2z}{k\omega_0^2}\right)^2}}\mathrm{e}^{-\mathrm{i}\phi}=u_0\frac{\omega_0}{\omega}\mathrm{e}^{-\mathrm{i}\phi} \tag{3.50}$$

$$\phi=\arctan\left(\frac{2z}{k\omega_0^2}\right) \tag{3.51}$$

将式(3.49)和式(3.50)代入式(3.37)和式(3.39)得光束场强函数:

$$u(x,y,z)=u_0\frac{\omega_0}{\omega}\exp\left[-\frac{x^2+y^2}{\omega^2(z)}\right]\mathrm{e}^{-\mathrm{i}\phi} \tag{3.52}$$

$$\Phi = kz + \frac{k(x^2 + y^2)}{2z[1 + (\omega_0^2 k/2z)^2]} - \phi \tag{3.53}$$

(2)**高斯光束的传播特性**

现在讨论式(3.52)的物理意义。式中,$\exp(\mathrm{i}\Phi)$为相因子,其余的因子表示各点处的波幅,因子

$$\exp\left[-\frac{x^2 + y^2}{\omega^2}\right]$$

是限制波束宽度的因子,波速宽度由函数$\omega(z)$代表。由式(3.48),在$z=0$点波束具有最小宽度$\omega=\omega_0$,该处称为光束腰部,简称束腰,离束腰愈远处波束的宽度愈大。

因子$u_0(\omega_0/\omega)$是在z轴上波的振幅,u_0为束腰的振幅,因子ω_0/ω表示当波束变宽后振幅相应减弱。

波的相位为Φ,波阵面是等相位的曲面,由方程ϕ=常数确定。由式(3.53)和式(3.51)看出,当$z=0$时$\Phi=0$,则$z=0$平面是一个波阵面,即在束腰处,波阵面是与z轴垂直的平面。

距束腰远处,当

$$z \gg k\omega_0^2 \tag{3.54}$$

时,由式(3.51),$\phi \to (\pi/2)$,因此,在讨论远处的等相面时,可略去ϕ项。由式(3.53),远处等相面方程为:

$$z + \frac{x^2 + y^2}{2z} = 常数$$

当$z^2 \gg x^2 + y^2$时,

$$\left(1 + \frac{x^2 + y^2}{z^2}\right)^{1/2} \approx 1 + \frac{x^2 + y^2}{2z^2}$$

等相面方程可写为:

$$z\left(1 + \frac{x^2 + y^2}{z^2}\right)^{1/2} = 常数$$

或

$$r = (x^2 + y^2 + z^2)^{1/2} = 常数 \tag{3.55}$$

因此,在远处波阵面变为以束腰的中点为球心的球面。波阵面从束腰处的平面过渡到远处的球面。

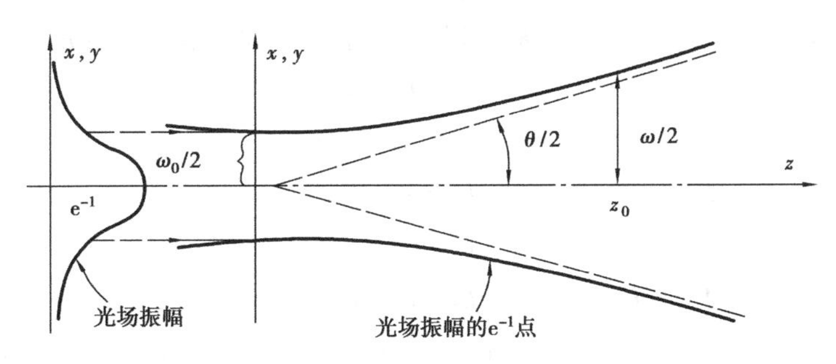

图3.3　高斯光束

由式(3.48),在远处($z \gg k\omega_0^2$)

$$\omega(z) \approx \frac{2z}{k\omega_0}$$

波束的发散角由 $\tan\theta=\omega/z$ 确定(如图 3.3 所示),由上式得:

$$\theta\approx\frac{2}{k\omega_0} \tag{3.56}$$

当 ω_0 愈小时,发散角愈大。因此,如果要求有良好的聚焦(ω_0 小),则发散角必须足够大;如果要求有良好的定向(θ 小),则束腰宽度 ω_0 不能太小。例如,当 $\omega_0=1\ 000\lambda$ 时,发散角 $\theta=10^{-3}/\pi$ rad。

综上所述,可知高斯光束的特点:光束横切面的强度变化呈高斯函数分布。束腰处光斑最小,振幅最大,波阵面为平面。离开束腰愈远,光束宽度愈大,振幅逐渐减弱,在 $z\gg k\omega_0^2$ 处的波阵面趋于球面。

3.1.5 光波在介质界面上的反射与折射

以前所熟知的光的反射和折射定律是从实验总结出来的。现在从单色平面波在介质交界面所必须满足的边界条件出发,证明反射和折射定律正是电磁波传播到介质交界面时所必然表现出来的规律。反射与折射规律包括两方面的内容:①入射角、反射角和折射角的关系;②入射波、反射波和折射波的振幅比和相位关系。

任何波动在两个不同界面上的反射和折射现象属于边值问题,它是由波动的基本物理量在边界上的行为确定的,对于电磁波来说,是由 E 和 B 的边值关系确定的。因此,研究光波反射折射问题的基础是电磁场在两个不同介质面上的边值关系。

(1)反射与折射定律

第 1 章中的式(1.28)给出了一般情况下电磁场的边值关系,即

$$\begin{cases}\boldsymbol{n}\times(\boldsymbol{E}_2-\boldsymbol{E}_1)=0 & (\text{I})\\ \boldsymbol{n}\times(\boldsymbol{H}_2-\boldsymbol{H}_1)=\alpha & (\text{II})\\ \boldsymbol{n}\cdot(\boldsymbol{D}_2-\boldsymbol{D}_1)=\sigma & (\text{III})\\ \boldsymbol{n}\cdot(\boldsymbol{B}_2-\boldsymbol{B}_1)=0 & (\text{IV})\end{cases} \tag{3.57}$$

式中,σ 和 α 分别为面自由电荷和电流密度。在绝缘介质面上,$\sigma=0,\alpha=0$。

设介质 1 和介质 2 的分界面为无穷大平面,平面电磁波从介质 1 入射于界面上,在该处产生反射波和折射波。设反射波和折射波也是平面波,并设入射波、反射波和折射波的电场强度分别为 $\boldsymbol{E}_1,\boldsymbol{E}_1'$ 和 $\boldsymbol{E}_2$,波矢量分别为 $\boldsymbol{k}_1,\boldsymbol{k}_1'$ 和 $\boldsymbol{k}_2$。它们的平面波表示式分别为:

$$\begin{aligned}\boldsymbol{E}_1&=\boldsymbol{E}_{01}\exp[-\mathrm{i}(\boldsymbol{k}_1\cdot\boldsymbol{r}-\omega_1t)]\\&=\boldsymbol{E}_{01}\exp[-\mathrm{i}(k_{1x}x+k_{1y}y+k_{1z}z-\omega_1t)]\\ \boldsymbol{E}_1'&=\boldsymbol{E}_{01}'\exp[-\mathrm{i}(\boldsymbol{k}_1'\cdot\boldsymbol{r}-\omega_1't)]\\&=\boldsymbol{E}_{01}'\exp[-\mathrm{i}(k_{1x}'x+k_{1y}'y+k_{1z}'z-\omega_1't)]\\ \boldsymbol{E}_2&=\boldsymbol{E}_{02}\exp[-\mathrm{i}(\boldsymbol{k}_2\cdot\boldsymbol{r}-\omega_2t)]\\&=\boldsymbol{E}_{02}\exp[-\mathrm{i}(k_{2x}x+k_{2y}y+k_{2z}z-\omega_2t)]\end{aligned} \tag{3.58}$$

在介质 1 中的电磁场分布为入射波和反射波的叠加,而介质 2 中只有折射波,据边界条件有 $\boldsymbol{n}\times(\boldsymbol{E}_1+\boldsymbol{E}_1')=\boldsymbol{n}\times\boldsymbol{E}_2$,即

$$\boldsymbol{n}\times\{\boldsymbol{E}_{01}\exp[-\mathrm{i}(\boldsymbol{k}_1\cdot\boldsymbol{r}-\omega_1t)]+\boldsymbol{E}_{01}'\exp[-\mathrm{i}(\boldsymbol{k}_1'\cdot\boldsymbol{r}-\omega_1't)]\}=$$
$$\boldsymbol{n}\times\{\boldsymbol{E}_{02}\exp[-\mathrm{i}(\boldsymbol{k}_2\cdot\boldsymbol{r}-\omega_2t)]\}$$

此式必须对整个界面成立。选界面为 $x=0$ 的平面,则上式应对任意时刻 t 和交界面上的任意点坐标(y,z)都成立,因此,必须各项的指数因子中 t,y,z 的系数都分别相等,即

$$\begin{aligned}\omega_1 &= \omega_1' = \omega_2\\ k_{1z} &= k_{1z}' = k_{2z}\\ k_{1y} &= k_{1y}' = k_{2y}\end{aligned}\tag{3.59}$$

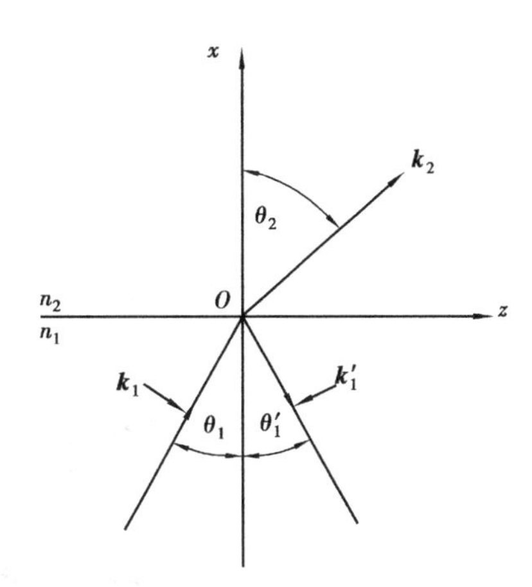

图 3.4　平面波的反射和折射

如图 3.4 所示,取入射波矢在 xz 平面上,有 $k_{1y}=k_{1y}'=k_{2y}=0$,所以,反射波矢和折射波矢都在同一平面上。

以 θ_1、θ_1' 和 θ_2 分别代表入射角,反射角和折射角,有:

$$k_{1z}=k_1\sin\theta_1,k_{1z}'=k_1'\sin\theta_1',k_{2z}=k_2\sin\theta_2\tag{3.60}$$

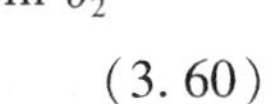

设 v_1 和 v_2 是电磁波在两介质中的相速,据式(1.47)有:

$$k_1=k_1'=\frac{\omega_1}{v_1},k_2=\frac{\omega_2}{v_2}\tag{3.61}$$

将式(3.60)和式(3.61)代入式(3.59)得:

$$\theta_1=\theta_1',\quad \frac{\sin\theta_1}{\sin\theta_2}=\frac{v_1}{v_2}=\frac{n_1}{n_2}\tag{3.62}$$

这就是已经熟知的反射和折射定律,即斯涅尔定律。对电磁波来说,$v=1/\sqrt{\mu\mu_0\varepsilon\varepsilon_0}$,则

$$\frac{\sin\theta_1}{\sin\theta_2}=\frac{\sqrt{\mu_2\varepsilon_2}}{\sqrt{\mu_1\varepsilon_1}}=\frac{n_2}{n_1}\quad 或\quad n_1\sin\theta_1=n_2\sin\theta_2\tag{3.63}$$

除铁磁质外,一般介质有 $\mu=1$,因此,通常可以认为 $\sqrt{\varepsilon_2/\varepsilon_1}$就是两介质的相对折射率。频率不同时,折射率也不同,这是色散现象在折射问题中的表现。

(2)振幅关系—菲涅尔(Fresnel)公式

由于对每一波矢 $\boldsymbol{k}$ 有两个独立的偏振波,所以需要分别讨论 $\boldsymbol{E}$ 垂直于入射面和 $\boldsymbol{E}$ 平行于入射面两种情形,并分别用下标“s”和“p”表示。

①$\boldsymbol{E}\perp$入射面,如图 3.5(a)所示,边界条件中(3.57)的切向分量(Ⅰ)、(Ⅱ)写为:

$$E_{1s}+E_{1s}'=E_{2s}\tag{3.64}$$

$$H_{1p}\cos\theta_1-H_{1p}'\cos\theta'_1=H_{2p}\cos\theta_2\tag{3.65}$$

由 $H=\sqrt{\varepsilon\varepsilon_0/\mu\mu_0}E$,取 $\mu=1$,$\sqrt{\varepsilon_0/\mu_0}$仅为一常数,式(3.65)可写为:

$$\sqrt{\varepsilon_1}(E_{1s}-E_{1s}')\cos\theta_1=\sqrt{\varepsilon_2}E_{2s}\cos\theta_2\tag{3.66}$$

由式(3.66)与式(3.64),并利用折射定律式(3.63)得:

$$\frac{E_{1s}'}{E_{1s}}=\frac{\sqrt{\varepsilon_1}\cos\theta_1-\sqrt{\varepsilon_2}\cos\theta_2}{\sqrt{\varepsilon_1}\cos\theta_1+\sqrt{\varepsilon_2}\cos\theta_2}=\frac{n_1\cos\theta_1-n_2\cos\theta_2}{n_1\cos\theta_1+n_2\cos\theta_2}=-\frac{\sin(\theta_1-\theta_2)}{\sin(\theta_1+\theta_2)}\tag{3.67a}$$

$$\frac{E_{2s}}{E_{1s}}=\frac{2\sqrt{\varepsilon_1}\cos\theta_1}{\sqrt{\varepsilon_1}\cos\theta_1+\sqrt{\varepsilon_2}\cos\theta_2}=\frac{2n_1\cos\theta_1}{n_1\cos\theta_1+n_2\cos\theta_2}=\frac{2\cos\theta_1\sin\theta_2}{\sin(\theta_1+\theta_2)}\tag{3.67b}$$

②$\boldsymbol{E}$//入射面,如图 3.5(b)所示,边值关系为:

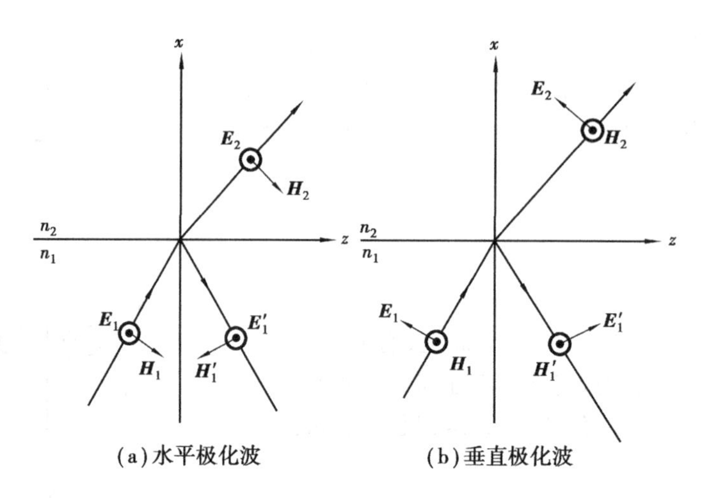

图3.5　水平极化波与垂直极化波的反射和折射

$$E_{1p}\cos\theta_1 - E'_{1p}\cos\theta'_1 = E_{2p}\cos\theta_2 \tag{3.68}$$

$$H_{1s} + H'_{1s} = H_{2s} \tag{3.69}$$

式(3.69)可用电场表示为:

$$\sqrt{\varepsilon_1}(E_{1p} + E'_{1p}) = \sqrt{\varepsilon_2}E_{2p}$$

上式与式(3.68)联立,并利用折射定律式(3.63)得:

$$\frac{E'_{1p}}{E_{1p}} = \frac{\tan(\theta_1 - \theta_2)}{\tan(\theta_1 + \theta_2)} = \frac{n_2\cos\theta_1 - n_1\cos\theta_2}{n_2\cos\theta_1 + n_1\cos\theta_2} \tag{3.70a}$$

$$\frac{E_{2p}}{E_{1p}} = \frac{2\cos\theta_1\sin\theta_2}{\sin(\theta_1 + \theta_2)\cos(\theta_1 - \theta_2)} = \frac{2n_1\cos\theta_1}{n_2\cos\theta_1 + n_1\cos\theta_2} \tag{3.70b}$$

式(3.70a、b)与式(3.67a、b)称为菲涅尔公式,表示反射波、折射波与入射波振幅的比值。若以 r_s 和 r_p 分别表示 $\boldsymbol{E}$ 的垂直分量和平行分量的反射系数,t_s 和 t_p 分别表示 $\boldsymbol{E}$ 的垂直分量和平行分量的透射系数,则式(3.70)和式(3.67)可写为如下形式,即

对于反射波:

$$r_s = \frac{E'_{1s}}{E_{1s}} = -\frac{\sin(\theta_1 - \theta_2)}{\sin(\theta_1 + \theta_2)} = \frac{n_1\cos\theta_1 - n_2\cos\theta_2}{n_1\cos\theta_1 + n_2\cos\theta_2} \tag{3.67a}$$

$$r_p = \frac{E'_{1p}}{E_{1p}} = \frac{\tan(\theta_1 - \theta_2)}{\tan(\theta_1 + \theta_2)} = \frac{n_2\cos\theta_1 - n_1\cos\theta_2}{n_2\cos\theta_1 + n_1\cos\theta_2} \tag{3.70a}$$

对于折射波:

$$t_s = \frac{E_{2s}}{E_{1s}} = \frac{2\cos\theta_1\sin\theta_2}{\sin(\theta_1 + \theta_2)} = \frac{2n_1\cos\theta_1}{n_1\cos\theta_1 + n_2\cos\theta_2} \tag{3.67b}$$

$$t_p = \frac{E_{2p}}{E_{1p}} = \frac{2\cos\theta_1\sin\theta_2}{\sin(\theta_1 + \theta_2)\cos(\theta_1 - \theta_2)} = \frac{2n_1\cos\theta_1}{n_2\cos\theta_1 + n_1\cos\theta_2} \tag{3.70b}$$

从以上的公式中可见,垂直于入射面偏振的波与平行于入射面偏振的波的反射和折射行为是不同的。如果入射波为自然光(即两种偏振光的等量混合),经过反射和折射后,由于两个偏振分量的反射和折射波强度不同,因而反射波和折射波都变为部分偏振光。在 $\theta_1 + \theta_2 = 90°$ 的特殊情况下,由式(3.70a),$\boldsymbol{E}$ 平行于入射面的分量没有反射波,因而反射光变为垂直于入射面偏振的完全偏振光。这就是光学中的布儒斯特(Brewster)定律,这情形下的入射角为布儒

斯特角。

菲涅尔公式同时也给出了入射波、反射波和折射波的相位关系。在$\boldsymbol{E}\perp$入射面的情况，由式(3.67a)，当$\varepsilon_2>\varepsilon_1$时，$\theta_1>\theta_2$，因此，$E_1'/E_1$为负数，即反射波电场与入射波电场反相，这现象即称为反射过程中的半波损失。

以上的理论推导结果与光学实验完全符合，这进一步验证了光的电磁理论的正确性。

(3)**全反射**

设光波从光密介质射向光疏介质($n_1>n_2$)，折射角θ_2大于入射角θ_1，当$\sin\theta_1=n_2/n_1$时，θ_2为90°，这时折射角沿界面掠过。若入射角再增大，使$\sin\theta_1>n_2/n_1$，这时不能定义实数的折射角。使$\theta_2=90°$的入射角θ_1称为临界角，记作θ_c，即

$$\theta_c=\arcsin\frac{n_2}{n_1}\tag{3.71}$$

当$\theta_1\geqslant\theta_c$时，没有折射光，入射光全部返回介质1，这个现象称为全反射。

在全反射情况下，虽然实数的折射角不再存在，但在形式上仍可利用折射定律用θ_1来表示θ_2，即

$$\sin\theta_2=\frac{n_1}{n_2}\sin\theta_1=\frac{\sin\theta_1}{n_{21}}\tag{3.72}$$

$$\cos\theta_2=\pm i\sqrt{\frac{\sin^2\theta_1}{n_{21}^2}-1}\tag{3.73}$$

式中，$n_{21}=n_2/n_1$，$\cos\theta_2$是一个纯虚数，但这并不意味着θ_2为虚角，只是用它代入原来的r、t表示式中，能使介质交界面处的边界条件得到满足。“i”之前可取正号或负号，但当取正号时第二介质中光波的幅度将随离开界面距离的增加而增加，在无限远处增为无限大，因而从物理概念的合理性考虑，应取负号

将式(3.72)、式(3.73)代入菲涅尔公式式(3.67a)与式(3.70a)，分别得到垂直分量和平行分量的反射系数，即

$$r_s=\frac{E_{1s}'}{E_{1s}}=\frac{\cos\theta_1+i\sqrt{\sin^2\theta_1-n_{21}^2}}{\cos\theta_1+i\sqrt{\sin^2\theta_1-n_{21}^2}}=\exp(-i2\phi_s)\tag{3.74}$$

$$r_p=\frac{E_{1p}'}{E_{1p}}=\frac{n_{21}^2\cos\theta_1+i\sqrt{\sin^2\theta_i-n_{21}^2}}{n_{21}^2\cos\theta_1-i\sqrt{\sin^2\theta_i-n_{21}^2}}=\exp(-i2\phi_p)\tag{3.75}$$

由上两式可以求得：

$$\tan\phi_s=\frac{\sqrt{\sin^2\theta_1-n_{21}^2}}{\cos\theta_1}=\frac{\sqrt{\sin^2\theta_1-\sin^2\theta_c}}{\cos\theta_1}\tag{3.76}$$

$$\tan\phi_p=\frac{\sqrt{\sin^2\theta_1-n_{21}^2}}{n_{21}^2\cos\theta_1}=\frac{\sqrt{\sin^2\theta_1-\sin^2\theta_c}}{n_{21}^2\cos\theta_1}\tag{3.77}$$

式(3.74)与式(3.75)表示反射波与入射波具有相同的振幅，即入射光能量全部返回介质1。ϕ_s、ϕ_p分别表示反射的垂直分量和水平分量有一定的相位改变。因此，可以设想平面波的入射点与反射点不是同一点，反射点离开入射点有一定距离，这就是所谓古斯—汉森(Goos-Hanchen)位移，在研究光波导与纤维光学中，这是一个很重要的量。

3.1.6 光波在导电介质中的传播

前面讨论的光波在透明介质表面的反射和折射现象，是电导率 $\sigma=0$ 的情况，对于导电介质（金属），$\sigma\neq0$，根据麦克斯韦方程组，有：

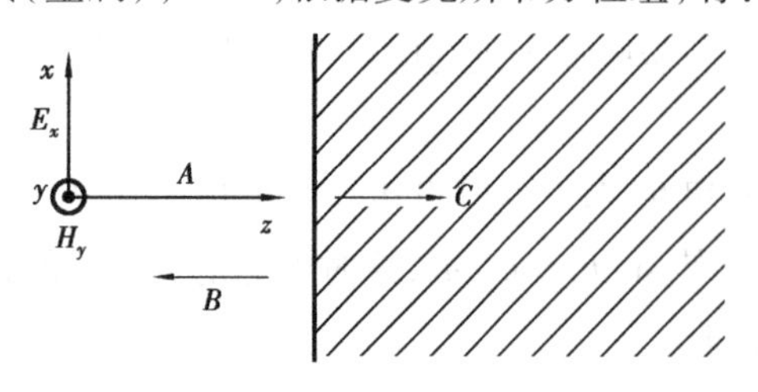

图 3.6 平面波垂直入射到导电的介质
A—入射波；B—反射波；
C—透入导电介质的波

$$\nabla\times\boldsymbol{H}=\boldsymbol{j}+\frac{\partial\boldsymbol{D}}{\partial t}$$

在导电介质中，$\boldsymbol{j}=\sigma\boldsymbol{E}$，代入上式得：

$$\nabla\times\boldsymbol{H}=\sigma\boldsymbol{E}+\frac{\partial\boldsymbol{D}}{\partial t}$$

若只考虑入射场的分量 E_x（图 3.6）的标量方程，并代入 $D=\varepsilon\varepsilon_0E$ 的关系，则有：

$$-\frac{\partial H_y}{\partial z}=\sigma E_x+\varepsilon\varepsilon_0\frac{\partial E_x}{\partial t}\tag{3.78}$$

设 $E_x(r,t)=E_x(r)\exp(\mathrm{i}\omega t)$，则上式变为：

$$-\frac{\partial H_y}{\partial z}=\sigma E_x+\mathrm{i}\omega\varepsilon\varepsilon_0E_x\tag{3.79}$$

由式(3.79)，若 $\omega\ \varepsilon\varepsilon_0\gg\sigma$，则介质的性质就像电介质。当 $\sigma=0$ 时，介质就是理想的或无损耗的电介质。若 $\omega\ \varepsilon\varepsilon_0\ll\sigma$，介质就划归为导体，介于二者之间的 $\omega\ \varepsilon\varepsilon_0\approx\sigma$，则为不良导体。在决定一介质的作用究竟像电介质或像导体时，频率是一个重要因素。例如，通常认为铜是一种良导体，但当频率高到 10^{20} Hz（相当于 X 射线）时，计算表明，$\sigma/\omega\ \varepsilon\varepsilon_0\approx10^{-2}$，这时铜就划为电介质了。换言之，对 X 射线来说，铜的作用像电介质。这也可以粗略地说明为什么 X 射线可以透入金属一定深度的原因。

光波在导电介质中衰减很快，只能渗透一个极小的深度。一般地说，金属对光波是不透明的。由麦克斯韦方程式：

$$\nabla\times\boldsymbol{E}=-\frac{\partial\boldsymbol{B}}{\partial t}$$

可得：

$$\frac{\partial E_x}{\partial z}=-\mu\mu_0\frac{\partial H_y}{\partial t}\tag{3.80}$$

将式(3.78)对 t 求导，式(3.80)对 z 求导后两式相减，得：

$$\frac{1}{\mu\mu_0}\frac{\partial^2E_x}{\partial z^2}-\varepsilon\varepsilon_0\frac{\partial^2E_x}{\partial t^2}-\sigma\frac{\partial E_x}{\partial t}=0\tag{3.81}$$

这就是导电介质中平面波的波动方程，它比非导电介质里的波动方程式(1.33)更普遍。

如果 E_x 随时间作简谐变化，即

$$E_x=E_x(r)\exp(\mathrm{i}\omega t)$$

取它对 t 的一阶和二阶导数，并代入式(3.81)得：

$$\frac{1}{\mu\mu_0}\frac{\partial^2E_x}{\partial z^2}+\omega^2\varepsilon\varepsilon_0E_x+\mathrm{i}\omega\sigma E_x=0$$

整理后得：

$$\frac{\partial^2 E_x}{\partial z^2} + (\omega^2 \mu\mu_0 \varepsilon\varepsilon_0 + \mathrm{i}\omega\mu\mu_0\sigma)E_x = 0 \tag{3.82}$$

令

$$r^2 = \omega^2 \mu\mu_0 \varepsilon\varepsilon_0 + \mathrm{i}\omega\mu\mu_0\sigma \tag{3.83}$$

则式(3.82)化简为：

$$\frac{\partial^2 E_x}{\partial z^2} + r^2 E_x = 0 \tag{3.84}$$

对一个在正 z 方向行进的平面波来说，方程式(3.79)的一个解为：

$$E_x = E_0 \exp(-rz) \tag{3.85}$$

可见，r 就是平面波在导体中的传播常数或波数 k，它是一个复数。令 $r = k = \alpha + \mathrm{i}\beta$，对于导体，$\sigma \gg \omega\ \varepsilon\varepsilon_0$，因此，式(3.83)简化为：

$$r^2 \approx \mathrm{i}\omega\mu\mu_0\sigma$$

和

$$r \approx \sqrt{\mathrm{i}\omega\mu\mu_0\sigma} = (1+\mathrm{i})\sqrt{\frac{\omega\mu\mu_0\sigma}{2}} \tag{3.86}$$

所以

$$E_x = E_0 \exp\left[-(1+\mathrm{i})\sqrt{\frac{\omega\mu\mu_0\sigma}{2}}z\right] = E_0 \exp\left(-\sqrt{\frac{\omega\mu\mu_0\sigma}{2}}z\right)\exp\left(-\mathrm{i}\sqrt{\frac{\omega\mu\mu_0\sigma}{2}}z\right) \tag{3.87}$$

代入时间因子后为：

$$\begin{aligned} E_x &= E_0 \exp\left(-\sqrt{\frac{\omega\mu\mu_0\sigma}{2}}z\right)\exp\left(-\mathrm{i}\sqrt{\frac{\omega\mu\mu_0\sigma}{2}}z\right)\exp(\mathrm{i}\omega t) \\ &= E_0 \exp\left(-\sqrt{\frac{\omega\mu\mu_0\sigma}{2}}z\right)\exp\left[-\mathrm{i}\left(\sqrt{\frac{\omega\mu\mu_0\sigma}{2}}z - \omega t\right)\right] \end{aligned} \tag{3.88}$$

复波数 k 中，虚部 β 表示电磁波在传播时的衰减，而实部 α 则表示位相延迟。平面波在传播中的衰减所反映的是导体的所谓“趋肤效应”，而 $1/\beta$ 可用来表示“趋肤深度”，它表示光波振幅下降到表面处振幅值的 $1/\mathrm{e}$ 的那段深度 z，由式(3.88)可得：

$$z_0 = \sqrt{\frac{2}{\omega\mu\mu_0\sigma}} \tag{3.89}$$

例如铜，$\mu\mu_0 = 4\pi \times 10^{-7}\ \mathrm{N \cdot s^2/c^2}$，$\sigma = 5.8 \times 10^7/\Omega \cdot \mathrm{m}$，对可见光($\nu = 5 \times 10^{14}$ Hz)，计算得 $z_0 \approx 3$ nm，因此，入射波只能透入金属表面很薄的一层内，即通常的金属是不透明的，只有当其为很薄的薄膜时才有一定的透明度(例如镀金属膜的半透半反镜)。

3.2　光波在各向异性介质中的传播

在光电子技术中，有实际意义的各向异性的介质是晶体，这里讨论的是光波在晶体中的传播。从光学的观点看，介质各向异性的特征是：介质对入射光的作用的反应能力在各个方向上有所不同，这个反应可以看成是电荷在光波场作用下所发生的位移。对于光学上各向异性的介质，在一定强度的场中位移大小是随电场方向而变的，这就是说，介质的介电系数，亦即介质的折射率,对不同方向的光波矢量将有所不同。换言之,折射率或光速,将随着光波的传播方向和偏振方向而改变,并产生双折射现象。麦克斯韦电磁场理论是关于宏观电磁场规律的普遍性理论,当然也能用于描述电磁波在晶体中的传播规律,但在求解麦克斯韦方程时,必须考虑到与晶体的结构相联系的物质方程中 ε 和 μ 的各向异性以及所引起的 $\boldsymbol{E}$ 和 $\boldsymbol{D}$ 两个矢量的复杂化。

3.2.1 各向异性的透明介质中传播的单色平面波

以前曾得出过如下几个方程:

麦氏方程:$\nabla\times\boldsymbol{E}=-\dfrac{\partial\boldsymbol{B}}{\partial t},\nabla\times\boldsymbol{H}=\dfrac{\partial\boldsymbol{D}}{\partial t}$

场能密度:$W_{\mathrm{e}}=\dfrac{1}{2}\boldsymbol{D}\cdot\boldsymbol{E},W_{\mathrm{m}}=\dfrac{1}{2}\boldsymbol{B}\cdot\boldsymbol{H}$

坡印廷矢量:$\boldsymbol{S}=\boldsymbol{E}\times\boldsymbol{H}$

设在光波频率范围内,介质的相对磁导率 $\mu\approx1$,则介质中 $\boldsymbol{B}=\mu_0\boldsymbol{H}$,再假设介质中存在单色平面波的表达式为:

$$\boldsymbol{E}=\boldsymbol{E}_0\exp[-\mathrm{i}(\boldsymbol{k}\cdot\boldsymbol{r}-\omega t)],\boldsymbol{D}=\boldsymbol{D}_0\exp[-\mathrm{i}(\boldsymbol{k}\cdot\boldsymbol{r}-\omega t)],\boldsymbol{H}=\boldsymbol{H}_0\exp[-\mathrm{i}(\boldsymbol{k}\cdot\boldsymbol{r}-\omega t)]$$

式中,$\boldsymbol{k}$ 表示垂直于波面的矢量,$\boldsymbol{k}=\omega/\boldsymbol{v}_{\mathrm{p}}$,$\boldsymbol{v}_{\mathrm{p}}$ 表示 $\boldsymbol{k}$ 方向的相速度,$\boldsymbol{k}$ 也称为波法线方向矢量。

将上面的 $\boldsymbol{E}$、$\boldsymbol{D}$、$\boldsymbol{H}$ 代入麦氏方程,可得这种波必须满足如下关系:

$$\omega\boldsymbol{B}=\mu_0\omega\boldsymbol{H}=\boldsymbol{k}\times\boldsymbol{E}\tag{3.90}$$

$$\omega\boldsymbol{D}=-\boldsymbol{k}\times\boldsymbol{H}\tag{3.91}$$

由上两式可知,$\boldsymbol{H}$ 垂直于 $\boldsymbol{k}$ 和 $\boldsymbol{E}$,$\boldsymbol{D}$ 垂直于 $\boldsymbol{k}$ 和 $\boldsymbol{H}$,而坡印廷矢量 $\boldsymbol{S}$ 垂直于 $\boldsymbol{E}$ 和 $\boldsymbol{H}$。

光波在均匀的各向同性介质中传播时,波矢 $\boldsymbol{k}$ 与坡印廷矢量 $\boldsymbol{S}$ 平行,或者说光波的波前方向(等相面方向)与能流方向(光线方向)是一致的。而在各向异性的晶体中,$\boldsymbol{S}$ 虽与 $\boldsymbol{E}$ 垂直,但与 $\boldsymbol{k}$ 并不平行(这可以从晶体中单色平面波的解得到),二者间存在一夹角 α。同样地,$\boldsymbol{D}$ 与 $\boldsymbol{k}$ 垂直但与 $\boldsymbol{E}$ 不平行,二者间也存在一夹角 α,$\boldsymbol{E}$、$\boldsymbol{D}$、$\boldsymbol{S}$、$\boldsymbol{k}$ 在同一平面内,而 $\boldsymbol{H}$(或 $\boldsymbol{B}$)则垂直于上述 4 个矢量所在的平面,如图 3.7 所示。图 3.8 所示为介质中一有限大小平面波(可看成波面的部分)的传播。光能量沿 $\boldsymbol{S}$ 方向传播,形成平行光,但波面与光线不垂直。$\boldsymbol{S}$ 与 $\boldsymbol{k}$ 间夹角称为离散角,它等于 $\boldsymbol{E}$ 与 $\boldsymbol{D}$ 间夹角,由图 3.8 可知;$\boldsymbol{k}$ 方向的相速度 $\boldsymbol{v}_{\mathrm{p}}$ 与 $\boldsymbol{S}$ 方向能量传播的速度 $\boldsymbol{v}_{\mathrm{r}}$ 之间存在如下关系,即

$$\boldsymbol{v}_{\mathrm{r}}\cos\alpha=\boldsymbol{v}_{\mathrm{p}}\tag{3.92}$$

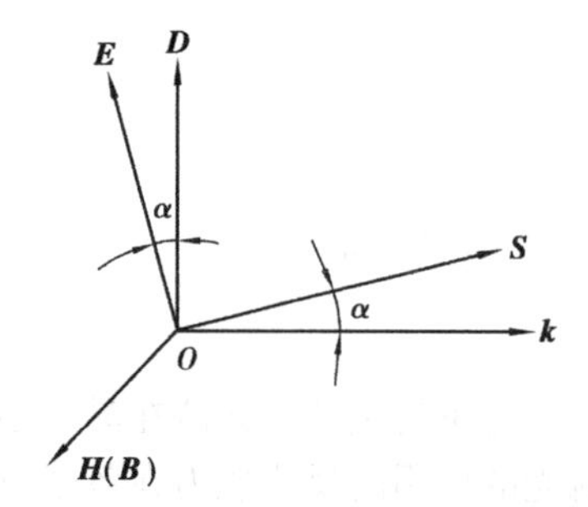

图 3.7 $\boldsymbol{E}$、$\boldsymbol{D}$、$\boldsymbol{k}$ 在垂直于 $\boldsymbol{H}$ 的平面内

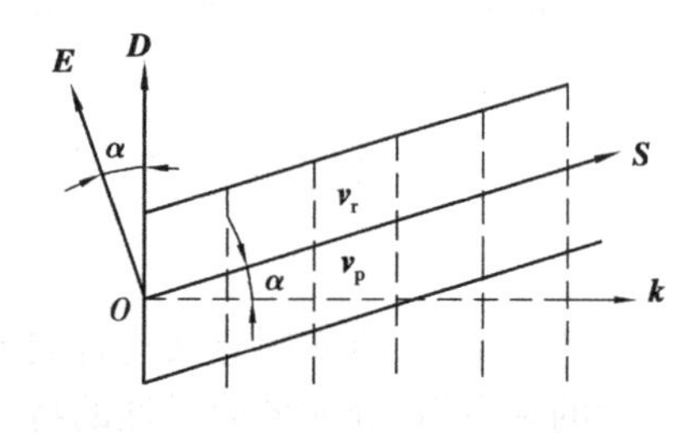

图 3.8 波法速度与光线速度

在各向同性介质中，$\alpha=0$，$\boldsymbol{v}_r=\boldsymbol{v}_p$，即无论沿什么方向传播的波，传播速度 $\boldsymbol{v}$ 都相同。

3.2.2　晶体中 D 与 E 的关系、光线椭球

在各向同性介质中，有关系式 $\boldsymbol{D}=\varepsilon_0\varepsilon\boldsymbol{E}$，$\boldsymbol{D}/\!/\boldsymbol{E}$；但在各向异性介质中，$\varepsilon$ 是一个二阶张量。

一个矢量在直角坐标系中可以分解为三个分量，当坐标变换时，虽然矢量的物理含义和性质不变，但三个分量的大小将有相应的变化，在数学上，有时称矢量为一阶张量。

在晶体中的 ε 是属于另一种物理量。一般它需要九个分量才能清楚地表达，与矢量一样九个分量也随坐标系的选择和变化而变化，这种量称为二阶张量。

需要九个分量的二阶张量可作如下理解：

在关系式 $\boldsymbol{D}=\varepsilon_0\varepsilon\boldsymbol{E}$ 中，$\boldsymbol{D}$ 的某一分量 $\boldsymbol{D}_1$ 与 $\boldsymbol{E}$ 的所有三个分量均有关，或者说 $\boldsymbol{E}$ 的一个分量的作用会影响 $\boldsymbol{D}$ 的三个分量，如图3.9所示，在沿 Ox 方向的矢量 $\boldsymbol{E}(E_x)$ 作用下，则有 $D_x/\varepsilon_0=\varepsilon_{xx}E_x$，$D_y/\varepsilon_0=\varepsilon_{yx}E_x$，$D_z/\varepsilon_0=\varepsilon_{zx}E_x$。$\varepsilon_{xx}$、$\varepsilon_{yx}$、$\varepsilon_{zx}$ 表示在 E_x 的电场作用下因介质的各向异性而使三个方向产生不同程度的极化，即有不同的介电系数。

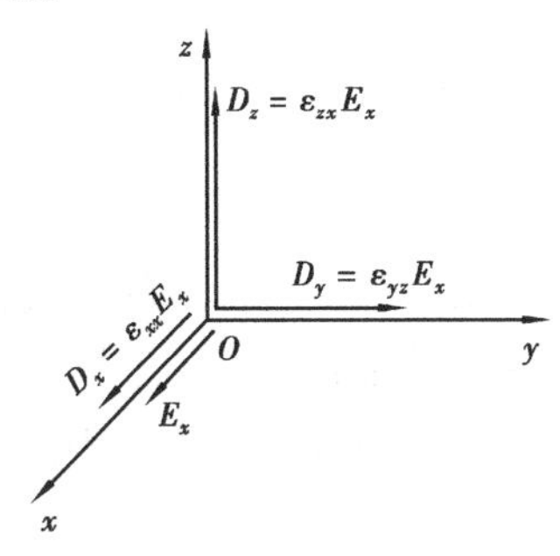

图3.9　二阶张量 ε_{ij}

当沿任意方向施加一个不太大的电场 E 时，它的三个分量 E_x、E_y、E_z 均在三个坐标轴方向产生一定的极化，$\boldsymbol{D}$ 和 $\boldsymbol{E}$ 间存在如下线性关系，即

$$\begin{cases}D_x/\varepsilon_0=\varepsilon_{xx}E_x+\varepsilon_{xy}E_y+\varepsilon_{xz}E_z\\D_y/\varepsilon_0=\varepsilon_{yx}E_x+\varepsilon_{yy}E_y+\varepsilon_{yz}E_z\\D_z/\varepsilon_0=\varepsilon_{zx}E_x+\varepsilon_{zy}E_y+\varepsilon_{zz}E_z\end{cases}\tag{3.93}$$

写为矩阵形式，即

$$\begin{bmatrix}D_x\\D_y\\D_z\end{bmatrix}=\varepsilon_0\begin{bmatrix}\varepsilon_{xx}&\varepsilon_{xy}&\varepsilon_{xz}\\\varepsilon_{yx}&\varepsilon_{yy}&\varepsilon_{yz}\\\varepsilon_{zx}&\varepsilon_{zy}&\varepsilon_{zz}\end{bmatrix}\begin{bmatrix}E_x\\E_y\\E_z\end{bmatrix}\tag{3.94}$$

则

$$D_i=\varepsilon_0[\varepsilon_{ij}]E_j\tag{3.95}$$

式中，ε_{ij}称为介电张量。可以证明（证明从略），ε_{ij}是一个对称二阶张量，即 $\varepsilon_{xy}=\varepsilon_{yx}$，$\varepsilon_{yz}=\varepsilon_{zy}$，$\varepsilon_{xz}=\varepsilon_{zx}$，因此，九个分量中只有六个是独立的。

现将式(3.93)形象地用一个空间椭球来表示，即

$$\boldsymbol{D}\cdot\boldsymbol{E}/\varepsilon_0=2\omega_e/\varepsilon_0=R^2\geqslant0\tag{3.96}$$

式中，$\boldsymbol{R}$ 为常数。由此可得：

$$\varepsilon_{xx}E_x^2+\varepsilon_{yy}E_y^2+\varepsilon_{zz}E_z^2+2\varepsilon_{xy}E_xE_y+2\varepsilon_{yz}E_yE_z+2\varepsilon_{zx}E_zE_x=R^2\geqslant0$$

用 x、y、z 代替 E_x/R、E_y/R、E_z/R，则上式可写为：

$$\varepsilon_{xx}x^2+\varepsilon_{yy}y^2+\varepsilon_{zz}z^2+2\varepsilon_{xy}xy+2\varepsilon_{yz}yz+2\varepsilon_{zx}zx=1\tag{3.97}$$

这是 xyz 坐标系中的一个椭球方程，由它决定的椭球称为光线椭球。换用坐标系 XYZ，使 XYZ 轴分别沿椭球的三个主轴（称为晶体的介电主轴），则椭球不变（如图3.10所示），但与此坐标相应的各个介电系数 ε_{ij} 取新的值可得：

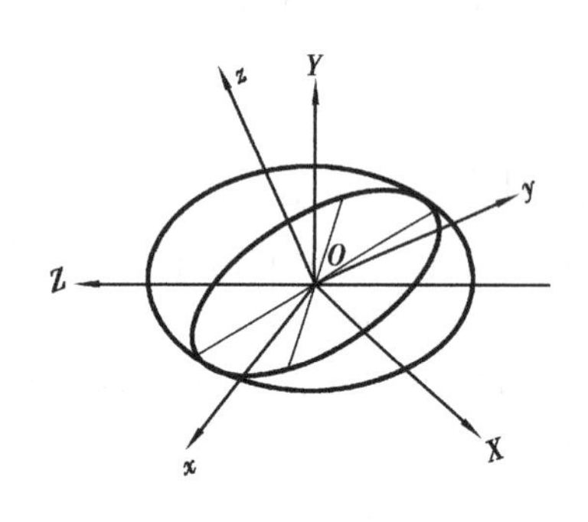

图 3.10　光线椭球

$$\varepsilon_X X^2 + \varepsilon_Y Y^2 + \varepsilon_Z Z^2 = 1 \tag{3.98}$$

这个坐标系称为(介电)主轴坐标系,其 X、Y、Z 的方向是由晶体的结构决定的。在这坐标系中 $\varepsilon_{XY}=\varepsilon_{YX}=\varepsilon_{YZ}=\varepsilon_{ZY}=\varepsilon_{XZ}=\varepsilon_{ZX}=0$。$\varepsilon_X$、$\varepsilon_Y$、$\varepsilon_Z$ 称为晶体的主介电系数,即在主轴坐标系中有:

$$[\varepsilon_{ij}] = \begin{bmatrix} \varepsilon_X & 0 & 0 \\ 0 & \varepsilon_Y & 0 \\ 0 & 0 & \varepsilon_Z \end{bmatrix} \tag{3.99}$$

因此,在主轴坐标系中,只需要三个独立分量就可完全确定。这时,$\boldsymbol{D}$ 与 $\boldsymbol{E}$ 的关系完全由主介电系数决定,即

$$D_X/\varepsilon_0 = \varepsilon_X E_X, D_Y/\varepsilon_0 = \varepsilon_Y E_Y, D_Z/\varepsilon_0 = \varepsilon_Z E_Z$$

下面讨论光线椭球的性质:

①椭球上任一点的坐标 $x,y,z(X,Y,Z)$ 对应着 $E_x/R,E_y/R,E_z/R(E_X/R,E_Y/R,E_Z/R)$。因此可知,任一点的矢径 $\boldsymbol{r}$ 对应着 $\boldsymbol{E}/R$,即

$$\boldsymbol{r} \propto \frac{\boldsymbol{E}}{R} \tag{3.100}$$

②椭球面上任一点的法线可由式(3.97)求得。函数 $F(x,y,z)=\varepsilon_{xx}x^2+\varepsilon_{yy}y^2+\varepsilon_{zz}z^2+2\varepsilon_{xy}xy+2\varepsilon_{yz}yz+2\varepsilon_{zx}zx-1=0$ 表示椭球面,它在面上任一点的梯度 ∇F,计算得出如下:

$$\begin{cases} (\nabla F)_x = 2\varepsilon_{xx}x + 2\varepsilon_{xy}y + 2\varepsilon_{xz}z \propto \dfrac{2}{R}(\varepsilon_{xx}E_x + \varepsilon_{xy}E_y + \varepsilon_{xz}E_z) = \dfrac{2}{R}\dfrac{D_x}{\varepsilon_0} \\ (\nabla F)_y = 2\varepsilon_{yx}x + 2\varepsilon_{yy}y + 2\varepsilon_{yz}z \propto \dfrac{2}{R}\dfrac{D_y}{\varepsilon_0} \\ (\nabla F)_z = 2\varepsilon_{zx}x + 2\varepsilon_{zy}y + 2\varepsilon_{zz}z \propto \dfrac{2}{R}\dfrac{D_z}{\varepsilon_0} \end{cases} \tag{3.101}$$

因此,椭球面上任一点的法线方向即给出了与该点所表示的 $\boldsymbol{E}$ 对应的 $\boldsymbol{D}$ 的方向。这样光线椭球形象地给出了晶体中各不同方向的 $\boldsymbol{E}$ 与对应的 $\boldsymbol{D}$ 的关系(这里只表示它们的方向关系),如图 3.11 所示。

从主轴坐标系中椭球的表示式(3.98)可以得出椭球的三个半长轴分别为 $\sqrt{1/\varepsilon_X}$,$\sqrt{1/\varepsilon_Y}$,$\sqrt{1/\varepsilon_Z}$。不同晶系的晶体,其主介电系数间关系有三种情况:

A. 立方晶系　$\varepsilon_X=\varepsilon_Y=\varepsilon_Z=\varepsilon_r$,光线椭球为圆球,对任一方向的 $\boldsymbol{E}$,$\boldsymbol{D}=\varepsilon\boldsymbol{E}$,这种晶体表现为光学各向同性。

B. 三角、四角、六角晶系　$\varepsilon_X=\varepsilon_Y=\varepsilon_{r0}$,$\varepsilon_Z=\varepsilon_e$,光线椭球为旋转椭球,光学上为单轴晶体。

C. 正交、单斜、三斜晶系　$\varepsilon_X\neq\varepsilon_Y\neq\varepsilon_Z$,光线椭球为一般的椭球,光学上为双轴晶体。

3.2.3　折射率椭球

折射率椭球(波法线椭球)是用几何方法分析光波在晶体内传播的工具,其优点是简明直观,可以直截了当地从几何图形上看出光波在晶体各方向上的传播方式以及有关各矢量间的

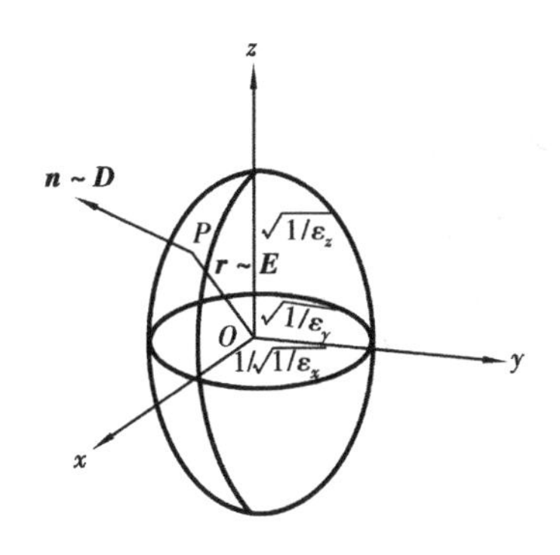

图 3.11　光线椭球中的 $\boldsymbol{E}$ 与 $\boldsymbol{D}$

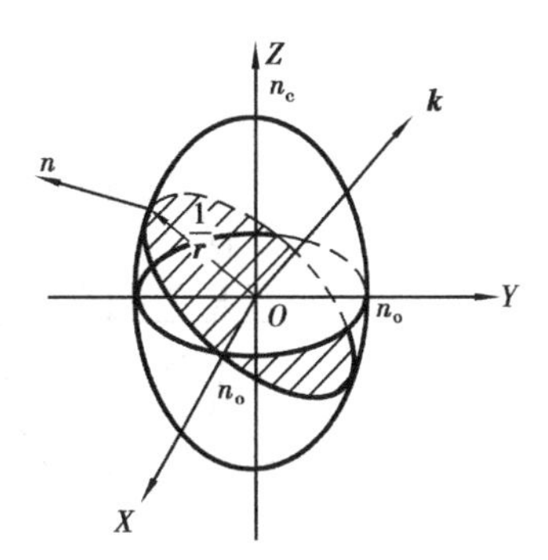

图 3.12　单轴晶体的折射率椭球

关系。当然，几何方法只是一种表达手段，其基础仍然是波动方程。

以三个主折射率 n_X、n_Y、n_Z 为基础作主轴坐标系，则折射率椭球方程可以写为：

$$\frac{X^2}{n_X^2}+\frac{Y^2}{n_Y^2}+\frac{Z^2}{n_Z^2}=1 \tag{3.102}$$

折射率椭球如图 3.12 所示，对于单轴晶体，折射率椭球也是旋转椭球。由它确定的光轴也是沿旋转对称轴，若设 Z 轴为光轴，则对于单轴晶体有：

$$\frac{X^2}{n_o^2}+\frac{Y^2}{n_o^2}+\frac{Z^2}{n_e^2}=1 \tag{3.103}$$

下面分别用光线椭球和折射率椭球求单轴晶体中沿任一 $\boldsymbol{S}$ 方向和任一 $\boldsymbol{k}$ 方向的非常光的光线速度和波法线的速度。

(1)用光线椭球法求非常光的光线速度 v_r

在如图 3.13(a)所示的光线椭球中，作任一与光轴 Z 成 θ 角的乐线 $\boldsymbol{S}$，通过椭球中心作垂直于 $\boldsymbol{S}$ 的平面，得一截线椭圆，则与 $\boldsymbol{S}$ 相应的 $\boldsymbol{E}$ 矢量分解为 OB 及 OA。将其长度放大 c 倍，得寻常光线速度，即

$$v_o=\frac{c}{n_o}$$

为求 e 光的光线速度，亦即求 OA 的长度。画出椭球和 YZ 平面的截面，其截线也是椭圆，如图 3.13(b)所示。现以 ε_o 表示寻常光线的主介电常数，ε_e 表示非常光线的主介电常数，则有：

$$\sqrt{\varepsilon_o}=\frac{c}{v_o}=n_o,\sqrt{\varepsilon_e}=\frac{c}{v_e}=n_e$$

将上式代入表示光线椭球的式(3.98)有：

$$n_o^2X^2+n_o^2Y^2+n_e^2Z^2=1,$$

在 YZ 平面中，$x=0$，则得：

$$\frac{Y^2}{v_o^2}+\frac{Z^2}{v_e^2}=1 \tag{3.104}$$

设 A 点的坐标为(y,z)，由图 3.13(b)中的几何关系，得：

$$Y=OA\cos\theta=v_r\cos\theta,Z=OA\sin\theta=v_r\sin\theta$$

代入式(3.104)得：

$$\frac{\cos^2\theta}{v_o^2}+\frac{\sin^2\theta}{v_e^2}=\frac{1}{v_r^2}$$

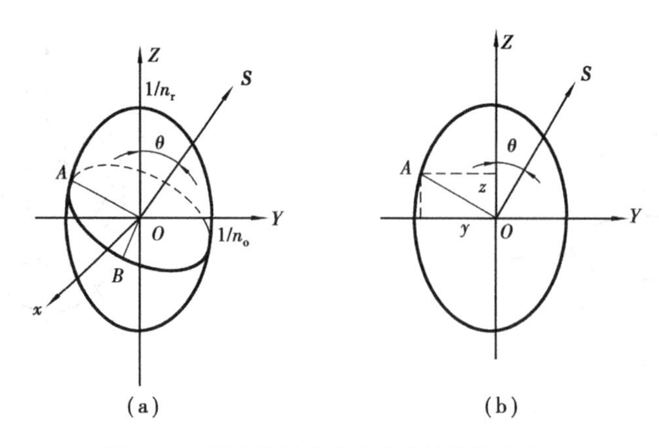

图 3.13　用光线椭球求非常光的光线速度 v_r

非常光线速度：

$$v_r = \frac{c}{(n_o \cos^2 \theta + n_e^2 \sin \theta)^{1/2}} \tag{3.105}$$

(2)**用折射率椭球求非常光的波法线速度** v_p

在图 3.14(a)所示的折射率椭球中，作任一与光轴 Z 成 ϕ 角的波法线 $\boldsymbol{k}$，通过椭球中心作垂直于 $\boldsymbol{k}$ 的平面，与椭球的截线为一椭圆。将 $\boldsymbol{k}$ 相应的 $\boldsymbol{D}$ 矢量分析为 OB 和 OA，则异常光波的折射率及速度各为：

$$n_o = OB = \frac{c}{v_o} \text{或} v_o = \frac{c}{n_o}$$

为求非常光波的波法线速度，画出椭球和 YZ 平面的截面，其截线为如图 3.14(b)所示的椭圆方程，由折射率椭球方程式(3.103)，有：

$$\frac{Y^2}{n_o^2} + \frac{Z^2}{n_e^2} = 1 \tag{3.106}$$

由图 3.14(b)的几何关系，有：

$$Y = OA \cos \phi = n \cos \phi \qquad Z = OA \sin \phi = n \sin \phi$$

代入方程式(3.106)中，得

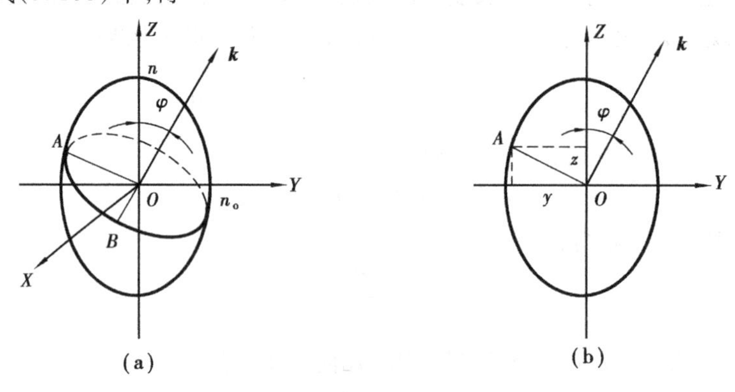

图 3.14　由折射率椭球求非常光波的波法速度

$$\frac{\cos^2 \phi}{n_o^2} + \frac{\sin^2 \phi}{n_e^2} = \frac{1}{n^2} \tag{3.107}$$

或
$$n = \frac{n_o n_e}{(n_o^2 \sin^2 \phi + n_e^2 \cos^2 \phi)^{1/2}}$$

两边同乘以 c^2 得波法线速度，即
$$v_p = v_o \cos^2 \phi + v_e \sin^2 \phi \tag{3.108}$$
v_r 的表示式(3.105)及 v_p 的表示式(3.108)即是光线面及波法线面的方程。

3.3　薄膜波导

光波被约束在确定的导波介质中传播，由这种介质构成的光波通道，可称为光学介质波导，或简称为光波导。薄膜波导是光波导中最简单最基本的结构，其理论分析也具有代表性，因此，本节就薄膜波导从射线法和波动理论两个方面进行分析。

集成光学和光通信的发展促进了对光波导的研究，光波导理论同时也是纤维光学的理论基础，因而在光纤通讯和光纤传感的研究中也是必须涉及的内容。

用射线分析法研究光波沿介质波导的传播过程，简单、具体、直观，对多数问题的分析结果也是正确的。但因薄膜波导的厚度只有几微米到十几微米，与光波长(如 1.3 ~ 1.5 μm)的红外光相当，因而射线法严格地说是不准确的，在处理一些较复杂的问题时，还须用波动理论来分析。

3.3.1　薄膜波导的射线理论分析

(1)导波与辐射模

图3.15所示为薄膜波导的构成，中间是薄膜，厚度为 d，下面是衬底，上面是敷层，各层的折射率分别为 n_1、n_2、n_3，且 $n_1 > n_2 > n_3$。

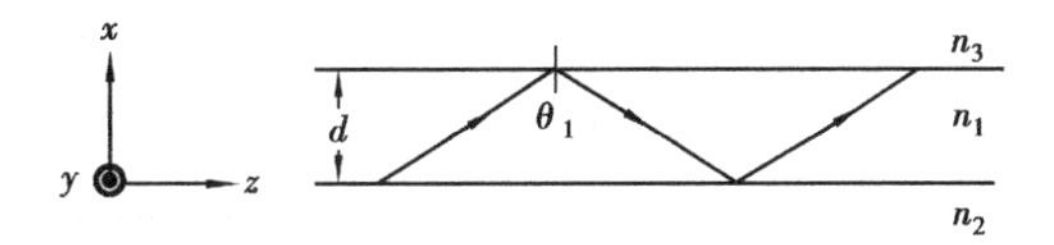

图3.15　薄膜波导及其中的射线路径

设在薄膜与下界面上，平面波产生全反射的临界角为 θ_{c12}，而在薄膜与上界面上，平面波产生全反射的临界角为 θ_{c13}，根据全反射原理：
$$\theta_{c12} = \arcsin \frac{n_2}{n_1} \tag{3.109a}$$
$$\theta_{c13} = \arcsin \frac{n_3}{n_1} \tag{3.109b}$$
由于 $n_2 > n_3$，所以 $\theta_{c12} > \theta_{c13}$，当平面波的入射角 θ_1 变化时，可产生不同的波型。当入射角满足以下条件：
$$\theta_{c13} < \theta_{c12} < \theta_1 < 90° \tag{3.110a}$$
或
$$\frac{n_3}{n_1} < \frac{n_2}{n_1} < \sin \theta_1 < 1 \tag{3.110b}$$
入射平面波在上下界面均产生全反射，此时形成的波称为导波。

当 $\theta_{c13} < \theta_1 < \theta_{c12}$ 时，在下界面的全反射条件被破坏；当 $\theta_1 < \theta_{c13} < \theta_{c12}$ 时，上下界面的全反射条件均被破坏，此时有一部分能量从薄膜中辐射出去，这种情况下的波称为辐射模。

只有导波能将能量集中在薄膜中导行,在薄膜波导中即是由它来传输光波。而辐射模却通过界面向外辐射能量,是不希望存在的寄生波。

(2)**薄膜波导中的导波**

1)导波的特征方程与横向谐振特性

当平面波的入射角 θ_1 大于临界角 θ_c 时,才能形成导波。但在 $\theta_1>\theta_c$ 范围内,θ_1 的取值并不是连续的,只有当 θ_1 满足某些条件时,才能在薄膜中传播形成导波。如图 3.16 所示为构成导波的平面波示意图,实线 $ABCD$ 和 $A'B'C'D'$ 代表平面波的两条射线。虚线 BB'、CC' 则代表向上斜射的平面波的两个波阵面,所以 B、B' 点有相同的位相,C、C' 点也有相同的位相。可见,由 B 到 C 和由 B' 至 C' 所经历的相位变化之差为 2π 的整数倍。

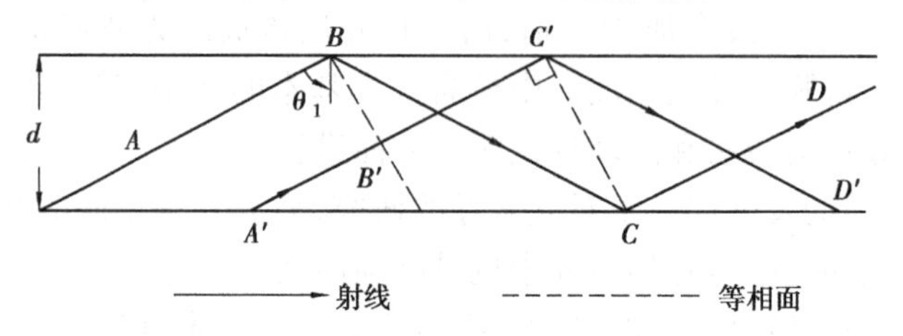

图 3.16 推导特征方程的平面波图形

从 B' 到 C',在平面波的传播方向上没有经过反射,它的位相变化了 $k_0n_1\overline{B'C'}$,从 B 到 C 在平面波的传播方向上在 B 点和 C 点各经历了一次全反射。在 C 点(下界面)全反射时相位变化了 $2\phi_2$,而在 B 点(上界面)全反射时相位变化了 $2\phi_3$。$2\phi_2$ 与 $2\phi_3$ 都以反射波比入射波超前计算。根据式(3.76)与式(3.77),对于电场强度矢量 $\boldsymbol{E}$ 在波导横切面上(即传播方向上只有磁场强度分量)的波,也称水平极化波或 TE 波[如图 3.17(a)所示]有:

$$\phi_{2s}=\arctan\frac{\sqrt{\sin^2\theta_1-n_{21}^2}}{\cos\theta_1}=\arctan\frac{\sqrt{\sin^2\theta_1-\sin^2\theta_{c12}}}{\cos\theta_1}\tag{3.111a}$$

$$\phi_{3s}=\arctan\frac{\sqrt{\sin^2\theta_1-n_{31}^2}}{\cos\theta_1}=\arctan\frac{\sqrt{\sin^2\theta_1-\sin^2\theta_{c13}}}{\cos\theta_1}\tag{3.111b}$$

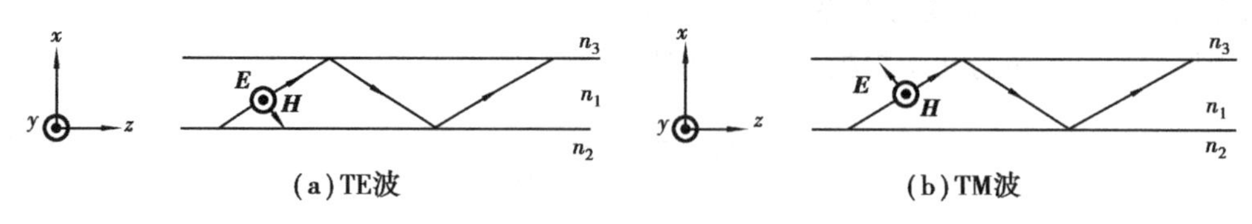

图 3.17 TE 波和 TM 波的形成

对于磁场强度矢量在波导的横切面上(即传播方向上只有电场强度分量)的波,也称垂直极化波或 TM 波(如图 3.17(b)所示),有:

$$\phi_{2p}=\arctan\frac{\sqrt{\sin^2\theta_1-n_{21}^2}}{n_{21}^2\cos\theta_1}=\arctan\frac{\sqrt{\sin^2\theta_1-\sin^2\theta_{c12}}}{n_{21}^2\cos\theta_1}\tag{3.111c}$$

$$\phi_{3p}=\arctan\frac{\sqrt{\sin^2\theta_1-n_{31}^2}}{n_{31}^2\cos\theta_1}=\arctan\frac{\sqrt{\sin^2\theta_1-\sin^2\theta_{c13}}}{n_{31}^2\cos\theta_1}\tag{3.111d}$$

于是,射线从 B 到 C 的相位变化为($k_0n_1BC-2\phi_2-2\phi_3$),两射线的相位差为:

$$k_0 n_1(\overline{BC}-\overline{B'C'})-2\phi_2-2\phi_3=2m\pi \tag{3.112}$$

其中，$m=0,1,2\cdots$

根据图3.16中的几何关系，可求得$\overline{BC}$与$\overline{B'C'}$之差，即

$$\overline{BC'}=d\tan\theta_1-\frac{d}{\tan\theta_1}$$

$$\overline{B'C'}=\overline{BC'}\sin\theta_1=d\left(\tan\theta_1-\frac{1}{\tan\theta_1}\right)\sin\theta_1$$

$$\overline{BC}=\frac{d}{\cos\theta_1}$$

所以

$$\overline{BC}-\overline{B'C'}=2d\cos\theta_1$$

代入式(3.112)，得：

$$2k_0 n_1\cos\theta_1 d-2\phi_2-2\phi_3=2m\pi \tag{3.113}$$

式中，n_1、d为薄膜波导的参数；$k_0=2\pi/\lambda_0$为自由空间的波数，它决定于工作波长λ_0。ϕ_2、ϕ_3由式(3.111)给出，它们与波导的结构参数n_1、n_2、n_3及入射角θ_1有关。当波导和入射波长给定时，式(3.113)是关于未知数θ_1的方程，它确定了形成波导的入射角θ_1的条件，因而称为薄膜波导的特征方程，有时也称为薄膜波导的色散方程。特征方程是讨论导波特性的基础。

特征方程式(3.113)中，$k_0n_1\cos\theta_1$为薄膜中波矢量在x方向的分量，它是薄膜中的横向相位常数，可表示为：

$$k_{1x}=k_0n_1\cos\theta_1$$

于是，特征方程可写为：

$$2k_{1x}d-2\phi_2-2\phi_3=2m\pi \tag{3.114a}$$

或

$$k_{1x}d-\phi_2-\phi_3=m\pi \tag{3.114b}$$

式(3.114)中，$k_{1x}d$是横过薄膜的横向相位变化，$2\phi_2$、$2\phi_3$是在边界上全反射时的相位突变。式(3.114)表明，由波导的某点出发，沿波导横向往复一次回到原处，总的相位变化应是2π的整数倍，这使原来的波加强，即相当于在波导的横向谐振，因而称为波导的横向谐振条件。横向谐振特性是波导导波的一个重要特性。

2)导波的模式

在讨论导波的模式之前，先观察全反射情况下介质2中的波的特点。以E垂直于入射面的情况为例，将全反射情况下的$\cos\theta_2$[见式(3.73)]代入式(3.67b)可得全反射情况下的透射系数，也就是介质2中的传递系数，即

$$t_s=\frac{2n_1\cos\theta_1}{n_1\cos\theta_1-\mathrm{i}n_2\sqrt{\dfrac{\sin^2\theta_1}{n_{21}^2}-1}}$$

$$=2\frac{n_1\cos\theta_1}{\sqrt{n_1^2-n_2^2}}\exp\left(\mathrm{i}\frac{\sqrt{\sin^2\theta_1-\sin^2\theta_c}}{\cos\theta_1}\right)=2\frac{\cos\theta_1}{\cos\theta_c}\exp(\mathrm{i}\phi_s)$$

传递系数的模：

$$|t_s|=2\frac{\cos\theta_1}{\cos\theta_c}$$

它是随入射角θ_1而变化的，当入射角从90°变到0°时，它从0变到2。在界面处传递波有一相

位突变 ϕ_s，它正好等于反射波相移的一半。

此时，介质 2 中的波为：

$$E_2 = E_{01} t_s \exp(-\mathrm{i}\boldsymbol{k}_2 \cdot \boldsymbol{r}) = E_{01} | t_s | \exp(i\phi_s) \exp(-\mathrm{i}k_{2x}x) \exp(-\mathrm{i}k_{2z}z) \quad (3.115)$$

其中

$$k_{2x} = k_0 n_2 \cos\theta_2 = -\mathrm{i}k_0 n_2 \sqrt{\frac{\sin^2\theta_1}{n_{21}^2} - 1} = -\mathrm{i}k_0 n_1 \sqrt{\sin^2\theta_1 - n_{21}^2}$$

于是

$$\exp(-\mathrm{i}k_{2x}x) = \exp(-xk_0 n_1 \sqrt{\sin^2\theta_1 - n_{21}^2})$$

令

$$\alpha = k_0 n_1 \sqrt{\sin^2\theta_1 - n_{21}^2} \quad (3.116)$$

则

$$\exp(-\mathrm{i}k_{2x}x) = \exp(-\alpha x)$$

而

$$k_{2z} = k_0 n_2 \sin\theta_2 = k_0 n_1 \sin\theta_1 = k_{1z} = \beta \quad (3.117)$$

代入式(3.115)得：

$$E_2 = E_{01} | t_s | \exp(-\alpha x) \exp[-\mathrm{i}(k_{1z}z - \phi_s)]$$

它包含两个指数因子。随 z 方向变化的因子 $\exp[-\mathrm{i}(k_{1z}z-\phi_s)]$，它说明沿 z 方向是行波状态，且相位常数与介质 1 中相同，即相速度与介质中相同；随 x 方向变化的因子是 $\exp(-\alpha x)$，这说明波的幅度随离开界面的距离按指数形式减小，减小的速度由参数 α 决定，α 称为 x 方向的衰减系数，由式(3.116)可以看出，它是由参数 n_1、n_2 及入射角 θ_1 决定的。

现在用特征方程来讨论导波的模式。对给定的波导和工作波长，可由特征方程求出形成导波的 θ_1 值。特征方程中的 m 可取不同的值，对给定的 m 值，可求出形成导波的 θ_1 值。以该 θ_1 角入射的平面波形成一个导波模式。当 ϕ_2、ϕ_3 以水平极化波的表示式代入时，得出模式为 TE 波；当 ϕ_2、ϕ_3 以垂直极化波的表示式代入时，得出的模式为 TM 波。当 $m=0,1,2\cdots$ 时，可得到 TE_0、TM_0、TE_1、TM_1、TE_2、$TM_2\cdots$模。m 表示了各模式的特点，称为模序数。

各模式的特性，可用以下几个参数表示，即

$$\beta = k_{1z} = k_0 n_1 \sin\theta_1 \quad (3.118)$$

$$k_{1x} = k_0 n_1 \cos\theta_1 \quad (3.119)$$

$$\alpha_2 = k_0 n_1 \sqrt{\sin^2\theta_1 - n_{21}^2} = k_0 n_1 \sqrt{\sin^2\theta_1 - \sin^2\theta_{c12}} \quad (3.120)$$

$$\alpha_3 = k_0 n_1 \sqrt{\sin^2\theta_1 - n_{31}^2} = k_0 n_1 \sqrt{\sin^2\theta_1 - \sin^2\theta_{c13}} \quad (3.121)$$

式中，β 称为轴向位相常数，它表示导波模式的纵向传播规律；k_{1x}称为横向相位常数，它决定导波模式在薄膜内的横向驻波规律；α_2、α_2 决定导波在下界面和上界面的横向衰减规律，它们决定了导波模式的横向分布图形。下面分别讨论一下导波的横向分布规律和轴向相位常数。

在薄膜中，导波在横向是按驻波分布的，跨过薄膜的厚度为 d，其相位变化为 $k_{1x}d$，根据特征方程，即

$$k_{1x}d = m\pi + \phi_2 + \phi_3$$

当 $m=0$ 时，得 TE_0、TM_0 模，特征方程为：

$$k_{1x}d = \phi_2 + \phi_3$$

它与参数 n_1、n_2、n_3 及入射角 θ_1 有关，n_1、n_2、n_3、d 及 λ_0 是已知的，而 ϕ_2、ϕ_3 都是在 0 ~ 90°之间变化，$0<\phi_2+\phi_3<\pi$，因此，其场沿 x 方向的变化不足半个驻波。当 $m=1$ 时，得 TE_1、TM_1 模，特征方程为：

$$k_{1x}d = \pi + \phi_2 + \phi_3$$

$k_{1x}d$ 在 π 与 2π 之间变化，其场沿 x 方向变化不足一个驻波，其他依此类推。因而 m 表示了导波场沿薄膜横向出现的完整半驻波个数，m 越大，导波的模次越高。图3.18所示为几种模式的驻波图形。

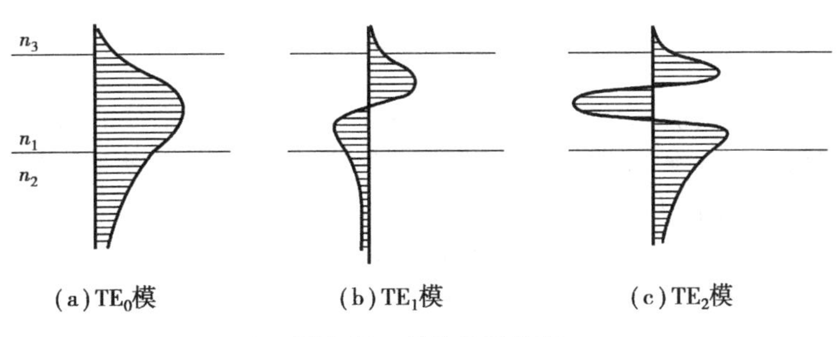

图3.18　导波的场分布

由特征方程还可以看出，在其他条件不变的情况下，若 θ_1 减小，则 m 增大，因而表明高次模是由入射角 θ_1 较小的平面波构成的，如图3.19所示。

在下界面和上界面中，导波的幅度按指数规律衰减，穿透深度为 $d_2=1/\alpha_2$，$d_3=1/\alpha_3$ 时，幅度衰减到界面处的 $1/e$。由于高次模的 θ_1 较小，由式(3.120)、式(3.121)可知，其 α 值也小，因而在介质2和介质3中衰减较慢。因此，TE_0 模和 TM_0 模的模次最低，α 值最大，其能量集中得最好。

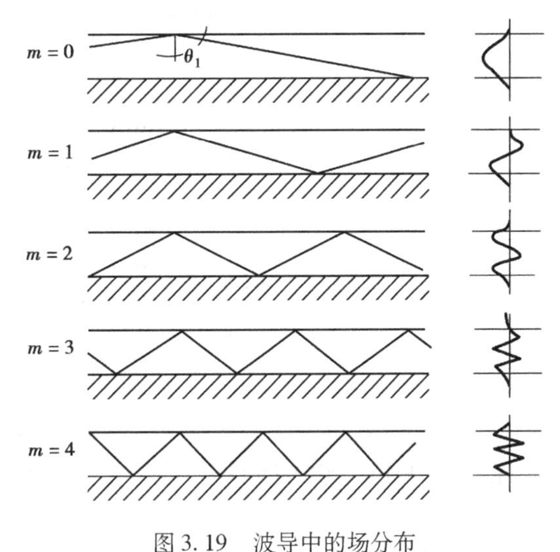

图3.19　波导中的场分布

导波模式的轴向相位常数 β 是导波的一个重要参数，$\beta=k_0n_1\sin\theta_1$，由于 θ_1 在 $90°$ 与 θ_{c12} 之间变化，所以，$k_0n_2<\beta<k_0n_1$。对于给定的模式有确定的 θ_1 值，因而也有确定的轴向相位常数 β，由特征方程求出了 θ_1，就可确定各模式的 β 值。但特征方程是超越方程，得不到解析形式的解答，因而只讨论 β 的一些变化规律。

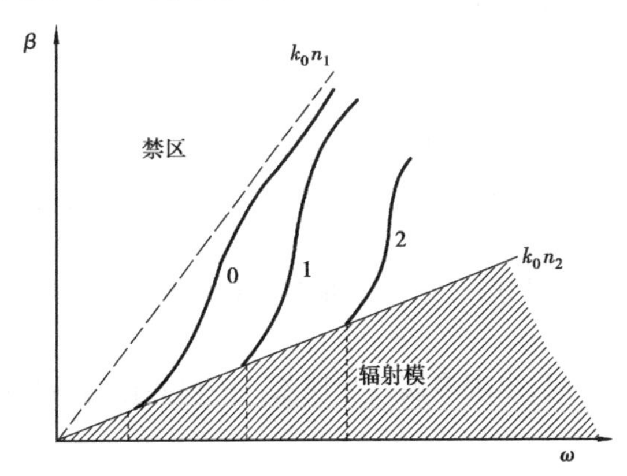

图3.20　$m=0,1,2$ 时导波的 β-ω 曲线

对于给定的模式，其 β 值是随工作波长 λ_0（或角频率 ω）而变的。由特征方程可以看出，当 m 给定时，工作波长 λ_0 越长，k_0 越小，θ_1 越小，因而 β 也越小。图3.20是根据数值解画出的 β-ω 曲线，它表明 β 的变化范围及变化规律。β 不能小于 k_0n_2，否则将会出现辐射模，β 也不能大于 k_0n_1，因而对于导波，β 是被限制在 $k_0n_1\sim\omega$ 和 $k_0n_2\sim\omega$ 两条直线所夹的扇形面积之中。图3.20中还反映了 m 为0、1、2三个导模的截止频率 ω_{c0}、ω_{c1}、ω_{c2}。

3)截止波长 λ_c

在薄膜波导中,任一界面的全反射条件被破坏,即认为导波处于截止状态。因为 $n_1 > n_2 > n_3$,所以,当 $\theta_c = \theta_{c12}$时,即处于截止的临界状态。特征方程式(3.113)可写为如下形式:

$$d\frac{2\pi}{\lambda_0}n_1\cos\theta_1 = m\pi + \phi_2 + \phi_3$$

对一个给定的模式,m 是定值,如果工作波长 λ_0 变化,必须调整平面波的入射角 θ_1,才能满足特征方程,形成导波。当 $\theta_1 = \theta_{c12}$时,导波转化为辐射模,此时的波长就是该模式的截止波长。截止波长由 λ_c 表示,由特征方程:

$$\lambda = \frac{2\pi d n_1\cos\theta_{c12}}{m\pi + \phi_2 + \phi_3} \tag{3.122}$$

由于下边界处于全反射临界状态,因而不管对 TE 还是 TM 波,都有 $\phi_2 = 0$,上式中其他参数为:

$$\cos\theta_{c12} = \sqrt{1 - n_{21}^2} = \frac{\sqrt{n_1^2 - n_2^2}}{n_1}$$

对 TE 模:

$$\phi_3 = \arctan\frac{\sqrt{\sin^2\theta_{c12} - \sin^2\theta_{c13}}}{\cos\theta_{c12}} = \arctan\sqrt{\frac{n_2^2 - n_3^2}{n_1^2 - n_2^2}}$$

对 TM 模:

$$\phi_3 = \arctan n_{13}^2\frac{\sqrt{\sin^2\theta_{c12} - \sin^2\theta_{c13}}}{\cos\theta_{c12}} = \arctan n_{13}^2\sqrt{\frac{n_2^2 - n_3^2}{n_1^2 - n_2^2}}$$

将以上各式代入式(3.122),得:

$$\lambda_c = \frac{2\pi d\sqrt{n_1^2 - n_2^2}}{m\pi + \phi_3} \tag{3.123}$$

对于 TE 模和 TM 模,将不同的 ϕ_3 代入式(3.123),即可得相应的截止波长。从式(3.123)及 ϕ_3 的表达式可以看出,波导参数 n_1、n_2、n_3 和 d 决定了各模式的截止波长,它是表示波导本身特征的物理量,与外加频率无关。不同的模式有不同的截止波长,模式越高,截止波长越短,TE_0 模和 TM_0 模的截止波长最长。波序数 m 相同的 TE 模和 TM 模的截止波长不同,当 m 相同时,TE 模的截止波长较长,因而在所有的波导模式中,TE_0 模的截止波长最长。

4)单模传输与模式数量

由于 TE_0 模的截止波长最长,因而它的传输条件最容易满足。在波导术语中,将截止波长最长(截止频率最低)的模式称为基模。薄膜波导中的 TE_0 模即是基模。如果波导的结构或选择的工作波长只允许 TE_0 模传输,其他模式均截止,则称为单模传输。单模传输的条件为:

$$\lambda_c(TM_0) < \lambda_0 < \lambda_c(TE_0)$$

但当 n_1 与 n_3 差别不大时,TE_0 和 TM_0 非常接近,难以分开,此时仍可称为单模传输。即是说,单模传输的概念并不是那么严格的。

当单模传输的条件被破坏(如工作波长缩短)时,出现多模共存现象。多模共存时的模数量可由特征方程求得,即

$$\frac{2\pi}{\lambda_0}\sqrt{n_1^2 - n_2^2}d = m\pi + \phi_3$$

则
$$m=\frac{\frac{2\pi}{\lambda_0}d\sqrt{n_1^2-n_2^2}-\phi_3}{\pi}$$

与该 m 对应的模式处于截止状态,而比它低的模式处于导行状态。波导中导波模式的数量是 TE 模和 TM 模的模式数量之和。d 越大,λ_c 越短,n_1 和 n_2 的差别越大,波导中的模式数量越多。

5)对称薄膜波导、兼并

当 $n_2=n_3$ 时,称为对称薄膜波导,此时,$\phi_2=\phi_3$,特征方程为:

$$k_0n_1d\cos\theta_1=m\pi+2\phi_2$$

截止波长为:

$$\lambda_c=\frac{2d\sqrt{n_1^2-n_2^2}}{m} \tag{3.124}$$

该式对 TE 模,TM 模都适用。这就是说模序数相同的 TE 模和 TM 模具有相同的截止波长 λ_c。当 TE_0 模出现时,TM_m 模也伴随出现,这就称为兼并。

对于对称波导,TM_0 模的截止波长 $\lambda_c=\infty$,没有截止现象,这是对称波导的特有性质。

3.3.2　薄膜波导的波动理论分析

用射线法讨论薄膜波导,物理概念清楚、明确,得出的许多结论不仅对薄膜波导,而且对其他形式的介质波导也是很有价值的。但要用射线法讨论薄膜波导中导波的场方程、场分布、传输功率,虽然不是不可能,但非常烦琐、复杂,而要讨论结构更复杂的介质波导时则不现实,况且当薄膜波导的厚度与入射波长相当时,射线法是令人难以接受的。因此,本节将以波动理论对薄膜波导中的波进行分析。

(1)薄膜波导中导波的场方程

考虑麦克斯韦方程:

$$\nabla\times\boldsymbol{H}=\boldsymbol{j}+\frac{\partial\boldsymbol{D}}{\partial t}$$

$$\nabla\times\boldsymbol{E}=-\frac{\partial\boldsymbol{B}}{\partial t}$$

在无源区,$\boldsymbol{j}=0$,设电磁波场在各向同性、无损耗的介质中作简谐变化,则有:

$$\boldsymbol{E}(\boldsymbol{r},t)=\boldsymbol{E}(\boldsymbol{r})\exp(-\mathrm{i}\omega t)$$
$$\boldsymbol{H}(\boldsymbol{r},t)=\boldsymbol{H}(\boldsymbol{r})\exp(-\mathrm{i}\omega t)$$

代入上面的麦克斯韦方程得:

$$\nabla\times\boldsymbol{E}(\boldsymbol{r})=\mathrm{i}\omega\mu\mu_0\boldsymbol{H}(\boldsymbol{r})$$
$$\nabla\times\boldsymbol{H}(\boldsymbol{r})=-\mathrm{i}\omega\varepsilon\varepsilon_0\boldsymbol{E}(\boldsymbol{r})$$

在各向同性的均匀非铁磁介质中,$\varepsilon\varepsilon_0$ 和 μ_0 均为标常量,$\mu=1$。将上两式在直角坐标系中展开,即

$$\left(\frac{\partial E_z}{\partial y}-\frac{\partial E_y}{\partial z}\right)\boldsymbol{e}_x+\left(\frac{\partial E_x}{\partial z}-\frac{\partial E_z}{\partial x}\right)\boldsymbol{e}_y+\left(\frac{\partial E_y}{\partial x}-\frac{\partial E_x}{\partial y}\right)\boldsymbol{e}_z$$
$$=\mathrm{i}\omega\mu_0(H_x\boldsymbol{e}_x+H_y\boldsymbol{e}_y+H_z\boldsymbol{e}_z) \tag{3.125a}$$

$$\left(\frac{\partial H_z}{\partial y}-\frac{\partial H_y}{\partial z}\right)\boldsymbol{e}_x+\left(\frac{\partial H_x}{\partial z}-\frac{\partial H_z}{\partial x}\right)\boldsymbol{e}_y+\left(\frac{\partial H_y}{\partial x}-\frac{\partial H_x}{\partial y}\right)\boldsymbol{e}_z$$
$$=-\mathrm{i}\omega\varepsilon\varepsilon_0(E_x\boldsymbol{e}_x+E_y\boldsymbol{e}_y+E_z\boldsymbol{e}_z) \tag{3.125b}$$

式中，$\boldsymbol{e}_x$、$\boldsymbol{e}_y$、$\boldsymbol{e}_z$ 分别为 x、y、z 方向的单位矢量。将薄膜波导如图 3.15 取坐标时，薄膜在 y 方向无限伸展，$\partial/\partial y=0$。又因光波是沿 z 方向传输的，可用传输因子 $\exp(-\mathrm{i}\beta z)$ 来表示，因而有 $\partial/\partial z=-\mathrm{i}\beta$，$\beta$ 是 z 方向的传播常数。将上述关系代入式(3.125)，再令方程两端的对应分量相等，得到六个标量方程，分为两组如下：

$$\begin{cases}\beta E_y=\omega\mu_0 H_x & (3.126\text{a})\\ \dfrac{\mathrm{d}E_y}{\mathrm{d}x}=\mathrm{i}\omega\mu_0 H_z & (3.126\text{b})\\ \mathrm{i}\beta H_x+\dfrac{\mathrm{d}H_z}{\mathrm{d}x}=\mathrm{i}\omega\varepsilon\varepsilon_0 E_y & (3.126\text{c})\end{cases}$$

$$\begin{cases}\beta H_y=-\omega\varepsilon\varepsilon_0 E_x & (3.127\text{a})\\ \dfrac{\mathrm{d}H_y}{\mathrm{d}x}=-\mathrm{i}\omega\varepsilon\varepsilon_0 E_x & (3.127\text{b})\\ \mathrm{i}\beta E_x+\dfrac{\mathrm{d}E_x}{\mathrm{d}x}=-\mathrm{i}\omega\mu_0 H_y & (3.127\text{c})\end{cases}$$

这两组方程组是完全独立的，第一组方程只有 E_y 分量因而解出的是 TE 模（H 模），第二组方程只有 H_y 分量，因而解出的是 TM 模（E 模）。

现分析 TE 模，TM 模的讨论方法与 TE 模相同。由方程式(3.126a)、式(3.126b)和式(3.126c)消去 H_x 和 H_z，得到只含 E_y 的一维亥姆霍兹方程，即

$$\frac{\mathrm{d}^2E_y}{\mathrm{d}x_2}+(k_0^2n^2-\beta^2)E_y=0 \tag{3.128}$$

上式中用了 $\omega=2\pi\nu=2\pi(c/\lambda)$，$c=1/\sqrt{\varepsilon_0\mu_0}$和介质中的折射率 $n=\sqrt{\varepsilon}$等关系。场的解 E_y 的形式视具体问题（是导波还是辐射模）而定。求得 E_y 后，即可根据式(3.126a)和式(3.126b)求 H_x、H_z。

对于 TM 模，则有：

$$\frac{\mathrm{d}^2H_y}{\mathrm{d}x^2}+(k_0^2n^2-\beta^2)H_y=0 \tag{3.129}$$

求得 H_y 后，即可根据式(3.127a)和式(3.127b)求 E_x、E_z。

在图 3.15 的坐标系中，场沿 y 方向不变化，沿传播方向 z 按 $-i\beta z$ 规律变化，因此，只要确定沿 x 方向变化的规律就行了。由于是导波，在薄膜中应是驻波解，可用余弦函数表示；在衬底和敷层中应是衰减解，可用指数函数表示。于是，E_y 解为：

$$E_y=\exp(-\mathrm{i}\beta z)\begin{cases}E_1\cos(k_{1x}x-\phi_2) & 0\leqslant x\leqslant d & (3.130\text{a})\\ E_2\exp(\alpha_2 x) & x\leqslant 0 & (3.130\text{b})\\ E_3\exp[-\alpha_3(x-d)] & x\geqslant d & (3.130\text{c})\end{cases}$$

式中，k_{1x} 为薄膜中 x 方向的相应相位常数；ϕ_2 为一角度，用以调整 E_y 驻波极大值的位置；α_2、α_3 分别为衬底和敷层中的衰减常数；E_1 为薄膜中波腹处的复数振幅，而 E_2、E_3 是薄膜上下两边界上的相应值。

将薄膜、衬底和敷屋中的折射系数 n_1、n_2、n_3 分别代入亥姆兹方程式(3.128)可得到三个区域中的亥姆兹方程如下：

薄膜区($0 \leqslant x \leqslant d$)：

$$\frac{d^2E_y}{dx^2}+(k_0^2n_1^2-\beta^2)E_y=0 \tag{3.131a}$$

衬底区($x \leqslant 0$)：

$$\frac{d^2E_y}{dx^2}+(k_0^2n_2^2-\beta^2)E_y=0 \tag{3.131b}$$

敷层区($x \geqslant d$)：

$$\frac{d^2E_y}{dx^2}+(k_0^2n_3^2-\beta^2)E_y=0 \tag{3.131c}$$

再将式(3.130)中各区域的场方程 E_y 代入，可得：

$$k_{1x}^2=k_0^2n_1^2-\beta^2 \tag{3.132a}$$

$$\alpha_2^2=\beta^2-k_0^2n_2^2 \tag{3.132b}$$

$$\alpha_3^2=\beta^2-k_0^2n_3^2 \tag{3.132c}$$

薄膜波导中的边界条件为：在 $x=0$ 和 $x=d$ 处，电场强度的切向分量 E_y 连续，磁场强度的切向分量 $H_z[\propto(dE_y/dx)]$连续。将场方程式(3.130)代入，可得：

$$E_1\cos\phi_2=E_2 \quad (在\ x=0\ 处, E_y\ 连续) \tag{3.132d}$$

$$E_1k_{1x}\sin\phi_2=\alpha_2E_2 \quad (在\ x=0\ 处, H_z\ 连续) \tag{3.132e}$$

$$E_1\cos(k_{1x}d-\phi_2)=E_3 \quad (在\ x=d\ 处, E_y\ 连续) \tag{3.132f}$$

$$E_1k_{1x}\sin(k_{1x}d-\phi_2)=\alpha_3E_3 \quad (在\ x=d\ 处, H_z\ 连续) \tag{3.132g}$$

有了式(3.132)的7个方程式，就可联解出场方程式(3.130)中的8个未知数 ϕ_2、β、k_{1x}、α_2、α_3、E_1、E_2 和 E_3，其中 E_1、E_2、E_3 中只要确定两个，场分布也就确定了。虽然如此，也只能表示出 E_2、E_3 与 E_1 的相对大小，要最终确定 E_1，还必须知道波导中的传输功率。

(2)平面导波模式的场分布

所谓导波模式，是指波导空间的一种稳定场分布，即在波的传播过程中，一种模式的场在波导截面上的分布保持其形状不变，改变的只是相位，或者在有损耗的情况下多一个衰减因子。现根据方程式(3.131)通过简单的推论来定性说明平面波导中传输模式的性质，仍以TE模为例讨论。

1)β 取实数值

如果 $\beta>k_0n_1$，由方程式(3.131)可知，波导各区中均有$[(1/E_y)(\partial^2E_y/\partial x^2)]>0$，说明波导各层中的场 $E_y(x)$ 均按指数变化。由于 E_y 及其二阶导数在界面上必须连续，所得场如图3.21(a)所示。这种解的场沿 x 向外无限增强，在物理上是不可能存在的，因而并不对应一个实在的波。

若 $k_0n_1>\beta>k_0n_2$，方程式(3.131)说明，在薄膜区$[(1/E_y)(\partial^2E_y/\partial x^2)]<0$，场为正弦解，而在衬底和敷层中均有$[(1/E_y)(\partial^2E_y/\partial x^2)]>0$，场为指数解。这种模式所输运的光波能量限制薄膜区内及其附近，并沿 z 方向传播，故为导引模(简称导模)。导模在薄膜中沿 x 方向形成驻波场，而在衬底层和敷层中形成指数衰减(或消逝场)，如图3.21(b)、(c)所示。这种模场的形成与射线光学分析中的入射条件 $\pi/2>\theta_1>\theta_{c12}$ 相对应，显然，导模的 β 应取分立值。

当 $k_0n_2>\beta>k_0n_3$ 时，在敷层区$[(1/E_y)(\partial^2E_y)/(\partial x^2)]>0$，场为指数解；而在薄膜和衬底

区均有$[(1/E_y)(\partial^2 E_y)/(\partial x^2)]<0$,场为正弦解。这种模场在薄膜和衬底中形成 x 方向驻波,而在敷层中则形成 x 方向的消逝场,如图 3.21(d)所示。从射线光学来看,相应于从衬底一侧以条件 $\theta_{c12}>\theta_1>\theta_{c13}$ 入射的光波在上界面全反射,然后又从下界面折射到衬底中。

当 $k_0 n_3>\beta>0$ 时,波导各层中均有$[(1/E_y)(\partial^2 E_y)/(\partial x^2)]>0$,均为正弦分布,如图 3.21(e)所示。从射线光学的观点看,这相应于分别从敷层和衬底以 $\theta_1>\theta_{c13}$ 角度入射的两个平面波,经上下界面部分反射和折射后叠加形成的。

上述最后的两种情况,光波能量都未完全限制在薄膜内,二者皆称为波导的辐射模。

2)β 取虚数

当 β 取虚数时,$0<|\beta|<\infty$,令 $\beta=-\mathrm{i}\gamma$,波动方程式(3.131)的场解为 z 方向的指数衰减函数,γ 为衰减常数。这种模场只能储存能量,不能传输能量,故称为消逝模。

3)β 取复数

复传播常数 $\beta=\beta'-\mathrm{i}\beta''$ 意味着在波场内场沿 z 方向边传播边衰减,不断有能量从波导中向外泄漏。由横向传播常数 $k_{1x}=k_0 n_1\cos\theta_1=(k_0^2 n_1^2-\beta^2)^{1/2}$ 可知,此时,k_{1x} 也是复数,它表示场沿 x 方向既有相移,振幅又随 x 指数增强。这种波导外的辐射场解释为从波导漏出的光辐射不断积累的结果,称这种模为泄漏模。因为这种模场不断地向外泄漏能量,因而模场在整个波导截面上的分布将随着波的传播而改变形状,而且场在 $x=\pm\infty$ 处发散。

图 3.21 所示为以 β 为轴、导波模式随 β 变化的示意图,图的下方并反映了与射线法分析相应的情况。

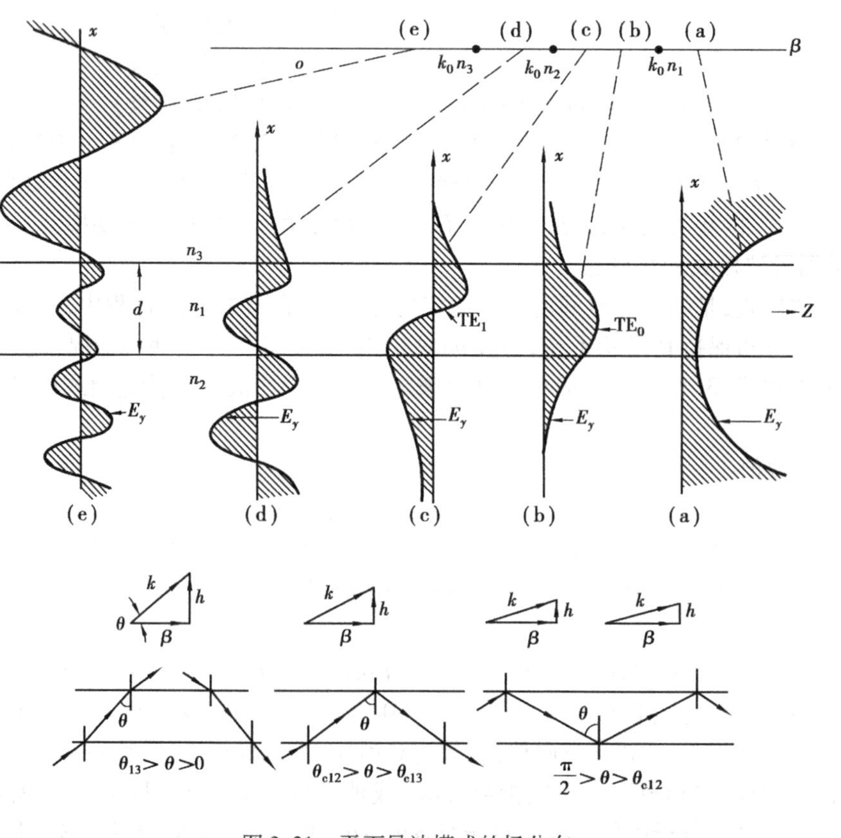

图 3.21　平面导波模式的场分布

(3) **导波的特征方程**

从式(3.132)的7个关系式可求出导波的特征方程,以式(3.132g)除以式(3.132f)可得:

$$\tan(k_{1x}d-\phi_2)=\frac{\alpha_3}{k_{1x}}$$

利用三角函数周期性,该式也可写为:

$$k_{1x}d-\phi_2-m\pi=\arctan\frac{\alpha_3}{k_{1x}}$$

将 ϕ_2、α_3 的值代入,并整理得:

$$k_{1x}d-\arctan\frac{\sqrt{(n_1^2-n_2^2)k_0^2-k_{1x}^2}}{k_{1x}}-\arctan\frac{\sqrt{(n_1^2-n_3^2)k_0^2-k_{1x}^2}}{k_{1x}}=m\pi \qquad (3.133)$$

这就是薄膜波导的特征方程。只有满足这一方程的 k_{1x} 才能形成导波,当 $m=0,1,2\cdots$ 时,得到 TE_0、TE_1、$TE_2\cdots$模。

因为

$$\arctan\frac{\sqrt{(n_1^2-n_2^2)k_0^2-k_{1x}^2}}{k_{1x}}=\phi_2 \qquad (3.134a)$$

所以

$$\arctan\frac{\sqrt{(n_1^2-n_3^2)k_0^2-k_{1x}^2}}{k_{1x}}=\phi_3 \qquad (3.134b)$$

式(3.133)与用射线法得出的特征方程完全一致。ϕ_2、ϕ_3 的意义与射线分析法中一样,是代表波导边界上全反射时相移的一半,其取值范围仍在 $0°\sim90°$ 之间,方程式(3.133)简写为:

$$k_{1x}d-\phi_2-\phi_3=m\pi$$

基于特征方程对导波性质的分析,已在射线分析法中作过,不再另行分析。

以上对薄膜波导的分析都是以TE模为例进行的,TM模的情况可作类似的讨论,分析方法完全相同,这里不再赘述。

3.4　光纤传输原理

从20世纪70年代初光纤通信实用化以来,光纤通信技术得到很快发展,目前石英光纤在0.85 μm、1.3 μm和1.55 μm波长时,衰减特性已接近理论上的极限值。另一方面,在实际光传输过程中,光纤易受环境因素的影响,例如温度、压力、电磁场等的变化,引起光强度、相位、频率、偏振态等变化,由此而产生了光纤传感技术。目前,光纤有源、无源器件、光纤中非线性光学效应的应用以及新型光学元件用的特殊光纤的研究,又引起了人们极大的兴趣。本节的内容即是以上各领域的理论基础,仍将从射线理论和模式理论(波动理论)两方面进行讨论。

3.4.1　光纤的结构和分类

光纤是包括纤芯、包层和涂敷层等的圆柱形结构物体,如图3.22所示。

纤芯的材料是二氧化硅,里面掺有微量元素以提高纤芯折射率。包层的材料一般为纯二氧化硅,或掺入微量元素以降低材料的折射率。这样纤芯的折射率略高于包层的折射率以保证光波在纤芯中传输。为了增加光纤的机械强度和不直接受到外来的损伤,在包层外还要涂一层涂料,一般是硅铜或丙稀盐酸。光纤最外层是塑料外套,也起保护作用。多根光纤绕在一

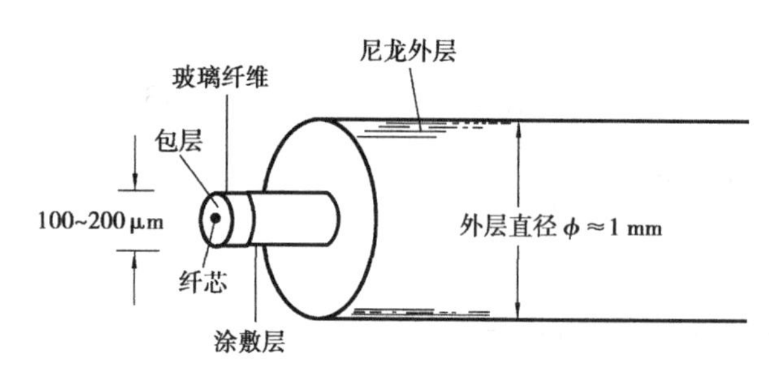

图 3. 22　光纤的结构

起，称为光缆。

纤芯的直径一般为几微米到几十微米，单模光纤芯径在 10 μm 以下，多模标准光纤的芯径为 50 μm。包层直径一般为 100 ~ 200 μm，标准光纤是 125 μm。

普通光纤的纤芯折射率分布一般有两种：一种是均匀分布的，称为均匀光纤或阶跃光纤，如图 3. 23(a)所示，图中 n_1 为纤芯折射率，n_2 为包层折射率，$n_1 > n_2$；另一种是折射率沿光纤径向递减，称为非均匀光纤或梯度光纤，如图 3. 23(b)所示。图 3. 23(c)、(d)所示为单模光纤和双折射光纤的情况，图中不但表示出纤芯的折射率变化，还表示出了光纤横切面的情况和光线在纤芯中传输的情况。

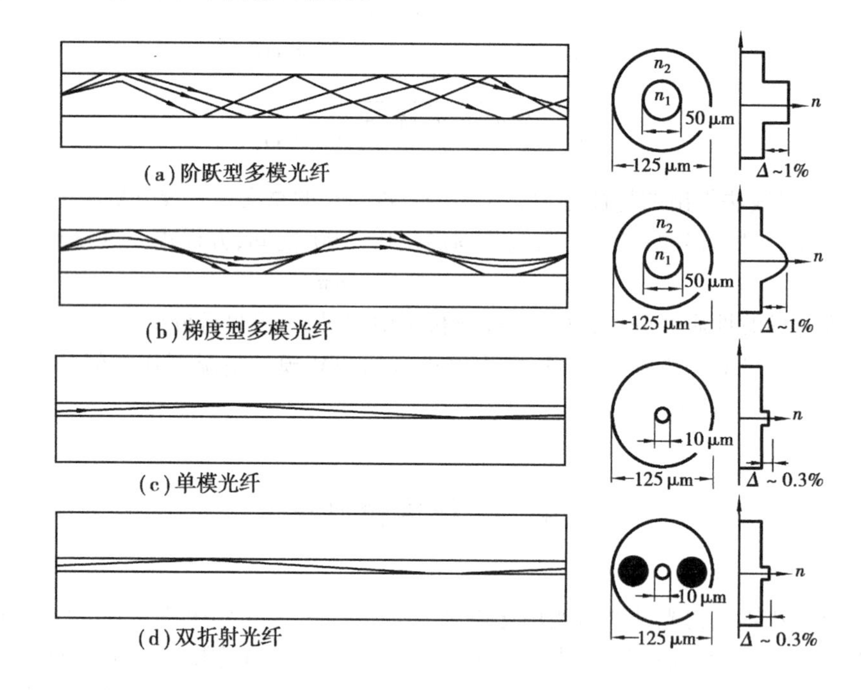

图 3. 23　光纤的种类

此外，其他特殊光纤的折射率剖面有 W 型、Ω 型、凹陷包层形等，特殊光纤纤芯和包层的剖面图各异，有椭芯双折射光纤、椭圆包层光纤、熊猫光纤、蝴蝶结光纤、平光纤、半裸光纤等，它们的折射率分布较为复杂。

3. 4. 2　阶跃光纤的射线理论分析

阶跃光纤的折射率分布如图 3. 23(a)所示。纤芯半径为 a，折射率为 n_1，包层半径为 b，折射率为 n_2，$n_1 > n_2$，定义相对折射率差为：

$$\Delta = \frac{n_1^2 - n_2^2}{2n_1^2} \tag{3.135}$$

当 n_1 与 n_2 相差极小时,Δ 也极小,这种光纤称为弱导光纤,对于弱导光纤,有:

$$\Delta = \frac{n_1 - n_2}{n_1}$$

因为 $n_1 > n_2$,所以满足全反射条件的光线将在纤芯和包层的界面上形成全反射,使光能量在纤芯中传输。在纤芯中传输的光线有子午线和斜光线,若光在光纤中传播路径始终在一个平面内,则这种光线称为子午光线,包含子午光线的平面称为子午面。显然,过光纤轴心线的平面都是子午面,子午线则是与光纤轴相交的平面折线,它在光纤端面上的投影是一条过轴心的直线,如图3. 24(a)所示。

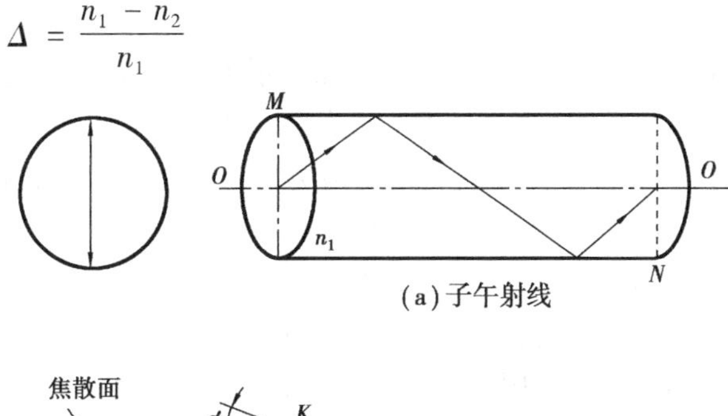

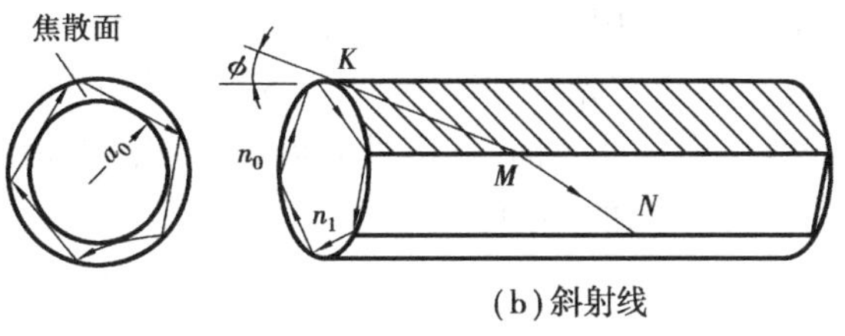

图 3. 24　光纤中的射线

另一种光线的传播路径不在一个平面内,不经过光纤的轴心线,这种光线称为斜光线。斜光线在光纤端面上的投影为折线,它是一空间折线,可以找出与该射线相切的圆柱面(它在端面上的投影就是斜光线投影的内切圆)称为焦散面,(如图 3. 24(b))所示。下面先就子午线进行分析。

(1)数值孔径

图 3. 25 所示为光纤的一个子午面和在该平面内传播的一条子午线。子午线在纤芯界面上的入射角 θ_1 应满足全反射条件,即

$$\theta_i > \theta_c = \arcsin\frac{n_2}{n_1} \tag{3. 136a}$$

或

$$\sin\theta_i > \frac{n_2}{n_1} \tag{3. 136b}$$

式中,θ_c 为纤芯界面上的临界角,常用轴向角 θ_z 表示 θ_i。这时,光纤界面上的全反射条件可写为:

$$\sin\theta_z < \sqrt{1 - \left(\frac{n_2}{n_1}\right)^2} = \sqrt{\frac{n_1^2 - n_2^2}{n_1^2}} = \sqrt{2\Delta} \tag{3. 136c}$$

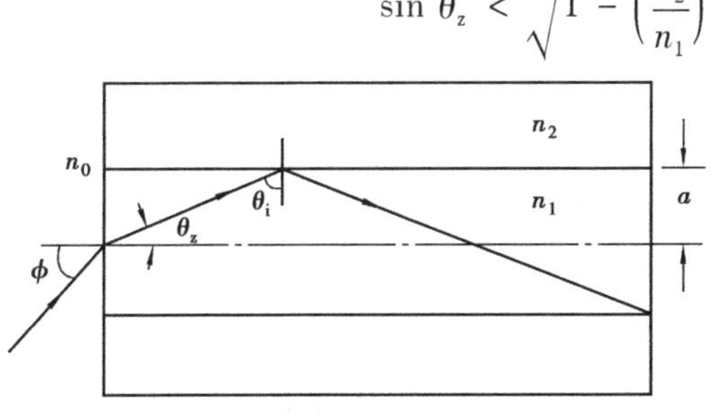

图 3. 25　光纤中的子午射线

设光纤端面外为空气,折射率 $n_0 = 1$,如图 3. 25 所示,一束光线射到左端面上,根据折射定律:

$$n_0 \sin\phi = n_1 \sin\theta_z$$

据式(3. 136c)

$$\sin\phi < \frac{n_1}{n_0}\sqrt{\frac{n_1^2 - n_2^2}{n_1^2}} = \sqrt{n_1^2 - n_2^2}$$

设纤芯能捕捉光线的最大入射角为 ϕ_{max}，则

$$\sin\phi_{max} = \sqrt{n_1^2 - n_2^2} = n_1\sqrt{2\Delta} = N.A \tag{3.137}$$

N. A(Numerical Aperture)称为数值孔径。它表示光纤捕捉光线的能力，即集光本领。N. A 仅由光纤的折射率决定，而与光纤的几何尺寸无关，因而光纤可以做得直径很小，能自由弯曲。实际使用的光纤，数值孔径一般为 0.2 左右。数值孔径从 0.1 变化到 0.2 时，光纤接受入射光的角度 ϕ 从 11.5°变化到 23°。

(2)**光纤弯曲对传播的影响**

光纤的特点之一是柔软可弯曲。弯曲有两类：一类是有意的，必需的；另一类是在制造、成缆、施工等过程中引起的微弯。如图 3.26 所示，子午光线由光纤直部和弯部交界的 X 点进入弯部，弯部 O 点在光纤轴线上，$OC=R$ 为弯部的曲率半径，d 为纤芯直径。ϕ_0、ϕ_1、ϕ_2 分别为子午光线在直部外表面、弯部外表面和弯部内表面的入射角。由图 3.26 所知，弯曲部分 ϕ_1、ϕ_2 角不等于直部的 ϕ_0 角。

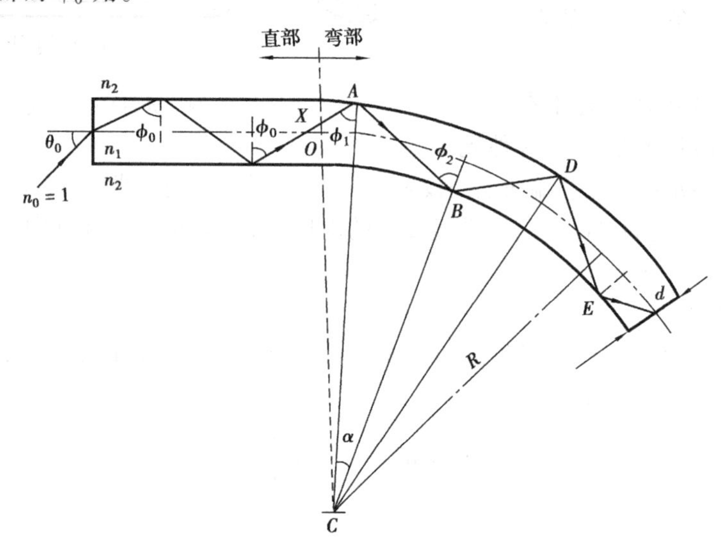

图 3.26　光纤弯曲对子午光线传播的影响

设 X 点离 O 点的坐标为 x，$d/2 \geqslant x \geqslant -d/2$。在△$AXC$ 中，应用余弦定理：

$$\sin\phi_1 = \frac{CX}{CA}\sin\angle AXC = \frac{R+x}{R+(d/2)}\sin\phi_0 \tag{3.138}$$

式中，因为 $d/2 \geqslant x \geqslant -d/2$，所以 $\sin\phi_1 \leqslant \sin\phi_0$，即

$$\phi_1 \leqslant \phi_0$$

利用△ABC，同样可以求得：

$$\phi_2 \geqslant \phi_0$$

这样，当 R 小到一定程度(即光纤弯曲严重)时，原来在直部能产生全反射的子午光线，到弯部就从弯曲部分逸出。R 进一步减小，有可能使子午光线仅在外表面反射，而不反射到内表面，如图 3.27 所示。这意味着 $\sin\phi_2$

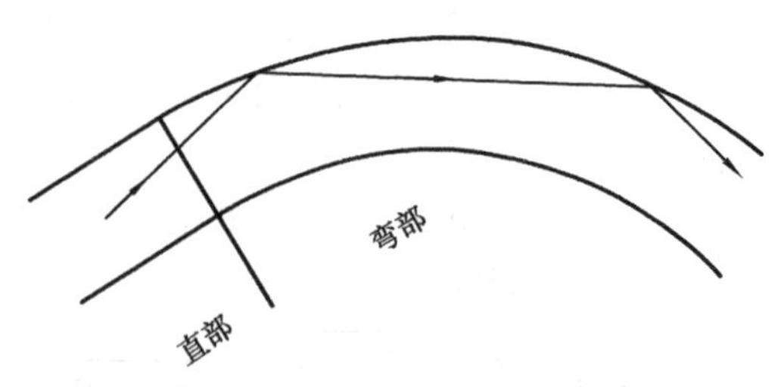

图 3.27　子午光线只在外表面反射的情况

已经增大到1,可解出:

$$R = \frac{x \sin \phi_0 + (d/2)}{1 - \sin \phi_0} \tag{3.139}$$

当 R 的值比式(3.139)的值小时,便会发生子午光线只在外表面反射的情况。

现在再对斜光线作一简单分析:

如图3.28所示,设斜光线 SX 由 X 点射入,入射角为 θ_0,进入光纤后,在 Y、Z 等点反射。作 YP 和 ZQ 平行于轴线 CC',交端面圆周于 P、Q 两点,令 $\angle XYP = \theta'$,表示光线 XY 与轴线的夹角(称为轴线角);XYP 平面和端面 XPC 垂直,其交线为 XP,$\alpha = (\pi/2) - \theta'$ 表示 XY 与 XP 的夹角;β 表示 XP 与 XC 的夹角。既然 α、β 各自所在的平面是相互垂直的,那么根据立体几何公式有:

$$\cos \phi = \cos \alpha \cos \beta \tag{3.140}$$

式中,ϕ 表示 XY 与 XC 的夹角,即 XY 与光纤界面过 X 点的法线的夹角。据图3.28中 α 与 θ' 的关系,式(3.140)可写为:

$$\cos \phi = \sin \theta' \cos \beta \tag{3.141}$$

在图3.28中,X、P、Q 各点在端面上组成的折射线是光线 XYZ 在端面上的投影,每曲折一次,表示光纤内光线发生一次反射。

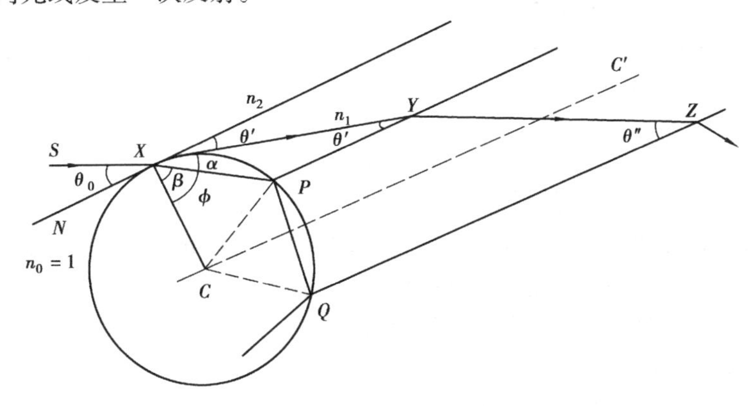

图3.28　斜光线在阶跃光纤中的传播

将式(3.141)两边乘以 n_1 得:

$$n_1 \cos \phi = n_1 \sin \theta' \cos \beta$$

由折射定理:

$$n_1 \cos \phi = n_0 \sin \theta_0 \cos \beta$$

全反射条件为:

$$\sin \phi \geqslant \frac{n_2}{n_1}$$

当 $n_0 = 1$ 时,可求出斜光线在光纤端面入射角 θ_0 的最大值 θ_m 为:

$$\sin \theta_m = \frac{(n_1^2 - n_2^2)^{1/2}}{\cos \beta} = \frac{\sin \theta_a}{\cos \beta} \tag{3.142}$$

式中,θ_a 表示子午光线的最大入射角(即数值孔径)。

由于斜光线的 $\beta > 0$,$\cos \beta > 1$,故 $\theta_m > \theta_a$。这就是说,斜光线比子午光线有更大的最大入

射角。当 $\beta=0$，$\cos\beta=1$ 时，$\theta_m=\theta_a$，此时，斜光线回到子午光线。因此，可将子午光线的 θ_a 看作斜光线的 θ_m 的最小值。虽然斜光线的 θ_m 比子午光线的 θ_a 稍大，但一般仍用子午光线来定义光纤的数值孔径。

斜光线的端面入射角 θ_0 如果小于 θ_a，斜光线就是子午光线。如果 $\theta_a<\theta_0<\theta_m$，斜光线在纤芯中满足全反射条件。光线仍在纤芯中传输，只是它传输的路径不穿过光纤轴线，且不在一个平面内，其路径是一条空间曲线。当端面入射角 $\theta>\theta_m$ 时，在纤芯与包层界面上不能发生全反射，经多次反射后很快衰减，这种光线不能通过光纤传输。

3.4.3 梯度光纤的射线理论分析

在阶跃光纤中，入射角不同的光线在光纤中所通过的几何程长是不同的，入射角为 90° 时，光线与光纤轴线平行，通过的路径最短，轴向速度最大；入射角等于临界角时，光线在光纤中通过的路径最长，轴向速度最小，因而引起模式色散。为了尽量减小这种色散，设计制造了折射率沿半径渐变的光纤，称为梯度光纤或非均匀光纤，其折射率分布如图 3.29(b)所示。

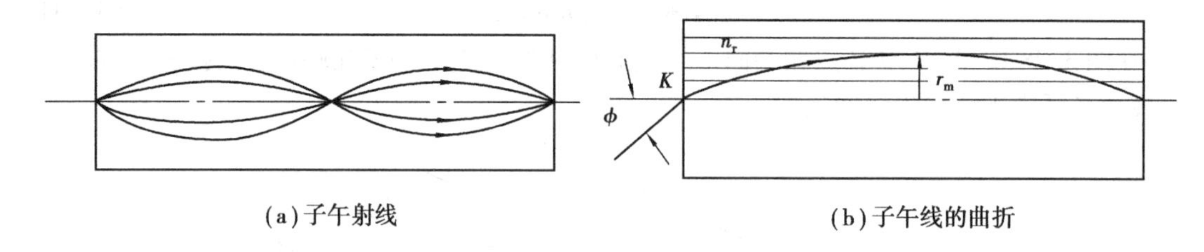

(a)子午射线　　(b)子午线的曲折

图 3.29　梯度光纤中的子午光线

在非均匀光纤中，由于纤芯的折射率分布不均匀，光线的轨迹不再是直线而是曲线。以不同的初始条件进入光纤的射线有不同的轨迹，如果折射率指数 $n(r)$ 的分布取得合适，可以使不同的入射光线以同样的轴向速度在光纤中传输，传播路径如图 3.29 所示，从而消除了模式色散，这种现象称为自聚焦现象，这种光纤称为自聚焦光纤。

(1)子午光线的传播

由于梯度光纤中折射率分布对于轴心线是对称的，因此可任选一子午面的一半进行研究，如图 3.30 中 $ABO'O$。在图中，当 r 增加时，折射率 $n(r)$ 递减，即沿 r 轴正方向折射率的梯度值 $\mathrm{d}n/\mathrm{d}r$ 为负。在光线 OPQ 上任取一点 P，过 P 点作平行于 z 轴的虚线为等折射率线，光线的切线方向与等折射率线的法线所夹的角为 θ，θ 为折射角，根据折射定律：

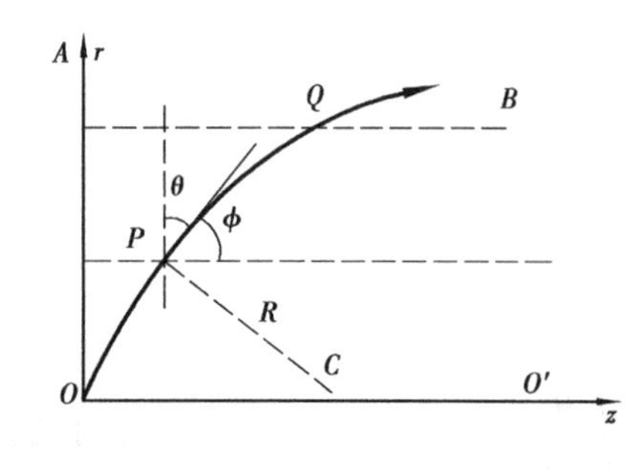

图 3.30　梯度光纤中子午光线传播的分析

$$n(r)\sin\theta = 恒值 \tag{3.143}$$

由于 $n(r)$ 沿半径向外递减的，θ 值则不断增加，说明光线沿一弯曲路径传播，其曲率中心 C 位于折射率较大的一方。根据曲率的定义：

$$\frac{1}{R} = \frac{\mathrm{d}\theta}{\mathrm{d}s} \tag{3.144}$$

式中，$\mathrm{d}s$ 表示在 P 点光线向前传播过的弧长元，$\mathrm{d}\theta$ 表示对应的切线在 $\mathrm{d}s$ 弧上转过的角度，且有：

$$\mathrm{d}r = \cos\theta\mathrm{d}s \tag{3.145}$$

所以

$$\frac{1}{R}=\frac{\cos\theta d\theta}{dr} \tag{3.146}$$

将式(3.143)微分,得:

$$dn(r)\sin\theta+n(r)\cos\theta d\theta=0 \tag{3.147}$$

将式(3.147)代入式(3.146),得:

$$\frac{1}{R}=-\frac{\sin\theta}{n}\frac{dn}{dr} \tag{3.148}$$

由于 dn/dr 是负值,上式可写作:

$$\frac{1}{R}=\frac{\sin\theta}{n}\left|\frac{dn}{dr}\right| \tag{3.149}$$

式(3.149)表明,当 $\theta=0$,即光线沿着与等折射率线垂直的方向入射时,$1/R=0$,光线不会曲折。当 $\theta\neq0$ 时,$1/R\neq0$,光线始终弯向折射率较大的一方行进,如图3.31中由 O 点发出的曲线。当光线前进时,θ 角不断增大,同时 $|dn/dr|$ 也不断增大。当 $\theta=\pi/2$,即光线转到与 z 轴平行时,曲率 $1/R$ 达到最大值。这样整个子午面 $ABCD$ 内,光线的轨迹就是某种周期性曲线,如图3.31所示。

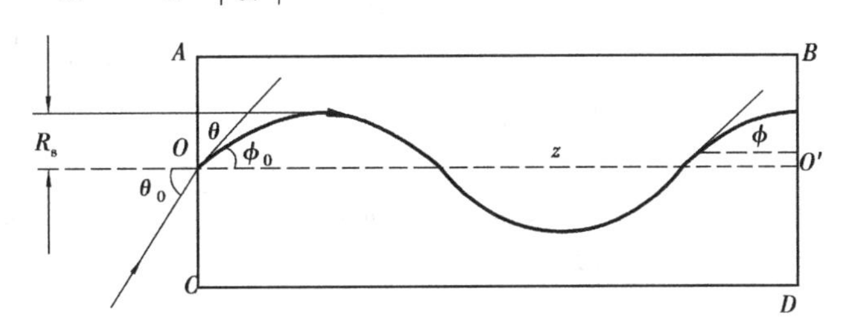

图3.31　梯度光纤子午面内光线的轨迹

(2)**本地数值孔径与截面上的功率分布**

在图3.31中,ϕ 表示光线在某点的切线与轴线 OO' 的夹角,于是折射率可写为:

$$n(r)\cos\phi=\text{恒值} \tag{3.150}$$

子午光线从 O 点入射,入射角为 θ_0,夹角 $\phi=\phi_0$,当光线从 O 点出发时,$n(r)$ 逐渐减小,ϕ 角也逐渐减小,当 $\phi=0$ 时,光线离轴线距离最大,设此距离为 R_s,与阶跃光纤相比,R_s 对应阶跃纤芯的半径 $d/2$,光线在 R_s 处有如发生“全反射”那样返回来。若令 $r=0$ 处的折射率为 $n(o)$,$r=R_s$ 处的折射率为 $n(R)$,则有:

$$n(o)\cos\phi_0=n(r)\cos\phi=n(R_s) \tag{3.151}$$

光线是以 θ_0 入射的,则有:

$$n_0\sin\theta_0=n(o)\sin\phi_0=n(o)(1-\cos^2\phi_0)^{1/2}=[n^2(o)-n^2(R_s)]^{1/2} \tag{3.152}$$

当 $n_0=1$ 时,最大入射角 θ_a 应为:

$$\sin\theta_a=[n^2(o)-n^2(R_s)]^{1/2} \tag{3.153}$$

式(3.153)为梯度光纤所能传输子午光线的最大入射角,它与阶跃光纤的数值孔径的表达式式(3.137)相似,称为梯度光纤在纤芯处的本地数值孔径。

$$N.A=[n^2(r)-n^2(R_s)]^{1/2} \tag{3.154}$$

称为在光纤面上坐标为 r 点的本地数值孔径,它与该点的折射率 $n(r)$ 有关。在某点的折射率越大,它捕捉光线的能力就越强,本地数值孔径也就越大。

由光纤的数值孔径可以求出光纤中光功率沿光纤半径 r 的分布情况。设光源按不同角度辐射的光线包含的功率相同,或者说,功率均匀地分布在各个模式中,此时,某点的数值孔径越

大,它所收集到的光功率越多。设纤芯处和离轴线为 r 处的功率密度各为 $P(o)$、$P(r)$,则有:

$$\frac{P(r)}{P(o)}=\frac{\mathrm{N.A}(r)}{\mathrm{N.A}(o)}=\frac{n^2(r)-n^2(R_s)}{n^2(o)-n^2(R_s)} \tag{3.155}$$

假设光纤是无损耗的,在一段不长的光纤上,其输出功率也将按该规律变化。如果能测出光纤输出端的功率的分布,就可以反过来推知光纤的折射率分布。光纤的折射率的近区场测试法就是应用这个原理。

(3)**子午光线的路径方程**

图 3.31 中子午光线的路径曲线方程可由下推得,设 $\mathrm{d}r/\mathrm{d}z$ 表示路径曲线某点的切线斜率,则有:

$$\frac{\mathrm{d}r}{\mathrm{d}z}=\tan\phi=\left(\frac{1}{\cos^2\phi}-1\right)^{1/2} \tag{3.156}$$

根据式(3.151),有:

$$\frac{1}{\cos^2\phi}-1=\frac{n^2(r)}{n^2(o)\cos^2\phi_0}-1=\frac{n^2(r)-n^2(o)\cos^2\phi_0}{n^2(o)\cos^2\phi_0} \tag{3.157}$$

根据上两式可得:

$$\frac{\mathrm{d}z}{\mathrm{d}r}=\frac{n(o)\cos\phi_0}{[n^2(r)-n^2(o)\cos^2\phi_0]^{1/2}} \tag{3.158}$$

将上式积分,便得到路径方程,即

$$z(r)=\int_{r_0}^{r}\frac{n(o)\cos\phi_0}{[n^2(r)-n^2(o)\cos^2\phi_0]^{1/2}}\mathrm{d}r \tag{3.159}$$

设梯度光纤的折射率分布为:

$$n^2(r)=n^2(o)(1-\cos^2\phi_0a^2r^2) \tag{3.160}$$

式中,a 为常数。代入式(3.158),得:

$$\begin{aligned}
z&=\int_0^r\frac{n(o)\cos\phi_0\mathrm{d}r}{[n^2(o)(1-\cos^2\phi_0a^2r^2)-n^2(o)\cos^2\phi_0]^{1/2}}\\
&=\int_0^r\frac{n(o)\cos\phi_0\mathrm{d}r}{[n^2(o)\sin^2\phi_0-n^2(o)\cos^2\phi_0a^2r^2]^{1/2}}=\int_0^r\frac{\mathrm{d}r}{(\tan^2\phi_0-a^2r^2)^{1/2}}\\
&=\int_0^r\frac{1}{a}\frac{\mathrm{d}r}{\left[\dfrac{\tan^2\phi_0}{a^2}-r^2\right]^{1/2}}=\frac{1}{a}\arcsin\frac{ar}{\tan\phi_0}
\end{aligned}$$

所以

$$r=\frac{\tan\phi_0}{a}\sin(az)=A\sin(az) \tag{3.161}$$

式中

$$A=\frac{1}{a}\tan\phi_0$$

式(3.161)表明,当梯度光纤的折射率分布如式(3.160)时,子午光线的传播路径是一正弦曲线。

如果梯度光纤的折射率分布函数为:

$$n^2(r)=n^2(o)(1-a^2r^2) \tag{3.162}$$

则子午光线的路径方程：

$$z = \int_0^r \frac{n(o)\cos\phi_0 \mathrm{d}r}{[n^2(o)(1-a^2r^2) - n^2(o)\cos^2\phi_0]^{1/2}} = \int_0^r \frac{n(o)\cos\phi_0 \mathrm{d}r}{[n^2(o)\sin^2\phi_0 - n^2(o)a^2r^2]^{1/2}}$$

$$= \frac{1}{a}\int_0^r \frac{\cos\phi_0 \mathrm{d}r}{\left[\frac{\sin^2\phi_0}{a^2} - r^2\right]^{1/2}} = \frac{\cos\phi_0}{a}\arcsin\frac{ar}{\sin\phi_0}$$

所以

$$r = \frac{\sin\phi_0}{a}\sin\left(\frac{az}{\cos\phi_0}\right)$$

这种梯度光纤的子午光线传播路径仍是一正弦函数。

若斜光线入射梯度光纤，光线在光纤中的传播路径将是螺旋线形，这里不再讨论。

(4)**子午光线的自聚焦光纤的最佳折射率分布**

为了使模式色散趋于最小，必须选择折射率的最优化分布，使任一方向入射的子午光线在一周期内的平均轴向速度相等，或者各子午光线在一周期沿轴向传播相等的距离，如图3.29所示，具有这种性质的光纤称为自聚焦光纤。

费马(Fermat)原理指出，光从空间一点到另一点是沿着光程为最小或最大或恒值的路径传播的。那么，梯度光纤的折射率$n(r)$满足等光程条件为：

$$\int_T n(r)\mathrm{d}s = \text{恒值} \tag{3.163}$$

式中，$\mathrm{d}s$表示路径r处的弧长元，T为时间周期。

$$(\mathrm{d}s)^2 = (\mathrm{d}r)^2 + (\mathrm{d}z)^2 = \frac{n^2(r)}{n^2(r) - n^2(o)\cos^2\phi_0}(\mathrm{d}r)^2$$

$$\mathrm{d}s = \frac{n(r)\mathrm{d}r}{[n^2(r) - n^2(o)\cos^2\phi_0]^{1/2}} \tag{3.164}$$

上式中用了式(3.158)。将式(3.164)代入式(3.163)得：

$$\int_T \frac{n^2(r)}{[n^2(r) - n^2(o)\cos^2\phi_0]^{1/2}}\mathrm{d}r = \text{恒值} \tag{3.165}$$

或可写为：

$$4\int_0^R \frac{n^2(r)\mathrm{d}r}{[n^2(r) - n^2(o)\cos^2\phi_0]^{1/2}} = \text{恒值} \tag{3.166}$$

式(3.166)便是梯度折射率光纤的折射率$n(r)$满足等光程条件的表达式，R为梯度光纤半径。

1)抛物线型分布

当梯度光纤的折射率分布为式(3.160)时，将其代入式(3.166)左边得：

$$\int_T n(r)\mathrm{d}s = 4\int_0^R \frac{n(o)(1 - a^2r^2\cos^2\phi_0)}{\sin\phi_0(1 - a^2r^2\cot^2\phi_0)^{1/2}}\mathrm{d}r \tag{3.167}$$

令$\sin\theta = ar\cot\phi_0$，则有$\cos\theta\mathrm{d}\theta = a\cot\phi_0\mathrm{d}r$，代入式(3.167)得：

$$\int_T n(r)\mathrm{d}s = 4\int_0^{\frac{\pi}{2}} \frac{n(o)(1 - \sin^2\phi_0\sin^2\theta)\cos\theta\mathrm{d}\theta}{\sin\phi_0(1 - \sin^2\theta)^{1/2}a\cot\phi_0}$$

$$= 4\frac{n(o)}{a\cos\phi_0}\int_0^{\frac{\pi}{2}}(1 - \sin^2\phi_0\sin^2\theta)\mathrm{d}\theta$$

$$= \frac{2\pi n(o)}{a} \frac{\left(1 - \frac{1}{2}\sin^2\phi_0\right)}{\cos\phi_0} \tag{3.168}$$

式(3.168)表明,折射率按式(3.160)分布的光纤,在一周期内的光程值是 ϕ_0 的函数,不是恒值,即不满足式(3.163)的恒值条件。但当 ϕ_0 很小时(近轴光线情况),$\sin\phi_0 \ll 1$,$\cos\phi_0 \approx 1$,式(3.168)可写为:

$$\int_T n(r)\mathrm{d}s = \frac{2\pi n(o)}{a} \tag{3.169}$$

一周期内的光程值为恒值,即近轴子午光线在传播时将聚焦于 $z = 2\pi/a$ 点。

当 ϕ_0 很小时,式(3.160)变为:

$$n^2(r) = n^2(o)(1 - a^2r^2)$$

即

$$n(r) \approx n(o)\left(1 - \frac{1}{2}a^2r^2\right) \tag{3.170}$$

式(3.170)所表示的折射率分布为抛物线型分布。也就是说,当梯度光纤的纤芯折射率按抛物线分布时,子午光线在光纤中传播的路径为正弦曲线,并满足等光程条件,形成自聚焦。

2)双曲正割型分布

当梯度光纤的折射率分布为:

$$n(r) = n(o)\mathrm{sech}(ar) \tag{3.171}$$

时,代入式(3.166)左边,得:

$$\int_T n(r)\mathrm{d}s = 4\int_0^R \frac{n^2(o)\mathrm{sech}^2(ar)\mathrm{d}r}{[n^2(o)\mathrm{sech}^2(ar) - n^2(o)\cot^2\phi_0]^{1/2}}$$

令 $x = \mathrm{th}(ar)$,则 $\mathrm{d}x = a\ \mathrm{sech}^2(ar)\mathrm{d}r$,代入上式得:

$$\int_T n(r)\mathrm{d}s = \frac{4n(o)}{a}\int_0^{\mathrm{th}(aR)} \frac{\mathrm{d}x}{(\sin^2\phi_0 - x^2)^{1/2}}$$

$$= \frac{4n(o)}{a}\arcsin\left(\frac{\mathrm{th}(aR)}{\sin\phi_0}\right) = \frac{2\pi n(o)}{a} \tag{3.172}$$

式(3.172)表示,当纤芯折射率分布为双曲正割型分布时,对于任意入射角 ϕ_0,子午光线的光程值为恒值。其实抛物线型分布只是双曲正割型分布的近似表示,只要将式(3.171)展开成无穷级数,其前两项就是抛物线型分布。

将光纤的折射率分布曲线按理想的双曲正割型分布制造是很困难的。目前在制造工艺上常采用分阶梯的方法制造多模光纤,这种阶梯式结构的折射率分布更接近抛物线型分布。

3.4.4 阶跃光纤的模式理论分析

对阶跃光纤的模式理论分析,一般有标量近似分析法和矢量严格解法两种。标量近似法比较简单明了,可以对很多问题得到简便的计算公式,如场方程、特征方程、模式分类、各模式的传输条件、模式数量,以及各模式在纤芯、包层及交界面的功率密度等。它适用于弱导波光纤(即 n_1 与 n_2 相差很小的光纤),并要假设横向场的极化方向保持不变,才可用标量近似法求解。矢量解法是一种传统的解法,要求出满足光纤边界条件的麦氏方程的解,即要将电磁场的6个分量表达式都写出来,利用边界条件求特征方程、传输系数、导波模式等。

(1)阶跃光纤的标量近似分析

1)标量解的场方程

写出标量亥姆霍兹方程如下:

$$\nabla^2 E + k^2 E = 0 \tag{3.173}$$

∇^2 符号在圆柱坐标系中的展开式为(见附录式Ⅰ.1):

$$\nabla^2 = \frac{1}{r}\frac{1}{\partial r}\left(r\frac{\partial}{\partial r}\right) + r^2\frac{\partial^2}{\partial\theta^2} \tag{3.174}$$

令 E 在柱坐标中的解的形式为:

$$E(r,\theta,z) = E_0(r,\theta)\exp[-\mathrm{i}(\beta z - \omega t)] \tag{3.175}$$

将式(3.175)代入式(3.174)得:

$$\frac{1}{r}\frac{\partial}{\partial r}\left(r\frac{\partial E_0}{\partial r}\right) + r^2\frac{\partial^2 E_0}{\partial\theta^2} + (k^2 - \beta^2)E_0 = 0 \tag{3.176}$$

分离变量:

$$E_0(r,\theta) = R(r)Ⓗ(\theta) \tag{3.177}$$

将式(3.177)代入式(3.176)得:

$$\frac{\mathrm{d}^2 R}{\mathrm{d}r^2} + \frac{1}{r}\frac{\mathrm{d}R}{\mathrm{d}r} + \left(k^2 - \beta^2 - \frac{m^2}{r^2}\right)R = 0 \tag{3.178}$$

$$\frac{\mathrm{d}^2Ⓗ}{\mathrm{d}\theta^2} + m^2Ⓗ = 0 \tag{3.179}$$

式(3.179)的解为:

$$Ⓗ(\theta) = \exp(\pm\mathrm{i}m\theta) \tag{3.180}$$

式(3.180)为椭圆极化(偏振)波,也可取线极化波 $\cos m\theta$ 或 $\sin m\theta$。

在纤芯区,$k^2 = k_1^2 = k_0 n_1^2, k_1^2 - \beta^2 > 0$,式(3.178)的解可用第一类贝塞尔函数表示,写为 $J_m(ur/a)$。在包层区 $k^2 = k_2^2 = k_0 n_2^2, k_2^2 - \beta^2 < 0$,式(3.178)的解为可用第二类修正的贝塞尔函数表示,写为 $K_m(wr/a)$。于是,式(3.175)的标量解表示为:

$$E(r,\theta,z) = J_m\left(\frac{ur}{a}\right)\exp[-\mathrm{i}(\beta z - \omega t \pm m\theta)] \qquad r \leqslant a \tag{3.181}$$

$$E(r,\theta,z) = AK_m\left(\frac{wr}{a}\right)\exp[-\mathrm{i}(\beta z - \omega t \pm m\theta)] \qquad r > a \tag{3.182}$$

上两式中,a 为纤芯半径。

$$\frac{u^2}{a^2} = k_1^2 - \beta^2 = n_1^2 k_0^2 - \beta^2 \tag{3.183}$$

$$\frac{w^2}{a^2} = \beta^2 - k_2^2 = \beta^2 - n_2^2 k_2^2 \tag{3.184}$$

令

$$\nu^2 = u^2 + w^2 = a^2(n_1^2 - n_2^2)k_0^2 = 2a^2 k_0^2 n_1^2 \Delta \tag{3.185}$$

在光纤中,ν 称为归一化频率或结构参数,它与纤芯半径 a,自由空间波数 k_0,相对折射率 Δ 有关,一般是一已知量,ν 是一个很重要的参数。

2)标量解的特征方程

特征方程由边界条件给出,阶跃光纤的边界条件是 $r = a$,横向场 E_y 以及它在沿边界法线

上的变化率 $\partial E_y/\partial r$ 在边界上连续。于是,由式(3.181)和式(3.182)可得:

$$J_m(u) = AK_m(w) \tag{3.186}$$

$$uJ'_m(u) = wAK'_m(w) \tag{3.187}$$

由贝塞尔函数的递推公式:

$$uJ'_m(u) + mJ_m(u) = uJ_{m-1}(u)$$

$$mK_m(w) + wK'_m(w) = -wK_{m-1}(w)$$

得

$$\frac{uJ_{m-1}(u)}{J_m(u)} = -\frac{wK_{m-1}(w)}{K_m(w)} \tag{3.188}$$

式(3.188)是弱导波光纤标量解的特征方程,可从中解出 u(或 w),从而确定相位常数 β,分析其传输特性。但式(3.188)是一超越方程,需用数字法求解。

3)截止条件与传输模

由第二类修正的贝塞尔函数的性能可知,当 $w>0$ 时,$K_m(wr/a)$将很快衰减到零,即阶跃光纤包层中的光很快衰减,射入光纤的光将局限于纤芯中传播。当 $w<0$ 时,$K_m(wr/a)$不再衰减,意味着光在包层中传播,纤芯中光波截止。因此,$w=0$ 表示截止的临界条件。

当 $w=0$ 时,由特征方程式(3.188)可知:

$$J_{m-1}(u) = 0 \tag{3.189}$$

例如,当 $m=0$ 时,$J_{-1}(u)=0$ 的根为:

$$u = 0, 3.832, 7.016, 10.173, 13.324, 16.470\cdots$$

即当 u 等于上述值时,导波将截止。

对应于这一系列截止时的 u 值是一组标量模式,用 ψ_{0l} 表示。ψ_{0l} 既可表示 TE 模的场方程,又可表示 TM 模的场方程。因为在弱波导情况下,用贝塞尔函数可以证明它们是一对兼并模式,ψ_{0l} 中第一个下标"0"代表 $m=0$;第二个下标代表第几个根,用 l 表示。

ψ_{00} 模是主模,它的截止值为 $u=0$,考虑到 $w=0$,则规一化频率为:

$$\nu^2 = u^2 + w^2 = a^2k_0^2(n_1^2 - n_2^2) = 0$$

即

$$k_0 = \frac{2\pi}{\lambda} = 0 \tag{3.190}$$

当 $\lambda\to\infty$ 时,式(3.190)成立,表明 ψ_{00} 模没有低频截止,任何频率都可以传输。

当 $m=1$ 时,有 $J_0(u)=0$,其根的系列值为:

$u=2.405, 5.520, 8.654, 11.792, 14.931\cdots$

当 $m=2$ 时,有 $J_1(u)=0$,其根的系列值为:

$u=3.832, 7.016, 10.173, 13.324, 16.470\cdots$

当 u 等于上述值时,导波截止,对应的模式分别为 ψ_{11}、ψ_{21} 模。

如上述,对于一对确定的 m、l 值,有一确定的 u 值。每一 u 值对应着一个模式,它有自己的场分布和传播特性,称这种模为标量模,常用 LP_{mn} 来表示,LP(Linearly Polarized)是表示线极化波的意思,它表示弱导波光纤中的电磁场基本上是一个线极化波。下标"m"、"n"是波型编号,$n=l+1$,m、n、l 为正整数,LP_{01} 对应 ψ_{00},LP_{02} 对应 ψ_{01},LP_{03} 对应 ψ_{02}……

当 $w\to\infty$ 时,表示光波远离截止的情况,根据式(3.188)有:

$$J_m(u) = 0 \tag{3.191}$$

例如，当 $m=0$ 时，有 $J_0(u)=0$，其根为：

$u=2.405, 5.520, 8.654, 11.792, 14.931\cdots$

由式(3.190)和式(3.191)表示的情况可知，光纤传输每一种模(即 $w>0$ 的模)所对应的 u 值，必定介于各组 $J_{m-1}(u)$ 和 $J_m(u)$ 的根之间。现将各种模式的 u 值列于表3.1中。

表3.1　各种模式的 u 值范围

m	根数 l		
	0	1	2
0	0→2.41	3.83→5.52	7.02→8.65
1	2.41→3.83	5.52→7.02	8.65→10.17
2	3.83→5.14	7.02→8.42	10.17→11.62

将以上结果画成曲线，如图3.32所示，图中标出了截止时和远离截止时的各种 u 值，在每一组 u 值之间标出了部分模式的名称。

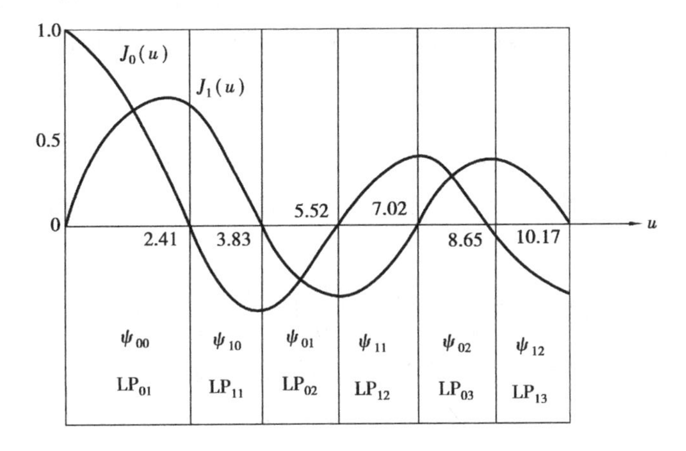

图3.32　据表3.1的数据画出的曲线

在标量近似法的分析中，已假设场 E 在 r、θ 和 z 方向都满足亥姆霍兹方程，因而所得到的模式是兼并模，因而标量波包括两个不同的极化波。对于线极化波，有 $\cos m\theta$ 和 $\sin m\theta$ 之分；对于椭圆极化波，有 $\exp(im\theta)$ 和 $\exp(-im\theta)$ 之分。一个标量波一般包括四个精确模式，仅在 $m=0$ 时才仅包括两个精确模式。在用矢量精确分析中，将进一步讨论标量模式与精确模式的关系。

4)标量模的功率

通过计算各模式在纤芯和包层里的功，可以看出功率在纤芯中集中的程度。此外，实际光纤中存在着损耗，这损耗分别产生在纤芯、包层及二者的交界面上，而各部分的衰减和各部分传输的功率成正比。当光纤工作在远离截止条件时，透入包层的受导模将迅速衰减；当光纤工作在邻近截止条件或工作在截止条件时，受导模几乎不能在纤芯区域传输。

已知标量模为式(3.181)和式(3.182)，则在纤芯和包层的功率 P_{1mn}、P_{2mn} 分别为：

$$P_{1mn}=\int_0^a E_{mn}^2 2\pi r\mathrm{d}r=2\pi a^2\int_0^1 J_m^2(ux)x\mathrm{d}x=\pi a^2[J_m^2(u)-J_{m-1}(u)J_{m+1}(u)] \tag{3.192}$$

式(3.192)中,为了应用贝塞尔函数的积分公式,已作了变量变换 $x=r/a$, $\mathrm{d}x=(1/a)\mathrm{d}r$, $J_m(ur/a)=J_m(ux)$ 等,而

$$P_{2mn}=\int_0^\infty E_{mn}^2 2\pi r\mathrm{d}r=2\pi a^2\int_1^\infty K_m^2(wx)\mathrm{d}x=\pi a^2[K_{m-1}(w)K_{m+1}(w)-K_m^2(w)] \tag{3.193}$$

总功率为两者之和为:

$$P_{mn}=P_{1mn}+P_{2mn} \tag{3.194}$$

定义功率因数(或称为波导效率)为纤芯里的功率和总功率之比,即

$$\eta_{mn}=\frac{P_{1mn}}{P_{mn}} \tag{3.195}$$

式(3.192)、式(3.193)和式(3.194)只是功率相对分布的表达式。要求得纤芯、包层里的功率,还需知道总功率,然后乘以 η_{mn}。

(2)阶跃光纤的矢量分析

阶跃光纤的矢量严格解是一种传统的解法,它的主要内容是:首先求满足光纤的边界条件的麦氏方程(或波动方程,或亥姆霍兹方程)的解。在此基础上求出特征方程,研究导波模式,分析其传输特性等。

1)矢量解的场方程

在圆柱坐标系中,只有 E_z、H_z 满足标量亥姆霍兹方程,因此可以先利用 z 向场分量的亥姆霍兹方程求出 z 向场分量,然后再利用麦氏方程求 θ 和 r 分量。将 z 向场分量的亥姆霍兹方程写为圆柱坐标系为:

$$\frac{\partial^2}{\partial r^2}\begin{pmatrix}E_z\\H_z\end{pmatrix}+\frac{1}{r}\frac{\partial}{\partial r}\begin{pmatrix}E_z\\H_z\end{pmatrix}+\frac{1}{r^2}\frac{\partial}{\partial\theta}\begin{pmatrix}E_z\\H_z\end{pmatrix}+\frac{\partial^2}{\partial z^2}\begin{pmatrix}E_z\\H_z\end{pmatrix}+k^2\begin{pmatrix}E_z\\H_z\end{pmatrix}=0 \tag{3.196}$$

因为已设导波沿 z 方向传播,所以沿光纤轴向的变化,即

$$Z(z)=\exp(-\mathrm{i}\beta z)$$

式中,β 为传输系数,于是,式(3.196)成为:

$$\frac{\partial^2}{\partial r^2}\begin{pmatrix}E_z\\H_z\end{pmatrix}+\frac{1}{r}\frac{\partial}{\partial r}\begin{pmatrix}E_z\\H_z\end{pmatrix}+\frac{1}{r^2}\frac{\partial^2}{\partial\theta^2}\begin{pmatrix}E_z\\H_z\end{pmatrix}+(k^2-\beta^2)\begin{pmatrix}E_z\\H_z\end{pmatrix}=0 \tag{3.197}$$

运用变量分离法,设式(3.197)的解为:

$$\begin{pmatrix}E_z\\H_z\end{pmatrix}=\begin{pmatrix}A\\B\end{pmatrix}R(r)\Theta(\theta) \tag{3.198}$$

$$\frac{\mathrm{d}^2\Theta}{\mathrm{d}\theta^2}+m^2\Theta=0 \tag{3.199}$$

$$\frac{\mathrm{d}^2R}{\mathrm{d}r^2}+\frac{1}{r}\frac{\mathrm{d}R}{\mathrm{d}r}+\left(k^2-\beta^2-\frac{m^2}{r^2}\right)R=0 \tag{3.200}$$

式(3.198)的解为:

$$\Theta(\theta)=\exp(\pm\mathrm{i}m\theta) \tag{3.201}$$

它是一椭圆极化波,同样可采用线极化波 $\sin m\theta$ 或 $\cos m\theta$ 代替。

式(3.200)为 m 阶贝塞尔方程,在纤芯($r\leqslant a$)处的解为第一类贝塞尔函数,在包层($r\geqslant a$)

处的解为第二类修正的贝塞尔函数。于是，E_z, H_z 的解可写为：

$$E_z = \begin{cases} A \dfrac{J_m\left(\dfrac{ur}{a}\right)}{J_m(u)} \exp(\mathrm{i}m\theta) & r \leqslant a \\ A \dfrac{K_m\left(\dfrac{wr}{a}\right)}{K_m(w)} \exp(\mathrm{i}m\theta) & r \geqslant a \end{cases} \tag{3.202}$$

$$H_z = \begin{cases} B \dfrac{J_m\left(\dfrac{ur}{a}\right)}{J_m(u)} \exp(\mathrm{i}m\theta) & r \leqslant a \\ B \dfrac{K_m\left(\dfrac{wr}{a}\right)}{K_m(w)} \exp(\mathrm{i}m\theta) & r \geqslant a \end{cases} \tag{3.203}$$

上两式中，A、B 为常数，$m=0,1,2,\cdots$，m、β 对应某一模式，即

$$u = \sqrt{k_1^2 - \beta^2}a = \sqrt{k_0^2 n_1^2 - \beta^2}a, w = \sqrt{\beta^2 - k_2^2}a = \sqrt{\beta^2 - k_0^2 n_2^2}a$$

根据式(3.202)和式(3.203)，其他的分量可以根据麦氏方程解出如下。

简谐无源场的麦氏方程为：

$$\nabla \times \boldsymbol{E} = -\mathrm{i}\omega\mu_0 \boldsymbol{H}$$

$$\nabla \times \boldsymbol{H} = -\mathrm{i}\omega\varepsilon_0 \boldsymbol{E}$$

在圆柱坐标系中分解为六个标量方程：

$$\frac{1}{r}\frac{\partial E_z}{\partial \theta} - \frac{\partial E_\theta}{\partial Z} = -\mathrm{i}\omega\mu_0 H_r \tag{3.204a}$$

$$\frac{\partial E_r}{\partial Z} - \frac{\partial E_z}{\partial r} = -\mathrm{i}\omega\mu_0 H_\theta \tag{3.204b}$$

$$\frac{1}{r}\frac{\partial (rE_\theta)}{\partial r} - \frac{1}{r}\frac{\partial E_r}{\partial \theta} = -\mathrm{i}\omega\mu_0 H_z \tag{3.204c}$$

$$\frac{1}{r}\frac{\partial H_z}{\partial \theta} - \frac{\partial H_\theta}{\partial Z} = -\mathrm{i}\omega\varepsilon\varepsilon_0 E_r \tag{3.204d}$$

$$\frac{\partial H_r}{\partial Z} - \frac{\partial H_z}{\partial r} = \mathrm{i}\omega\varepsilon\varepsilon_0 E_\theta \tag{3.204e}$$

$$\frac{1}{r}\frac{\partial (rH_\theta)}{\partial r} - \frac{1}{r}\frac{\partial H_r}{\partial \theta} = \mathrm{i}\omega\varepsilon\varepsilon_0 E_z \tag{3.204f}$$

将式(3.204a)与式(3.204e)联立，用 E_z、H_z 表示 E_θ 和 H_r，得：

$$E_\theta = -\frac{\mathrm{i}}{K^2}\left[\frac{\mathrm{i}m\beta}{r}E_z - \omega\mu_0\frac{\partial H_z}{\partial r}\right] \tag{3.205}$$

$$H_r = -\frac{\mathrm{i}}{K^2}\left(\beta\frac{\partial H_z}{\partial r} - \mathrm{i}\omega\varepsilon\varepsilon_0\frac{m}{r}E_z\right) \tag{3.206}$$

将式(3.204b)与式(3.204d)联立，得 H_θ 和 E_r 的表示式：

$$H_\theta = -\frac{\mathrm{i}}{K^2}\left[\frac{\mathrm{i}m\beta}{r}H_z + \omega\varepsilon\varepsilon_0\frac{\partial E_z}{\partial r}\right] \tag{3.207}$$

$$E_r = -\frac{\mathrm{i}}{K^2}\left(\beta\frac{\partial E_z}{\partial r} + \mathrm{i}\omega\mu_0\frac{m}{r}H_z\right) \tag{3.208}$$

式中

$$-\mathrm{i}\beta = \frac{\partial}{\partial z}, K^2 = k^2 - \beta^2, k^2 = \omega^2\mu_0\varepsilon\varepsilon_0$$

将式(3.202)和式(3.203)代入式(3.205)~式(3.208),得:

$$E_\theta = \begin{cases} -\mathrm{i}\left(\frac{a}{u}\right)^2\left[A\frac{\mathrm{i}m\beta J_m\left(\frac{ur}{a}\right)}{rJ_m(u)} - B\frac{\omega\mu_0 J'_m\left(\frac{ur}{a}\right)\frac{u}{a}}{J_m(u)}\right] & r \leqslant a \\ \mathrm{i}\left(\frac{a}{w}\right)^2\left[A\frac{\mathrm{i}m\beta K_m\left(\frac{wr}{a}\right)}{rK_m(w)} - B\frac{\omega\mu_0 K'_m\left(\frac{wr}{a}\right)\frac{w}{a}}{K_m(w)}\right] & r \geqslant a \end{cases} \tag{3.209}$$

$$H_\theta = \begin{cases} -\mathrm{i}\left(\frac{a}{u}\right)^2\left[B\frac{\mathrm{i}m\beta J_m\left(\frac{ur}{a}\right)}{rJ_m(u)} + A\frac{\omega\varepsilon\varepsilon_0 n_1^2 J'_m\left(\frac{ur}{a}\right)\frac{u}{a}}{J_m(u)}\right] & r \leqslant a \\ \mathrm{i}\left(\frac{a}{w}\right)^2\left[B\frac{\mathrm{i}m\beta K_m\left(\frac{wr}{a}\right)}{rK_m(w)} + A\frac{\omega\varepsilon\varepsilon_0 n_2^2 K'_m\left(\frac{wr}{a}\right)\frac{w}{a}}{K_m(w)}\right] & r \geqslant a \end{cases} \tag{3.210}$$

$$E_r = \begin{cases} -\mathrm{i}\left(\frac{a}{u}\right)^2\left[A\frac{\beta J'_m\left(\frac{ur}{a}\right)\frac{u}{a}}{J_m(u)} + B\frac{\mathrm{i}\omega\mu_0 m J_m\left(\frac{ur}{a}\right)}{rJ_m(u)}\right] & r \leqslant a \\ \mathrm{i}\left(\frac{a}{w}\right)^2\left[A\frac{\beta K'_m\left(\frac{wr}{a}\right)\frac{w}{a}}{K_m(w)} + B\frac{\mathrm{i}\omega\mu_0 m K_m\left(\frac{wr}{a}\right)}{rK_m(w)}\right] & r \geqslant a \end{cases} \tag{3.211}$$

$$H_r = \begin{cases} -\mathrm{i}\left(\frac{a}{u}\right)^2\left[B\frac{\beta J'_m\left(\frac{ur}{a}\right)\frac{u}{a}}{J_m(u)} - A\frac{\mathrm{i}\omega\varepsilon\varepsilon_0 n_1^2 m J_m\left(\frac{ur}{a}\right)}{rJ_m(u)}\right] & r \leqslant a \\ \mathrm{i}\left(\frac{a}{w}\right)^2\left[B\frac{\beta K'_m\left(\frac{wr}{a}\right)\frac{w}{a}}{K_m(w)} - A\frac{\mathrm{i}\omega\varepsilon\varepsilon_0 n_2^2 m K_m\left(\frac{wr}{a}\right)}{rK_m(w)}\right] & r \geqslant a \end{cases} \tag{3.212}$$

在式(3.209)~式(3.212)中,全部省写了相同的指数因子 $\mathrm{e}(\mathrm{i}m\theta)$,$A$、$B$ 为待定系数,$K^2 = u^2/a^2 (r \leqslant a)$,$K^2 = -w^2/a^2 (r \geqslant a)$。

形成波导时,u、w 为正实数,因而有:

$$w^2 > 0 \qquad u^2 > 0$$

由此得出:

$$n_2 k_0 < \beta < n_1 k_0 \tag{3.213}$$

即是说,波导的相位常数 β 是介于纤芯材料和包层材料中平面波波数之间。导波的传输常数 β 必须大于 n_2k_0,否则波在包层中将出现振荡而形成辐射模,这与薄膜波导中曾经讨论过的情形类似,当 $\beta < n_2k_0$ 时,导波就截止了。因此,$\beta = n_2k_0$ 是导波截止的临界状态。此时,$w = 0$,$u = v$。

2)特征方程

阶跃光纤的边界条件为：在 $r=a$ 处，E_θ 与 H_θ 连续，利用式(3.209)与式(3.210)有：

$$\begin{bmatrix} \frac{im\beta}{a}\left(\frac{1}{u^2}+\frac{1}{w^2}\right) & -\frac{\omega\mu_0}{a}\left[\frac{J'_m(u)}{uJ_m(u)}+\frac{K'_m(w)}{wK_m(w)}\right] \\ \frac{\omega\varepsilon\varepsilon_0}{a}\left[\frac{n_1^2J_m(u)}{uJ_m(u)}+\frac{n_2^2K_m(w)}{wK_m(w)}\right] & \frac{im\beta}{a}\left(\frac{1}{u^2}+\frac{1}{w^2}\right) \end{bmatrix}\begin{bmatrix} A \\ B \end{bmatrix} \tag{3.214}$$

如果 A、B 有非零解，则它的系数行列式必为零，则有：

$$m^2\beta^2\left(\frac{1}{u^2}+\frac{1}{w^2}\right)^2=\left[\frac{J'_m(u)}{uJ_m(u)}+\frac{K'_m(w)}{wK_m(w)}\right]\left[\frac{K_1^2J'_m(u)}{uJ_m(u)}+\frac{K_2^2K_m(w)}{wK_m(w)}\right] \tag{3.215}$$

式(3.215)是特征方程的一种形式，由它可计算不同的 m 值对应的 u 或 β。

3)模式化分与截止条件

用矢量解法得到的解称为精确模式，用 TE_{0n}、TM_{0n}、HE_{mn}、EH_{mn} 表示。

①TE_{0n}模　当纵向只有磁场分量 H_z，电场分量 $E_z=0$，且 $m=0$ 时，矢量解法得到的解称为 TE_{0n}模。这时，特征方程为：

$$B\frac{\omega\mu_0}{a}\left[\frac{J'_0(u)}{uJ_0(u)}+\frac{k'_0(w)}{wk_0(w)}\right]=0 \tag{3.216}$$

将正规模截止的临界条件 $w=0$ 代入式(3.216)，利用贝塞尔函数递推公式和洛比达法则，式(3.216)变为：

$$\frac{1}{u}\frac{J'_0(u)}{J_0(u)}=\infty$$

$$J_0(u)=0 \tag{3.217}$$

这就是 TE_{0n}模截止的条件，$J_0(u)=0$ 的根为：

$$u=2.405,5.528,8.654,11.792,14.931\cdots$$

亦即，在 TE_{01}、TE_{02}、TE_{03}…截止时，u_{01}、u_{02}、u_{03}…分别为2.405、5.528、8.654…

②TM_{0n}模　当纵向方程只有电场分量 E_z，磁场分量 $H_z=0$，且 $m=0$ 时，矢量解法得到的解称为 TM_{0n}模。这时，特征方程为：

$$A\frac{\omega\varepsilon\varepsilon_0}{a}\left[\frac{n_1^2J'_0(u)}{uJ_0(u)}+\frac{n_2^2K'_0(w)}{wK_0(w)}\right]=0 \tag{3.218}$$

截止时，$w=0$，式(3.218)变为：

$$J_0(u)=0 \tag{3.219}$$

即 TM_{0n}模与 TE_{0n}模截止时，u_{0n}相同，其相应的归一化频率参数 ν_{0n}也相同。即在截止时，两种模式兼并。令 $\nu_{0n}=\nu_c$，称为归一化截止频率。当光纤的实际归一化频率 $\nu>\nu_c$ 时，该模式在光纤中导行；$\nu=\nu_c$ 时为截止的临界条件，$\nu<\nu_c$ 时，该模式处于截止状态。

③HE_{mn}模与 EH_{mn}模　当 $m>0$ 时，有两套波型，称为混合波型。一般根据 E_z、H_z 相对大小区分：E_z 较大的为 EH_{mn}模，H_z 较大的为 HE_{mn}模。但 E_z、H_z 一般都很小，很难区分。另一种是按椭圆极化波 $e^{\pm im\theta}$的旋转方向区分：左旋方向为 HE_{mn}模，右旋方向为 EH_{mn}模。

当 $m=1$ 时，HE_{1n}模的截止条件为：

$$J_1(u)=\nu \tag{3.220}$$

式(3.218)的根为：

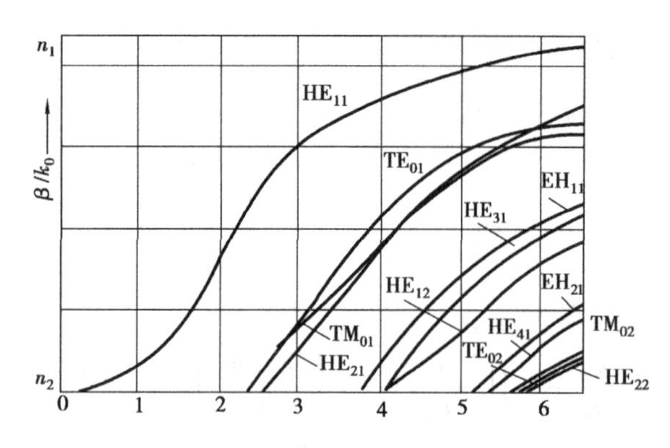

图 3.33 归一化传输系数 β/k 与归一化频率 ν 的关系

$$u=0,3.832,7.016,10.173,13.324\cdots$$

当 $u=0$ 时，HE_{1n} 模即为 HE_{11} 模，与标量近似解的 E_{00}(LP_{01})模相对应。

阶跃光纤中几个最低模式的归一化传输系数 β/k_0 与归一化频率 ν 的关系如图 3.33 所示。由图可知，每种模式各有其截止频率，唯独 HE_{11} 模式不存在截止频率，它可以在所有频率中存在，因此它是主模(基模)。当 $\nu>2.405$ 时，其他的低阶模式将出现。这就不可能调节光纤的波导参数，在归一化频率 $\nu>2.405$ 时，TM_{01}、HE_{21} 等低阶模式都截止，只有 HE_{11} 模式传输，成为单模传输。

④模场图与光斑　模场分布图可由场方程求出，此处从略，图 3.34 所示为较低的几个模式的场型图。

TE_{01} 模的场型图比较简单，它只含 E_θ、H_r 和 H_z 三个分量，各个分量的大小沿圆周方向是不变的，可以说沿圆周方向，场分量最大值的个数为零，这与该模式下标"$m=0$"相吻合。沿半径方向，场分量最大值的个数是 1，与该模式的下标"$n=1$"相一致。可以推知 TM_{02} 模的各场分量沿圆周方向也是不变化的，而沿半径方向则有两个最大值出现。一般来说，模式的下标"m"表示该模式的场分量沿光纤圆周方向的最大值有 m 对，而下标"n"表示该模式的场分量沿光纤直径的最大值有 n 对。

如果将 TM_{01} 模的场型图中电力线和磁力线交换，就得到 TM_{01} 模的场型图。HE_{11}、EH_{11}、EH_{21}、HE_{31} 的场型图比较复杂，它们也是根据各自的场方程画出的。

当光射入光纤，从末端呈现的光斑是光强的分布，不同的传输模有不同的光斑。当入射于光纤端面的光是均匀的圆形光斑时，若光纤中仅传输 HE_{11} 模(单模传输)，由于这种模式的电场强度在纤芯中最强，所以光纤末端呈现圆形光斑，基本上均匀分布，只是靠近包层处光强较弱。若传输 TM_{01} 模，由于电场在纤芯是最弱，所以光纤末端呈现的光斑将在纤芯中心出现暗区。TM_{01} 模和 HE_{21} 模的电场在纤芯中互相抵消，它们的光斑在纤芯的中心也将呈现暗区。图 3.35 所示为 HE_{11}、TE_{01}、TM_{01}、HE_{21} 四种模式横切面的电场分布图，由图可以看出，HE_{11} 的图形光斑和 TE_{01}、TM_{01}、HE_{21} 的中心暗区。

TE_{01}、TM_{01}、HE_{21} 三种低阶模的传播常数很接近，如图 3.33 所示。它们在传播过程中可能合起来，成为兼并模式而出现特有的光斑。

将矢量分析结果(精确模式)与标量分析结果(近似模式)相比，可知一个标量模式包括若干个精确模式，即标量解将 n 个精确模式兼并起来了。实际上，精确模式应当是分离的，只是由于标量分析方法上的近似，而将 n 个模式合并的结果。一般 LP 模式与 HE、EH 模式有线性关系，即

$$LP_{mn}=HE_{m+1,n}\pm EH_{m-1,n} \tag{3.221}$$

例如

$$LP_{11}=HE_{21}\pm EH_{01}$$

图 3.36 所示为 LP_{mn} 模与精确模式电力线在横切面内的分布及其兼并关系。

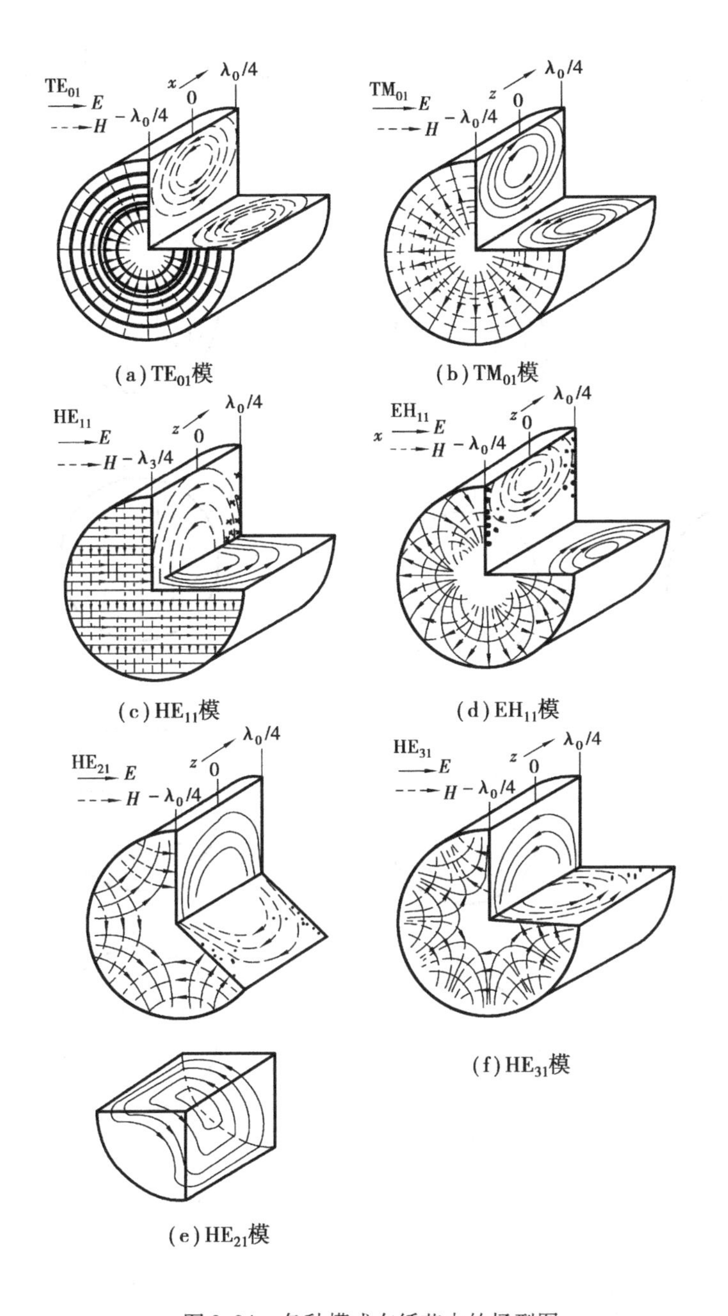

(a) TE_{01}模　(b) TM_{01}模

(c) HE_{11}模　(d) EH_{11}模

(e) HE_{21}模　(f) HE_{31}模

图3.34　各种模式在纤芯中的场型图

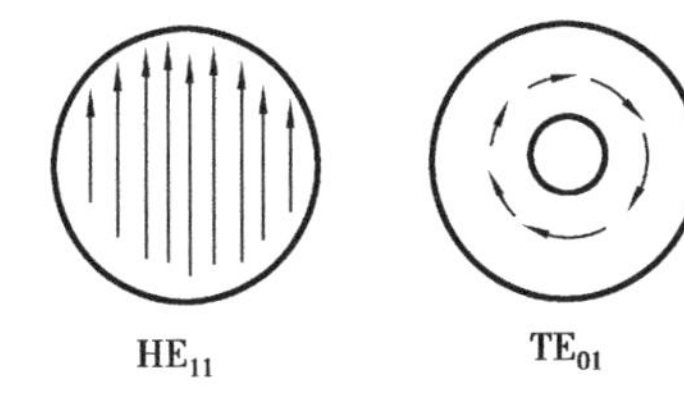

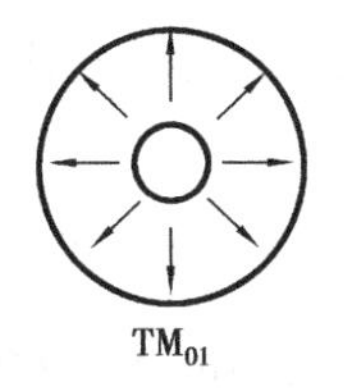

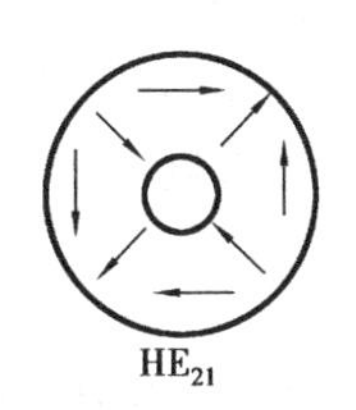

图3.35　四种模式的横切面电场分布图

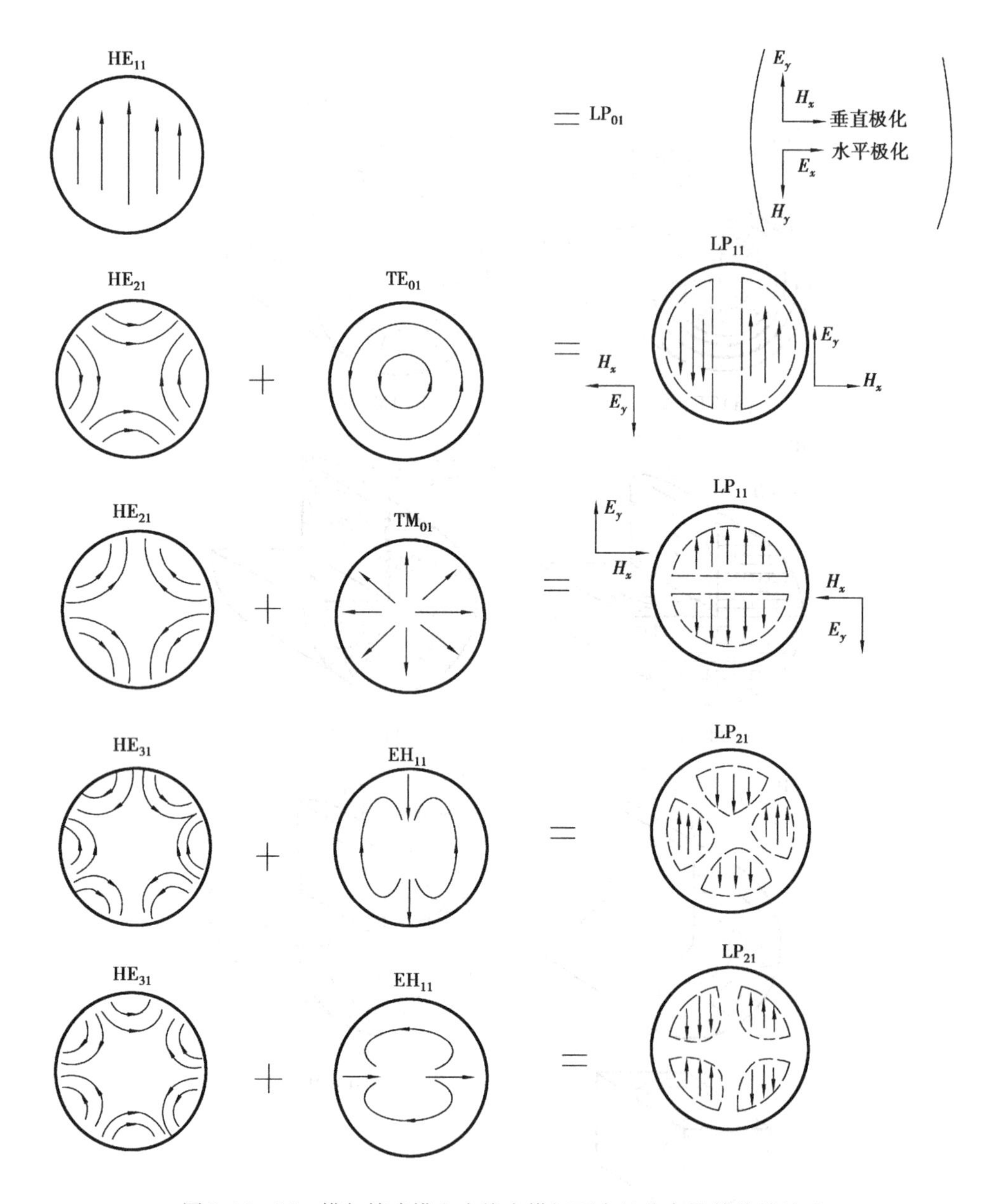

图 3.36　LP_{mn}模与精确模电力线在横切面内的分布及其兼并关系

⑤光纤的传输模数　一般的,单模光纤中传输的模数可能很多,除主模和若干低阶模外,还有在传播过程中从有用的主模转换为杂散的高阶模,它们传播路径不同,有些在包层中损耗掉,有些穿过包层辐射出去。

从理论分析得知,如阶跃光纤折射率差$\Delta \ll 1$,归一化频率$\nu \gg 2.4$,大部分模式没有截止,光纤传输的模式总数近似于

$$N = \frac{1}{2}\nu^2 \tag{3.222}$$

例如,$n_1 = 1.5$,$\Delta = 0.01$,$\lambda = 1\ \mu m$,$2a = 60\ \mu m$,则

$$\nu = 2\pi \frac{a}{\lambda} \sqrt{n_1^2 - n_2^2} \approx 2\pi \frac{an_1}{\lambda} \sqrt{2\Delta} = 40$$

因此,这种阶跃光纤为多模光纤,它传输的模式总数 $N=\frac{1}{2}\nu^2=800$。

对于梯度多模光纤,其传播模式数为:

$$N=\frac{\nu^2}{4} \tag{3.223}$$

因此,单模光纤的归一化频率 ν 必须小于 2.405,即纤芯半径与数值孔径的乘积 $a\sqrt{n_1^2-n_2^2}$ 必须很小。若 $\lambda=0.83\ \mu m$,N.A 取 0.23,单模光纤的纤芯半径 a 必须小于 $1.4\ \mu m$。目前常用的单模光纤一般为几微米。

3.4.5　梯度光纤的 WKB 分析法

梯度光纤的波动理论分析通常采用两种方法:一种方法是忽略包层界面的影响,按无限平分律近似模型求解电磁场方程;另一种方法是考虑包层界面的影响,采用所谓 WKB 近似法,这本是温采尔(Wentzel)、克喇末(Kramers)和布里渊(Brillouin)等人在处理量子力学问题中提出的近似方法。因为 WKB 法能够给出清晰物理图像,对于芯径大的多模光纤尤为有效。WKB 法的基本假设有三点:

①在光波波长范围内折射率的变化很小,因而可采用标量近似。

②折射率差很小,满足弱导条件。

③波导芯区半径较大,因而任何模式均可能传播。

仍像分析阶跃光纤那样,将电磁场在 θ 方向的变化定为 $e^{-im\theta}$ 形式,则 E_x、E_y(或 H_x,H_y)写为:

$$E_{xy}=R(r)\exp[-i(\beta z+m\theta-\omega t)] \tag{3.224}$$

式中,$R(r)$ 是 $r=\sqrt{x^2+y^2}$ 的标量函数。于是,在圆柱坐标系中标量波动方程为:

$$\frac{1}{r}\frac{d}{dr}\left(r\frac{dR}{dr}\right)+\left[\omega^2\varepsilon(r)\varepsilon_0\mu_0-\beta^2-\frac{m^2}{r^2}\right]R=0 \tag{3.225}$$

上式中,在梯度光纤情况下,仍有 $\mu=1$,但因折射率 n 是空间位置的函数,$n=\sqrt{\varepsilon}$,因此,ε 也是空间位置的函数,记为 $\varepsilon(r)$。

令

$$\hat{R}(r)=\sqrt{r}R(r) \tag{3.226}$$

则波动方程式(3.225)变为:

$$\frac{d^2\hat{R}}{dr^2}+[E-U(r)]\hat{R}=0 \tag{3.227}$$

式中,$E=k^2n_1^2-\beta^2$。　(3.228)

$$U(r)=[k^2n_1^2-k^2n^2(r)]+\frac{1}{r^2}\left(m^2-\frac{1}{4}\right) \tag{3.229}$$

式(3.227)即为量子力学中的薛定谔方程形式,则可从量子力学的观点来分析梯度光纤中波场的传输特点。由方程的形状可知:

①在 $U(r)<E$ 的 r 区域,$R(r)$ 为振荡函数。

②在 $U(r)<E$ 的 r 区域,$R(r)$ 大致为指数函数。

例如,当 $n(r)$ 的分布如以前介绍过的抛物线型分布时,函数 $U(r)$ 如图 3.37(a)、(b)、(c)所示。另外,E 与传播系数 β 有关,β 取不同的值,E 也为相应的不同常数,E 值的不同情况也反映在图 3.37 中。根据 $E\text{-}U(r)$ 的不同将得到 $R(r)$ 解的三种不同形式，如图 3.37 的(a)、(b)、(c)所示。图中的阴影区域对应着 $\hat{R}(r)$ 的振荡解，可以分别称为传输模(导波模)、泄漏模和辐射模。

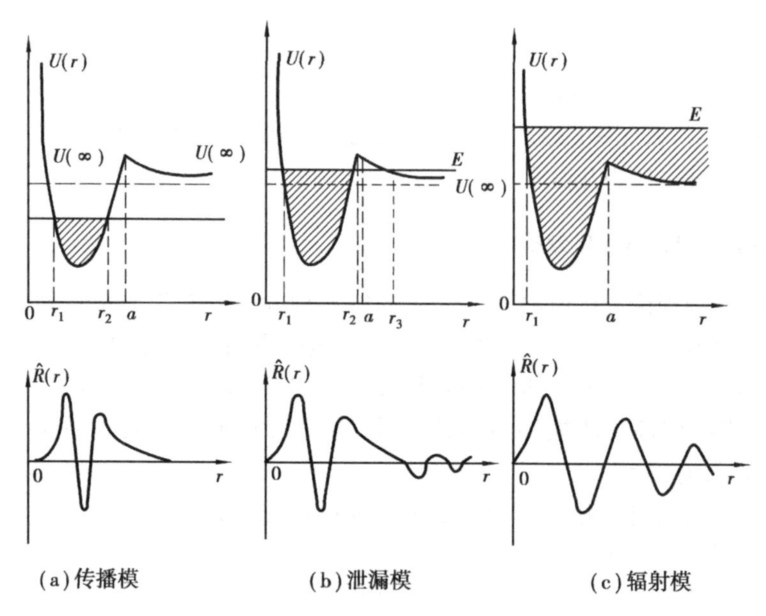

图 3.37　不同的 $U(r)\text{-}E$ 关系下得到的 $R(r)$ 解的三种形式

(1)**传输模**

如图 3.37(a)所示的区域，即

$$0 < E < U(\infty) \tag{3.230}$$

由此可知，传播常数 β 应在以下范围，即

$$kn_2 < \beta < kn_1 \tag{3.231}$$

式中，n_2 为包层折射率。此时，因 $U(r) > E$ 时，电磁场将按指数形式衰减，电磁场能量被闭锁在芯子内部沿 z 方向传播。

(2)**泄漏模**

如与量子力学的现象类比，也可称为隧道泄漏模，它处于图 3.37(b)或(c)所示的区域，即

$$E > U(\infty) \tag{3.232}$$

由此可知，传播常数 β 应在以下范围，即

$$\beta < kn_2 \tag{3.233}$$

此时，在包层内电磁场为振荡解形式。这就意味着，在包层处存在向外辐射的电磁分量，因而在电磁波沿 z 向传播时，其能量将不断向外逸散，而且伴随有包层的吸收损耗。因此，这种模式对应有很大的传播损耗。这样，对于 $\beta < kn_2$ 的导波模，可认为已进入截止状态。不过，如图 3.37(b)所示，由于有：

$$U(\infty) < E < U(a) \tag{3.234}$$

所以在纤芯与包层交界处构成了一个 $U(r)$“势垒”，电磁场能量将因“隧道”效应而向外泄漏，而且“势垒”越高，这种泄漏也就越小，这相当于在包层内虽有振荡解，但由于提供的泄漏能量

较小，故其振幅也非常小，辐射损耗也较小。由此可见，这种模与损耗很大的传输模表面上是类似的。

（3）**辐射模**

它对应于图3.37(c)所示的情况，E 的区域为：

$$U(a) < E \tag{3.235}$$

所以，这种模处于截止状态中。由于它越过"势垒"上方，没有"隧道"效应而向外折射，能量也就向包层外泄漏辐射，因而也有人称为折射泄漏模。显然，它的传输损耗远比隧道泄漏模的大。

以上是对方程式(3.227)的定性分析。为了定量求解，可利用量子力学中WKB法。首先令纤芯中的折射率分布为：

$$n^2(r) = n_1^2[1 - f(r)] \tag{3.236}$$

$$0 \leqslant f(r) \leqslant 1 \tag{3.237}$$

对式(3.227)~式(3.229)整理后可得如下两种情况：

①在 $E - U(r) > 0$ 区域(即振荡解区域)有：

$$\frac{d^2\hat{R}}{dr^2} + \beta_1^2 p(r)\hat{R} = 0 \tag{3.238}$$

$$p(r) = [E - U(r)]/\beta_1^2 = 1 - \frac{\beta^2}{\beta_1^2} - f(r) - \frac{\left(m^2 - \frac{1}{4}\right)}{\beta_1^2 r^2} \tag{3.239a}$$

$$\beta_1^2 = \omega^2 \varepsilon_0 \mu_0 n_1^2 \tag{3.239b}$$

显然，$p(r)$ 总是正的，β_1 是折射率 n_1 的介质中的平面波传播常数。

②在 $E - U(r) < 0$ 区域(即衰减解区域)有：

$$\frac{d^2\hat{R}}{dr^2} - \beta_1^2 q(r)\hat{R} = 0 \tag{3.240}$$

$$q(r) = -1 + \frac{\beta^2}{\beta_1^2} + f(r) + \frac{\left(m^2 - \frac{1}{4}\right)}{\beta_1^2 r^2} \tag{3.241}$$

$q(r)$ 也总是正的。下面分别求出这两个区域的解。

对于振荡区域，令此区域($r_1 < r < r_2$)内解的形式为：

$$\hat{R}(r) = A\exp[i\beta_1 s(r)] \tag{3.242}$$

将其代入方程式(3.238)，得：

$$i\beta_1^{-1}\frac{d^2 s}{dr^2} - \left(\frac{ds}{dr}\right)^2 + p(r) = 0 \tag{3.243}$$

将函数 $s(r)$ 按 β_1^{-1} 的幂作级数展开，并令

$$\gamma = \beta_1^{-1} \tag{3.244}$$

则展开式可写为：

$$s = s_0 + s_1\gamma + s_2\gamma^2 + s_3\gamma^3 + \cdots \tag{3.245}$$

再将其代入方程式(3.241)，得：

$$\{-(s_0')^2 + p(r)\} + \gamma(is_0'' + 2s_0's_1') + \gamma^2[is_1'' + (s_1')^2 - 2s_0's_2'] + \cdots = 0 \tag{3.246}$$

由于 $\gamma=\beta_1^{-1}=\lambda/2\pi n_1$ 是与光波波长成正比例的量，所以当式(3.246)只取低次项时，它可近似适应于波长非常短的情况。取前两项，并求出该式与 μ 变化无关的条件，可得：

$$-(s_0')^2+p(r)=0 \tag{3.247}$$

$$\mathrm{i}s_0''+2s_0's_1'=0 \tag{3.248}$$

求解这两个方程可得：

$$s_0(r)=\pm\int\sqrt{p(r)}\mathrm{d}r+A_1 \tag{3.249}$$

$$s_1(r)=\frac{1}{2}\mathrm{i}\ \ln\sqrt{p(r)}+A_2 \tag{3.250}$$

式中，A_1、A_2 为常数。根据这一结果，再结合式(3.242)、式(3.245)，便得到 WKB 法的近似解，即

$$\hat{R}(r)\propto[q(r)]^{-\frac{1}{4}}\exp[\pm\beta_1\int\sqrt{q(r)}\mathrm{d}r] \tag{3.251}$$

如果再分别写出 $r<r_1$ 和 $r>r_2$ 两个区域的积分线和积分常数，同时再考虑到解的不发散条件，则最后可以得：

$$\hat{R}(r)=A[q(r)]^{-\frac{1}{4}}\exp[-\beta_1\int_r^{r_1}\sqrt{q(r)}\mathrm{d}r]\quad(r<r_1) \tag{3.252}$$

$$\hat{R}(r)=G[q(r)]^{-\frac{1}{4}}\exp[-\beta_1\int_{r_2}^{r}\sqrt{q(r)}\mathrm{d}r]\quad(r>r_2) \tag{3.253}$$

式中，A、G 为常数。

用同样的方法还可求出泄漏模的 WKB 方法近似解。不难证明，当 $q(r)$ 的变化与光波波长相比较为缓慢时，WKB 法可以给出较好的近似解；反之，则精度显著变坏。例如，在图3.37(a)中，$r=r_1$ 和 $r=r_2$ 位置附近就属于这种精度变坏的情况，这样的点恰好相当于光线因折射而开始反向折回的部位，或称转折点。

3.4.6 光纤的基本特性

前几节中，阐述了用光线理论和模式理论分析光纤的传输特性，这是研究光纤传输特性的基本方法和理论基础。本节将介绍光纤的损耗特性，色散特性和单模光纤的编振特性，这在光纤通信和光纤传感中都有实际意义。关于光纤中的非线性光学效应，将放在下一节中叙述。

(1)光纤的损耗特性

光纤在传输中的损耗由下式计算，即

$$\alpha_{\mathrm{p}}=\frac{10\ \lg(p_0/p_1)}{L} \tag{3.254}$$

式中，α_{p} 为每千米的光纤衰减系数(单位：dB/km)，p_0 为输入端光功率，p_1 为输出端光功率，L 为光纤长度。目前光纤传输损耗已达到理论值 0.2 dB/km，而在此之前，光纤通信就已成为现实。

1)吸收损耗

①本征吸收　这是物质固有的吸收，它有两个频带：一个在近红外的 8 ~ 12 μm 区域内，该波段的本征吸收是由于分子振动所产生的；另一个在紫外波段，紫外吸收的中心波长在 0.16 μm附近，其影响可以延伸到 0.7 ~ 1.1 μm 波段去。

②杂质吸收　图3.38所示为高纯度SiO_2光纤在0.5~1.1 μm波长范围内的损耗波谱曲线。唯一与这损耗有关的杂质是氢氧根离子(OH^-),在0.725、0.825、0.950 μm几个波长附近呈现吸收高峰。

此外,在光纤中,以往存在着铁、铜、铬等金属离子吸收,它们各有自己的吸收峰值。随着工艺技术的提高,在低损耗光纤的制作中,这些金属离子的含量已基本可以控制了。

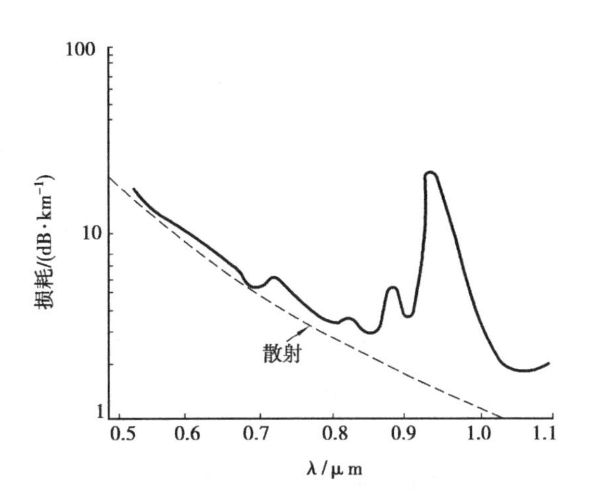

图3.38　高纯度SiO_2的损耗波谱

2)散射损耗

本征散射是玻璃在加热熔融和固化过程中,由于热扰动和固化温度不均匀,从而造成了折射率的起伏。这种起伏的数量级比光波波长还小,由此而产生的散射光学上称为瑞利散射,可由下式计算,即

$$\alpha_0 = \frac{8\pi^3}{3\lambda^4}n^8p^2\mathrm{k}T\beta_{c0} \tag{3.255}$$

式中,P为光强系数,k为波耳兹曼常数,T为固化温度,β_{c0}为等温压缩率。

瑞利散射损耗与入射波长的4次方成反比,因而这种损耗随着波长的增加而迅速减小。

3)其他损耗

如波导结构不规则,即纤芯和包层界面上的起伏,纤芯直径大小的变化引起的损耗,光纤弯曲以及光纤的对接引起的损耗等。

图3.39所示为光纤的损耗—波谱曲线,它比较全面地表达了光纤的损耗特性,可作为上述光纤损耗问题的小结。

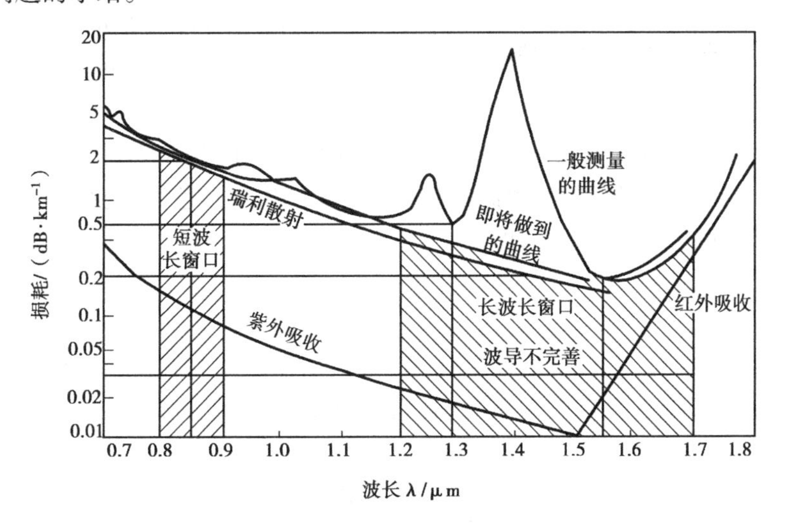

图3.39　光纤的损耗波谱曲线

紫外吸收和红外吸收两条曲线相接处的“窗孔”在红外区1.55 μm附近,是现代光纤通信中最理想的波段。OH根吸收高峰在1.38~1.40 μm波段处。瑞利散射损耗与λ^4成反比,虽然无法避免,但它在长波长中较小。波导不完善引起的损耗仅0.03 dB/km,且与波长无关。

从图3.39可以看出,在0.8~0.9 μm波段内,损耗约2 dB/km,属于低损耗区,这是目前光通信用的短波长“窗口”。在1.3 μm处,有0.5 dB/km的损耗;在1.55 μm处,有0.2 dB/km的损耗,是最低损耗,这是光通信中希望获得的长波长“窗口”。

(2)**光纤的色散特性**

光纤的色散是由于光纤所传信号的不同频率成分或不同模式成分的群速度不同,从而引起传输信号畸变的一种物理现象。当一个光脉冲通过光纤时,由于光的色散特性,在输出端光脉冲响应被拉长,或者说脉冲被展宽。由于脉冲展宽,在光通信中,为了不造成误码,必须降低脉冲速率,这就将降低光纤通信的信息容量和品质。而在光纤传感方面,在需要考虑信号传输的失真度问题时,光纤的色散特性也成为一个重要参数。

1)材料色散

由于折射率是随波长变化的,而光源都具有一定的波谱宽度,因而产生传播时延差,引起脉冲展宽,材料色散的脉冲展宽用下式近似计算,即

$$\sigma_s = \frac{\Delta\lambda}{c}\frac{dn}{d\lambda} \tag{3.256}$$

式中,$\Delta\lambda$ 是光源的波谱宽度。

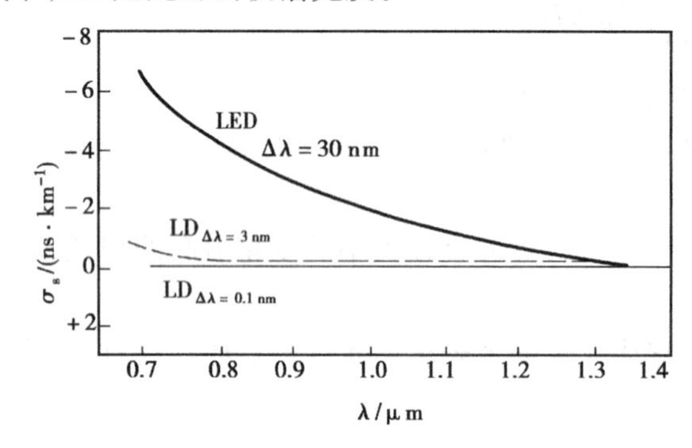

图3.40　SiO_2 的材料色散

图3.40所示为 SiO_2 的材料色散曲线,它们是脉冲展宽与光源中心波长关系的三条曲线,相应于LED、多模LD、单模LD三种光源,其光谱宽度分别为30 nm、3 nm和0.1 nm,由图可见,LED引起的材料色散最大,且随波长的变化最显著。在短波长0.82 μm,LED使光纤的脉冲展宽近于-4 ns/km,而到了长波长1.3 μm,无论LED或LD,材料色散都近于零,这是长波长光纤的重要优点。

2)模式色散

在阶跃光纤中,入射角不同的光波在光纤内走过的路径长短不同,在临界角上传输的光路最长,沿光纤轴线传输的光路最短,由此引起时延差而产生模式色散,光纤越长,时延差越大。阶跃光纤的模式色散可由下式计算,即

$$2\sigma_m = \frac{n_1\Delta}{\sqrt{3}c} \tag{3.257}$$

式中,n_1 是纤芯折射率,Δ 是纤芯与包层原折射率差,它往往远小于1,c 为真空中的光速。

梯度多模光纤可使模式色散大大减小,当折射率为抛物线形分布时,得到最小脉冲展宽,即

$$2\sigma_m = \frac{n_1\Delta^2}{10\sqrt{3}c} \tag{3.258}$$

比较式(3.257)和式(3.258)可知,折射率差 Δ 相同的梯度多模光纤比阶跃光纤的模式色散小 $10/\Delta$ 倍,使传输信号的容量大大增加。

3)波导色散

波导色散是由光纤的几何结构决定的色散，它是由某一波导模式的传播常数 β 随光信号角频率 ω 变化而引起的，也称结构色散。

波导色散的大小与纤芯直径，纤芯与包层之间的相对折射率差，归一化频率 ν 等因素有关。这种色散在芯径和数值孔径都很小的单模光纤中表现很明显，一般波导色散随波长的增加而有增大的倾向。

光纤的总色散由上述三种色散之和决定。在多模光纤中，主要是模式色散和材料色散，当折射率分布完全是理想状态时，模式色散影响减弱，这时材料色散占主导地位。而在单模光纤中，主要是材料色散和波导色散。由于没有模式色散，所以它的带宽很宽。

光纤的色散特性还可以用光纤的带宽来表示。如将一般光纤看成一段线性网络，带宽表示它的频域特性，时延差代表它的时域特性，利用富氏变换就可以求出光纤带宽与时延差的关系。

(3) 单模光纤的偏振与双折射特性

单模光纤是在给定的工作波长上，只传输单一基模的光纤。例如，在均匀光纤中只传输 LP_{01}（或 HE_{11}）模。由于单模光纤只传输基模，没有模式色散，它的色散比多模光纤小得多，因而可得到更大的频带宽度。若用单模光纤构成通信系统，则比多模光纤有更大的通信容量和更长的通信距离。此外，利用单模光纤的偏振特性与双折射效应对外场的敏感特性，可制成高精度光纤干涉仪和分布式光纤传感器等。

1) 电磁波的偏振

向 z 轴方向传播的平面电磁波，矢量 $\boldsymbol{E}$ 的两个分量 E_x、E_y 可写为：

$$E_x(z,t) = E_1\cos(\omega t - \beta_x z + \phi_1) \tag{3.259}$$

$$E_y(z,t) = E_2\cos(\omega t - \beta_y z + \phi_2) \tag{3.260}$$

$E_x(z,t)$ 和 $E_y(z,t)$ 以相同的速度传播，$\beta_x = \beta_y = \beta$，它们可以看作相互独立的波。展开式(3.259)和式(3.260)得：

$$\frac{E_x}{E_1} = \cos(\omega t - \beta z)\cos\phi_1 - \sin(\omega t - \beta z)\sin\phi_1 \tag{3.261}$$

$$\frac{E_y}{E_2} = \cos(\omega t - \beta z)\cos\phi_2 - \sin(\omega t - \beta z)\sin\phi_2 \tag{3.262}$$

两式平方相加，消除参变量 $(\omega t - \beta z)$，得：

$$\left(\frac{E_x}{E_1}\right)^2 - 2\left(\frac{E_x}{E_1}\right)\left(\frac{E_y}{E_2}\right)\cos(\phi_1 - \phi_2) + \left(\frac{E_y}{E_2}\right)^2 = \sin^2(\phi_1 - \phi_2) \tag{3.263}$$

①线偏振波　当 $\phi_1 - \phi_2 = 0$ 或 $\phi_1 - \phi_2 = \pm\pi$ 时，式(3.263)成为：

$$\left[\left(\frac{E_x}{E_1}\right) \mp \left(\frac{E_y}{E_2}\right)\right]^2 = 0 \tag{3.264}$$

于是得到直线方程，即

$$\frac{E_x}{E_1} = \pm\frac{E_y}{E_2} \tag{3.265}$$

即矢量 $\boldsymbol{E}(z,t)$ 的尾端在此直线上改变，此时电磁波是一线偏振波。

②圆偏振波　$\phi_1 - \phi_2 = \pm(\pi/2)$，$E_1 = E_2 = E_0$ 时，式(3.263)成为圆方程，即

$$E_x^2 + E_y^2 = E_0^2 \tag{3.266}$$

式(3.266)表示矢量$\boldsymbol{E}(z,t)$的尾端在圆周上变化,此时,电磁波为圆偏振波。当E_x的相位比E_y的相位超前$\pi/2$时,合成电磁波是右旋圆偏振;反之,E_x的相位比E_y的相位滞后$\pi/2$时,合成电磁波是左旋圆偏振波。

③椭圆偏振波　如果$\phi_1 \neq \phi_2$,$\phi_1 - \phi_2 \neq \pm(2m+1)\pi$或$\phi_1 - \phi_2 = \pm(4m+1)\pi/2$,但$E_1 \neq E_2$时,式(3.263)变为椭圆方程,此时,矢量$\boldsymbol{E}(z,t)$的尾端在椭圆上变化,称合成的电磁波为椭圆偏振波。椭圆偏振波也称左旋椭圆偏振波和右旋椭圆偏振波。

2)单模光纤的偏振特性

单模光纤实际上至少是双模光纤,其磁场矢量可分解成两个既互相垂直、同时又垂直于光纤轴的分量,用HE_{11}^x(或E_x)、HE_{11}^y(或E_y)和β_x、β_y分别表示HE_{11}模的场分量和传输常数。

理想的单模光纤折射率剖面具有轴对称性,$\beta_x = \beta_y = \beta$,$HE_{11}$模是$HE_{11}^x$和$HE_{11}^y$模的双重兼并模。但由于外场的微扰或光纤本身的不完善性,如纤芯几何形状的椭圆变形,光纤内部的残余应力,光纤的弯曲、扭转等引起折射指数的各向异性等,将造成$\beta_x \neq \beta_y$,出现传输常数差,即

$$\Delta\beta = |\beta_x - \beta_y| \tag{3.267}$$

这种现象称为模式双折射,定义模式双折射:

$$B = \Delta\beta/k_0 = (\beta_x - \beta_y)\lambda/2\pi \tag{3.268}$$

式中,λ是真空中光的波长。

双折射使HE_{11}^x和HE_{11}^y在传播中出现相位差,即

$$\phi(z) = \Delta\beta z$$

于是,HE_{11}的偏振面旋转。显然,偏振态的重复变化周期为:

$$L_p = \frac{2\pi}{\Delta\beta} = \frac{\lambda}{B} \tag{3.269}$$

式中,L_p称为拍长。

若一束线偏振光入射于这种光纤中,并设输入能量平均地分给HE_{11}^x模式和HE_{11}^y模式。则在起始点

$$\phi(z) = \Delta\beta z = 0$$

HE_{11}^x和HE_{11}^y模式合成的光波为一线偏振波。

当$\phi(z) = \Delta\beta z = \pi/2$时,$HE_{11}^x$和$HE_{11}^y$模式合成的光波为一圆偏振波。

整个周期中偏振态的变化如图3.41所示。由图3.41可知,单模光纤中HE_{11}模的偏振态按"线偏振→圆偏振→线偏振"周期性地变化。

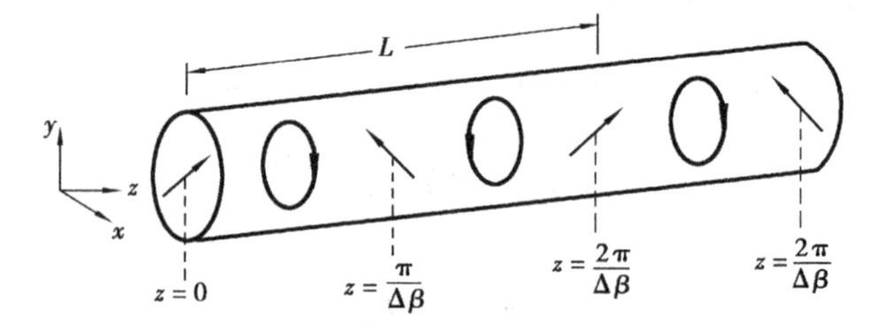

图3.41　双折射光纤内偏振态的周期变化

根据$\Delta\beta$和L_p的大小,光纤分为高双折射和低双折射两种。$\Delta\beta = 0.13$ rad/m,$L_p = 50$ m的光纤称为低双折射光纤;$\Delta\beta = 6\ 280$ rad/m,$L_p = 1$ mm的光纤称为高双折射光纤。

光纤的扭转也会改变偏振面的旋转角度。扭转在光纤中引起剪切应力,使光纤因弹光效

应而产生旋光性。旋光性在光纤单位长度内引起的偏振面的转角γ正比于光纤每单位长度的扭转角,即

$$\gamma = g\varphi \tag{3.270}$$

式中的比例系数g称为扭转光纤的旋光能力,它取决于光纤材料的弹光系数。

$$g = n_1^2(p_{11} - p_{22}) \tag{3.271}$$

式中,n_1为纤芯折射率,p_{11}、p_{22}是纤芯材料的弹光系数。

3)变形引起的双折射

由于光纤的几何变形会引起光纤材料的弹光效应,使计算双折射的问题复杂化,这里只介绍一些由孤立因素引起的双折射的估计公式。

①椭圆度双折射

椭圆度可能是由于光纤中不圆或弯曲引起的,用椭圆率e来表征。一般定义为:

$$e = 1 - \frac{a}{b} \text{或} e = \sqrt{1 - \left(\frac{a}{b}\right)^2} \tag{3.272}$$

式中,a为椭圆横切面的短半轴,b为长半轴。

实际中,光纤的椭圆度不大,在归一化频率$\nu = 2.4$时,椭圆度引起的双折射为:

$$\Delta\beta = 0.125\left(\frac{e^2}{a}\right)(2\Delta)^{3/2} \tag{3.273}$$

式中,取$\Delta = 3.4 \times 10^{-3}$。

若椭圆度是由弯曲产生的,弯曲半径R与c的关系为:

$$e = \frac{\sigma a}{R} \tag{3.274}$$

式中,σ是材料的泊松比。对于石英光纤,$\sigma = 0.16$。

椭圆度双折射是线双折射。

②应力双折射

光纤因机械变形等形成不均匀的应力场,产生应变,使折射率各向异性。随应力的变化形成双折射,即弹光效应。

光纤弯曲,应力双折射的归一化值为:

$$B_b = \frac{\Delta\beta_b}{\beta} = 0.25n_1^2(p_{11} - p_{12})(1 + \sigma)\left(\frac{a}{R}\right)^2 \tag{3.275}$$

式中,p_{11}、p_{12}为弹光系数。对于石英光纤,$p_{11} = 0.12$,$p_{12} = 0.27$,则

$$B_b = -0.093\left(\frac{a}{R}\right)^2 \tag{3.276}$$

当光纤以一定张力缠绕在圆柱体上时,在张力作用下弯曲光纤产生双折射,这时张力和弯曲联合作用产生的归一化双折射,即

$$B_{bt} = -0.093\left(\frac{a}{R}\right)^2 - 0.336\frac{a}{R}S_{zz} \tag{3.277}$$

式中,S_{zz}是光纤轴向张力引起的光纤应变。

③温度双折射

纤芯与包层的热胀系数不同,温度变化引起的热胀冷缩会产生内应力,造成双折射。温度引起的归一化双折射为:

$$B_s = -n_1^2 \frac{p_{11} - p_{12}}{2}(S_2 - S_1)(T_a - T_g) \tag{3.278}$$

式中，T_a 和 T_g 分别为环境温度和光纤制造时玻璃软化的温度，S_1 和 S_2 分别是纤芯和包层的热胀系数。

④偏振保持光纤

所谓偏振保持光纤，就是前面提到过的高双折射光纤，当光纤双折射很大时，由于两个基模的传播常数之差 $\Delta\beta = \beta_x - \beta_y$ 很大，拍长 $L_p = 2\pi/\Delta\beta$ 就很小，由微扰产生的耦合作用就很小，从而在光纤中所激励起的某一基模 HE_{11}^x 就可以在较长的距离内保持主导地位，以使偏振态基本恒定不变，这就是这种高双折射光纤的特点。

实现光纤具有高双折射的途径，通常是采用加大纤芯椭圆度和加强光纤内应力。而内应力产生的双折射要比椭圆度产生的双折射大得多，因而加强光纤内应力是提高双折射的有效手段。增加内应力的方法很多，其中一种是把光纤预制棒截面作成非轴对称的，比如椭圆的，然后拉制成光纤。这样得到的光纤具有很强的双折射特性，拍长 L_p 很短，有人已制得 L_p = 0.83 mm的光纤。这种光纤具有圆纤芯，圆内包层和椭圆外包层以及圆外套或椭圆外套，如图3.42(a)、(b)所示。强内应力的高双折射光纤除了椭圆外敷层型、椭圆外套型外，还有熊猫型光纤和蝴蝶结型光纤等，如图3.42(c)、(d)所示。

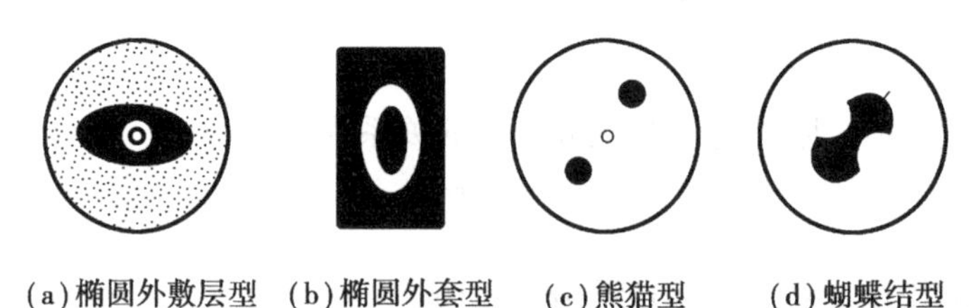

(a)椭圆外敷层型　(b)椭圆外套型　(c)熊猫型　(d)蝴蝶结型

图3.42　高双折射光纤的结构

3.4.7　光纤中的非线性光学效应

到现在为止的分析中，都将光纤作为一种线性介质来研究。而实际上，当以高强度的激光输入芯径如此细小的光纤中时，其功率密度是非常高的，随着相互作用长度的增加，输入输出特性不再保持线性。随着光纤通信的普遍实用化，光纤技术的多样化和多功能化已引起人们强烈的兴趣。例如，高灵敏地测量各种物理量的光纤传感技术，将纤芯埋入稀土族元素中的光纤传感的研究，以实现光计算机为目的的光电元件的制造等。因而怎样积极地利用光纤中的非线性光学效应，是目前各国光电子技术科技工作者正在努力研究的课题。本节将对光纤中最常见的几种非线性现象，即受激喇曼(Raman)散射(SRS)、受激布里渊(Brillouin)散射(SBS)、自相位调制(SPM)和光孤子传输等非线性现象作一些最基础的理论分析。

(1)光纤中的受激喇曼散射(SRS)

在第2章最后，曾简单讨论非线性光学效应，曾说明在场强 E 很大时，极化强度 P 与 E 已不成线性关系，现在只需说明的是，光纤中的SRS的物理过程与三阶非线性极化率式(2.22)中的 γ 有关。式(2.22)只是简单的标量式，下面的讨论将涉及 γ 的矢量形式，用 $\boldsymbol{P}_m$ 表示。

喇曼散射可以看作是介质中的分子振动对入射光的调制，即分子内部粒子之间的相对运动导致分子感应电偶极矩随时间的周期性调制，从而对入射光产生散射作用。设入射光的频

率为 ω_p，介质分子的振动频率为 ω_ν，则散射光的频率为 $\omega_s=\omega_p-\omega_\nu$ 和 $\omega_{as}=\omega_p+\omega_\nu$，这种现象称为喇曼散射，产生频率为 ω_s 的散射光的散射称为斯托克斯(Stokes)散射，产生频率为 ω_{as} 的散射光称为反斯托克斯散射。

设激励光与斯托克斯光的电场分别为 $E_p(r,z,t)$ 和 $E_s(r,z,t)$，且

$$E_p(r,z,t)=\widetilde{E}_p(z,t)R_p(r)\exp[-i(k_pz-\omega t)] \tag{3.279a}$$

$$E_s(r,z,t)=\widetilde{E}_s(z,t)R_s(r)\exp[-i(k_sz-\omega t)] \tag{3.279b}$$

两者通过三阶非线性极化率 $\boldsymbol{P}_{NL}(r,z,t)=\widetilde{P}_{NL}(r,z,t)\exp[-i(kz-\omega t)]$ 用麦克斯韦方程联系起来。具有非线性极化及导电率 σ 的波动方程为：

$$\nabla^2\boldsymbol{E}=\mu_0\sigma\frac{\partial\boldsymbol{E}}{\partial t}+\mu_0\frac{\partial^2\boldsymbol{D}}{\partial t^2}+\mu_0\frac{\partial^2}{\partial t^2}\boldsymbol{P}_{NL} \tag{3.280}$$

对斯托克斯光的传输，以其包络线近似为：

$$\frac{\partial^2}{\partial t^2}P_{NL}=-\omega_s^2\widetilde{P}_{NL}\exp[-i(k_sz-\omega_st)]$$

以及考虑到条件

$$\left.\frac{\partial k_s}{\partial\omega}\right|_{\omega_s}\ll k_s\left.\frac{\partial^2k_s}{\partial\omega^2}\right|_{\omega_s}$$

则式(3.280)可表示为：

$$\begin{aligned}&\{\nabla_T^2R_s(r)+[\omega_0^2\varepsilon(r)\varepsilon_0\mu_0-k_s^2]R_s(r)\}\widetilde{E}_s(z,t)-i2k_s\\&\left[\frac{\partial}{\partial z}+\frac{\omega_0\mu_0\sigma}{2k_s}+\left.\frac{\partial k_s}{\partial\omega}\right|_{w_s}\frac{\partial}{\partial t}-i\frac{1}{2}\left.\frac{\partial^2k_s}{\partial\omega^2}\right|_{\omega_s}\frac{\partial^2}{\partial t^2}\right]\widetilde{E}_s(z,t)R_s(r)=\\&-\omega_0^2\mu_0\widetilde{P}_{NL}(r,z,t)\exp[-i(\omega_st-k_sz)]\end{aligned} \tag{3.281}$$

注意到光纤中斯托克斯光的传输横模 $R_s(r)$ 即是导波模，且满足：

$$\nabla_T^2R_s(r)+[\omega_0^2\varepsilon(r)\varepsilon_0\mu_0-k_s^2]R_s(r)=0 \tag{3.282}$$

得到下式：

$$\begin{aligned}&\left[\frac{\partial}{\partial z}+\alpha_1+\left.\frac{\partial k_s}{\partial\omega}\right|_{\omega_s}\frac{\partial}{\partial t}\right]\widetilde{E}_s(z,t)R_s(r)=i\frac{1}{2}\left.\frac{\partial^2k_s}{\partial\omega^2}\right|_{\omega_s}\\&\frac{\partial^2}{\partial t^2}\widetilde{E}_s(z,t)R_s(r)-\frac{i\omega_0^2\mu_0}{2k_s}\widetilde{P}_{NL}(r,z,t)\end{aligned} \tag{3.283}$$

式(3.283)左边的方括号中为波动传递算子，右边第一项，是群速度分量，第二项为非线形极化项。在这里，对受激喇曼散射的三次非线性极化项在横模方向(r 方向)进行平均化处理，可作出关于 $E_s(z,t)$ 的方程式。为简便起见，假设时间变化很慢，忽略群速度分量及 $\partial/\partial t$ 项，则由式(3.283)可得斯托克斯光强，即

$$\frac{\partial}{\partial z}I_s(z)=\frac{g}{A_{eff}}I_p(z)I_s(z)-\alpha_sI_s(z) \tag{3.284}$$

式中，$\alpha_s=2a_1$，I_s 与 I_p 分别表示斯托克斯光强与激励光强，g 为喇曼增益系数，A_{eff}是用重积分表示的有效截面积。

$$g = \frac{k_s}{2n_s^2} I_m \{\chi^{(3)}\} \tag{3.285a}$$

$$A_{eff} = \frac{\int_0^{2\pi}\int_0^{\infty} R_p^2(r) r\mathrm{d}r\mathrm{d}\theta \int_0^{2\pi}\int_0^{\infty} R_s^2(r) r\mathrm{d}r\mathrm{d}\theta}{\int_0^{2\pi}\int_0^{\infty} R_p^2(r) R_s^2(r) r\mathrm{d}r\mathrm{d}\theta} \tag{3.285b}$$

将式(3.285a)的 g 作为 $\Delta\nu(=\nu_p-\nu_s)$ 的函数，并用自然喇曼散射截面积 $\sigma_0(\Delta\nu)$ 代替 $\chi^{(3)}$，则 $g(\Delta\nu)$ 可表示为：

$$g(\Delta\nu) = c\sigma_0(\Delta\nu)/h\varepsilon\varepsilon_0 v_s^3 \tag{3.286}$$

式中，c 为光速，h 为普朗克常数，ε 为相对介电常数，ν_s 为斯托克斯频率，$\sigma_0(\Delta\nu)$ 与 ν_s 的四次方成正比，因此，从式(3.286)可以看出，布里渊增益系数 $g(\Delta\nu)$ 与 ν_s 成正比。

作为光纤波导，其特征表现为重积分 A_{eff} 中的横模效应，用 $R_s(r)=\exp[-(r/\omega_0)^2]$ 定义，并假定斯托克斯光的光斑尺寸与激励光相同，则

$$A_{eff} = \pi w_0^2 \tag{3.287}$$

对式(3.284)积分，得：

$$I_s(z) = I_s(0)\exp\left[\frac{g}{A_{eff}}\int_0^z I_p(\xi)\mathrm{d}\xi - \alpha_s z\right] \tag{3.288}$$

对于二氧化硅光纤，假设没有激励衰减，$g=1\times10^{-11}$ cm/W，$A_{eff}=1\times10^{-6}$ cm^2，$I_p=5$ W 时，长为 1 000 m 的光纤，可得到 21.6 dB 的增益。

受激喇曼散射不存在确定的域值，但当忽略激励损耗，以前向散射处理时，则作为斯托克斯光和激励光功率相等的激励输入，可求得临界输入 $I_c(0)$，即

$$\frac{I_c(0)}{A_{eff}} \simeq 16(\alpha/g_0) \tag{3.289}$$

式中，g_0 为峰值喇曼系数，而且假设光纤长度 $L\gg1/\alpha$。

例如，$A_{eff}=5\times10^{-7}$ cm/W，$\alpha_s=9.2\times10^{-7}$cm^{-1}(0.4 dB/km)，$g_0=0.6\times10^{-11}$cm/W(波长 $\lambda=1.5$ μm)时，$I_0(0)=1.2$ W。

激励光 $I_p(z)$ 的变化与斯托克斯光一样，即

$$I_p(z) = I_p(0)\exp\left[\frac{-\left(\frac{\nu_p}{\nu_s}g\right)}{A_{eff}}\int_0^z I_s(\xi)\mathrm{d}\xi - \alpha_p z\right] \tag{3.290}$$

由式(3.290)和式(3.288)可以看出，激励光和斯托克斯光是非线性结合，若斯托克斯光放大，则激励光因损耗而急剧衰减，如图 3.43 中(a)、(b)所示。此外，若激励输入 1 W，$g=5\times10^{-10}$ cm/W，$A_{eff}=10^{-7}$ cm^2，图 3.43(a)、(b)中还反映出光纤衰减系数 α 不同时，激励光 $I_0\exp(-\alpha z)$ 和斯托克斯光 $I_s(z)$ 的关系。图 3.43(a)中，衰减系数 $\alpha=4.6\times10^{-5}$cm^{-1}(20 dB/km)；图 3.43(b)中，$\alpha=3.2\times10^{-4}$cm^{-1}(140 dB/km)。从图中可见，光纤衰减系数小时，激励光迅速衰减，同时斯托克斯光直线上升，如图 3.43(a)所示；反之，光纤衰减系数大时，斯托克斯光很微弱，如图 3.43(b)所示。

图 3.44 所示为一般的 SRS 的光放大实验装置示意图，波长为 1.34 μm 的 Q 开关 YAG 激光器作为激励光源，信号光为频率可调的光纤喇曼激光，两者脉冲同步。由激励光源的开和关可测得增益。在图 3.44(b)中，横轴作为激励输入，表示出了熊猫型保偏光纤的喇曼放大。从

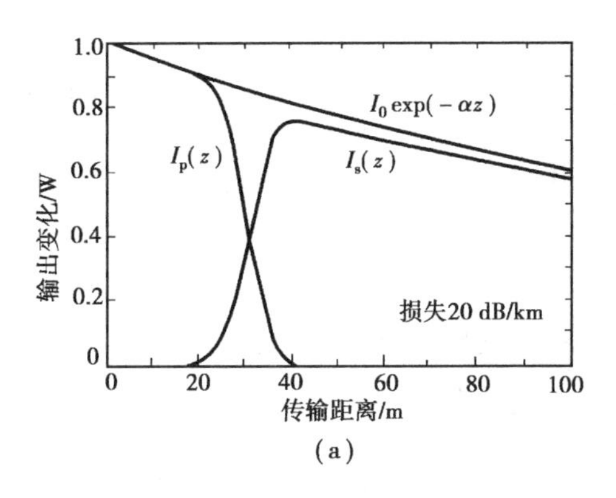

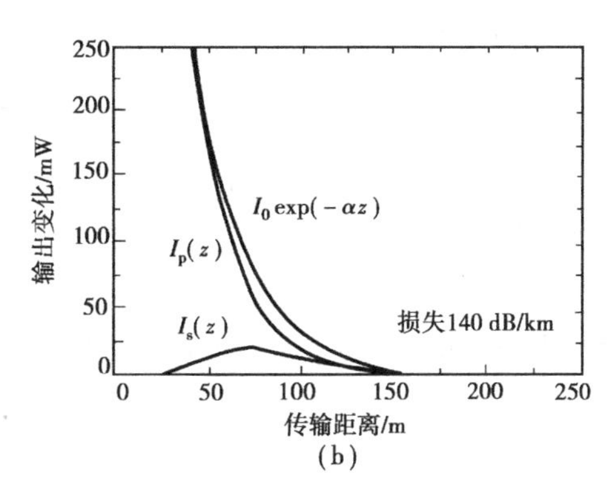

图 3.43　受激喇曼散射中的激励光 $I_p(z)$ 和斯托克斯光 $I_s(z)$ 在纵向的相互作用

图中可知,当激励增加时,波长为 1.422 μm 的第一斯托克斯光的增益成指数函数上升;当激励输入为 0.5 W 时,激励损耗发生,增益下降。此时,第一斯托克斯光达到几百毫瓦,因而作为新的激励光,第二斯托克斯光在 1.523 μm 处发生;第二斯托克斯光在激励光为 2.2 W 附近开始急剧上升,在 3.5 W 处得到大约 20 dB 的高增益。

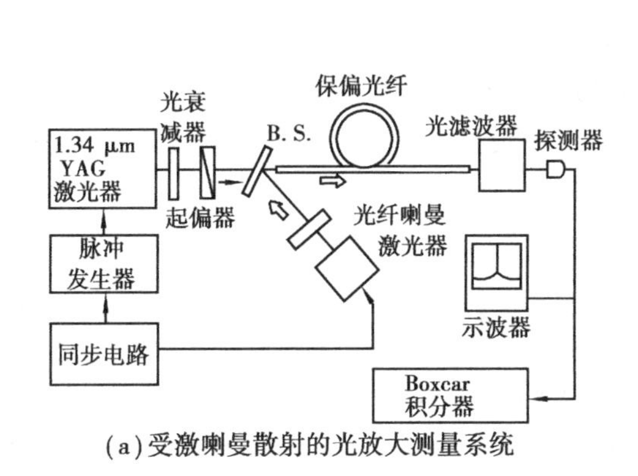

(a)受激喇曼散射的光放大测量系统

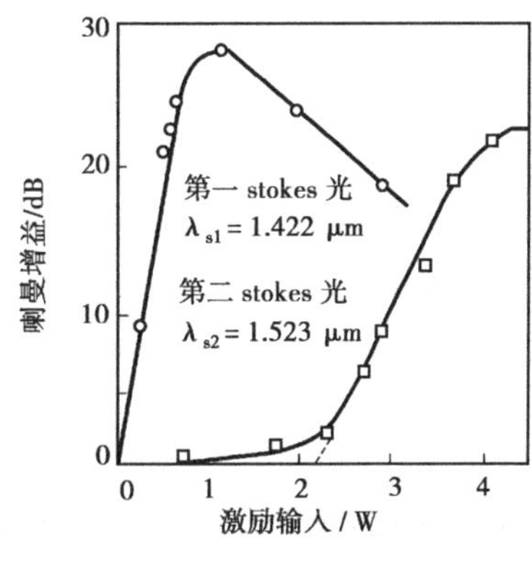

(b)激励输入与喇曼增益的关系

图 3.44

(2)**光纤中的受激布里渊散射**(SBS)

受激布里渊散射与受激喇曼散射十分类似,二者都起源于介质的三阶非线性极化系数。入射到光学介质上的激励光,通过电致伸缩效应在介质中产生压力波,导致介质密度(及折射率)的变化。这种密度周期性的变化相当于在介质内驱动了频率为 ω_B 的声波,反过来这光致声波散射了入射光波,并产生频率为 ω_s 的斯托克斯散射光。

在 SRS 中,前向散射和后向射散都能观测到,而在 SBS 中,由于光子和声子的动量守恒,使得后向散射强烈地发生。在布里渊区段中心附近的光学声子满足 $\omega(k)$ 基本一定的光谱关系,相对于此,若设声波波速为 v_a 时,声子有 $\omega_B = kv_a$ 的线性关系。

设在 SRS 的情况下光学声子的振幅为 Q_R,光学声子的激励与斯托克斯光的结合可由下式给出,即

$$\frac{\partial Q_R}{\partial t} + \frac{Q_R}{\tau_R} = -\mathrm{i}\gamma_R E_p E_s^* \tag{3.291a}$$

对应的 SBS 的声波声子的振幅 ρ 可表示为：

$$\frac{\partial \rho}{\partial t} + \frac{\rho}{\tau_B} = -i\gamma_B E_p E_s^* \tag{3.291b}$$

假设，在 SRS 情况下，$\omega_p = \omega_s + \omega_R$，$k_p = k_s + k_R$，在 SBS 情况下，$\omega_p = \omega_s + \omega_B$，$k_p = k_s + k_B$，则由式(3.290)决定了 SRS 和 SBS 的增益频谱，但因 SBS 的延迟常数 τ_B 比 SRS 的延迟常数 τ_R 大，因此，SBS 的带宽比 SRS 的带宽窄 $10^{-3} \sim 10^{-5}$。

由于声子的角频率 ω_B 远小于 ω_p、ω_s 故 $|k_s| \backsimeq |k_p|$，这样 SBS 的频率偏移可表示为：

$$\omega_p - \omega_s = 2\left(\frac{n_p \omega_p}{c}\right) v_a \sin\frac{\theta}{2} \tag{3.292}$$

式中，θ 为激励光和斯托克斯光所夹的角，当 $\theta = \pi$ 时，在后向散射光中偏移量最大。在 SiO_2 光纤场合，若波长为 1 μm，$n = 1.5$，$v_a = 6 \times 10^3$ m/s，则斯托克斯偏移量为 18 GHz。

若介电常数为 ε，密度为 ρ，则 SBS 的非线性极化的变化为：

$$p_{NL} = \frac{\partial \varepsilon}{\partial \rho} \cdot \rho E \tag{3.293}$$

将式(3.293)代入式(3.283)，可像 SRS 那样求出关于 E_s 和 E_p 的结合方程式。这两者由式(3.291b)的极化结合，可求得 SBS 的增益系数 g_B 为：

$$g_B = \frac{2\pi n^7 p^2}{c\lambda_p^2 \rho v_a \Delta\nu_B} \tag{3.294}$$

式中，p 为光弹性系数，$\Delta\nu_B$ 为 SBS 的频移。g_B 初看起来好像是长波长侧减小，然而由于声子的寿命决定的线宽 $\Delta\nu_B$ 依赖于波长 λ_p^2，这样，不管波长如何，g_B 为一定值。波长为 1 μm 时，$\Delta\nu_B = 38.4$ MHz，波长为 1.55 μm 时，$\Delta\nu_B = 16$ MHz。

同样可定义 SBS 的临界输入 $I_0(0)$：

$$\frac{I_c(0)}{A_{eff}} \simeq 21(\alpha/g_B) \tag{3.295}$$

设波长为 1.3 μm，此时，$\rho = 2.2 \times 10^3$ kg/m^3，$v_a = 6 \times 10^3$m/s，$p = 0.29$，$\Delta\nu_B = 23$ MHz，$A_{eff} = 5 \times 10^{-11}$m^2，$\alpha = 9.2 \times 10^{-5}$m^{-1}(0.4 dB/km)，此时，$g_B = 4.6 \times 10^{-11}$m/W，比 SRS 大一个数量级。在损耗为 0.4 dB/km 的情况下，$I_c(0)$ 约为 2.2 mW，比 SRS 的情况，临界输入要小 10^3 倍。为此，在相干光通信中，就可扩大中继距离。当使用斯托克斯线宽为几兆赫，输出功率为 10 mW 的半导体激光器时，入射于光纤中的功率会因 SBS 返回入射端。因此，为了扩大传输距离，抑制 SBS 的产生是很重要的。

(3) **克尔效应与自相位调制**(SPM)

在光纤中高强度光的激励下，引起折射率的变化，从而在模式传输中产生附加的相位移，这种现象称为克尔效应，即光感应双折射现象。这种相位移的变化在长光纤中累加起来，会产生很大影响。

对于一根单模双折射光纤，若有激励偏振光沿主轴方向入射，则由光的克尔效应所引起的模式相位移 $\Delta\phi$ 可由下式表示，即

$$\Delta\phi = (2\pi L/\lambda)(\Delta n_0 - \Delta n_e) \tag{3.296a}$$

$$\Delta n_0 - \Delta n_e = \frac{1}{2} n_{2B} E_p^2 \tag{3.296b}$$

$$E_p^2 = \frac{8\pi p}{ncA_{eff}} \times 10^7 \tag{3.296c}$$

式中，n_{2B}为克尔系数，L 为有效波导长度，λ 为模式光在真空中的波长，E_p 为激励光的峰值振幅，p 为激励光功率，A_{eff}为有效面积。

SiO_2 光纤的克尔系数，n_{2B}为 $3.2 \times 10^{-18}\ cm^2/W$ 左右。克尔效应可实现光脉冲波的整形、强度识别及强度调制器、快速光快门等的设计。

在光纤中，随着高光强所引起的折射率变化，也造成了一个光脉冲中的相位调制。由于折射率的变化，导致脉冲峰产生相位移，这种相位移在长光纤中叠加起来，就引起了相当大的相位调制，由此造成附加的脉冲展宽，称为自相位调制(SPM)。

设一波长为 λ，强度为$|E(t)|^2$ 的光脉冲在长度为 L 的光纤中传输，光强感应的折射率变化为 $\Delta n(t) = n|E(t)|^2$，相应的光相位移为：

$$\Delta\phi(t) = \frac{\omega}{c}\Delta n(t)L = \frac{2\pi L}{\lambda}\Delta n(t) \tag{3.297}$$

这种自相位调制引起的频率漂移为：

$$\Delta\nu(t) = -\frac{\partial\phi(t)}{\partial t} = -\frac{2\pi L}{\lambda}\frac{\partial}{\partial t}[\Delta n(t)] \tag{3.298}$$

由此可见，在脉冲前沿，$\partial\Delta n/\partial t > 0$，频率下移；在脉冲顶部，$\partial\Delta n/\partial t = 0$，频率等于零；而在脉冲后沿，$\partial\Delta n/\partial t < 0$，频率上移，如图 3.45 所示。

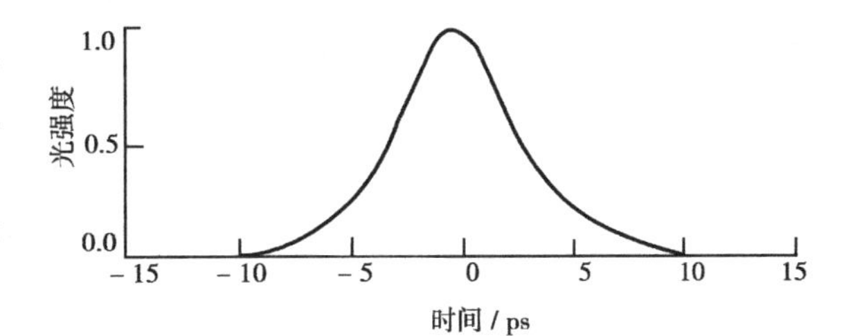

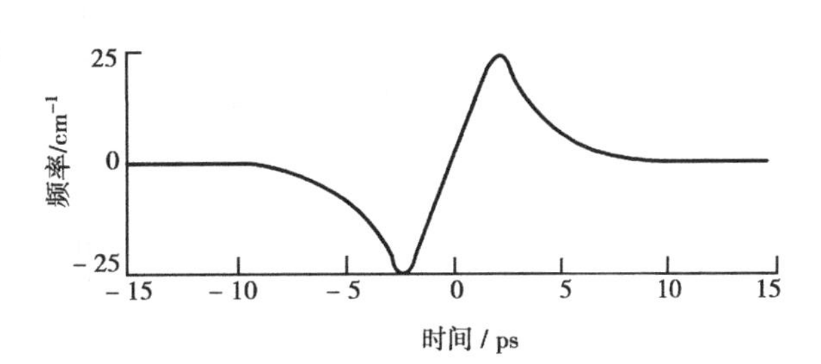

图 3.45　脉冲的光强频率调制(脉宽 6 ps)

自相位调制所造成的频率展宽与群速度色散相结合，将使脉冲色散增大，即脉冲展宽。为了估计自相位调制对脉冲展宽的影响，定义临界功率 p_c，它代表使初始脉冲的频宽加倍时的功率，并可写为：

$$p_c = 1.2 \times 10^{-2}\frac{\lambda A_{eff}}{L_{eff}} \tag{3.299}$$

式中，L_{eff}的单位为 km，A_{eff}单位为 μm^2。

(4)光纤中的光学孤立子(Soliton)

所谓光学孤立子(又称光孤子)，是指光脉冲形状在传输过程中不发生畸变，或者随传输距离周期性变化的物理现象。早在 1895 年，人们在求解自然界中许多非线性现象的一类非线性方程时，就得到了孤立波解。到了 20 世纪 70 年代，人们发现孤立波碰撞前后不改变形状，并且有如粒子的行为，于是开始以“孤立子”称呼。1980 年，人们用实验证明了光孤子在光纤中的存在，并于最近完成了超长距离的高速孤子传输试验。

前面已经指出，克尔效应使介质的折射率随光强的变化而变化，并导致光脉冲的自相位调制，这种自相位调制是光孤子产生的主要机制。当光纤具有负色散时，$\partial v_g/\partial\lambda < 0$，即群速度随频率升高而增大，频率较高的脉冲后部将超前，而频率较低的脉冲前部将滞后，脉冲本身将改

变其形状;只要频率调制足够大,则色散(本应使脉冲展宽)将导致脉冲变窄,如图 3. 46 所示。

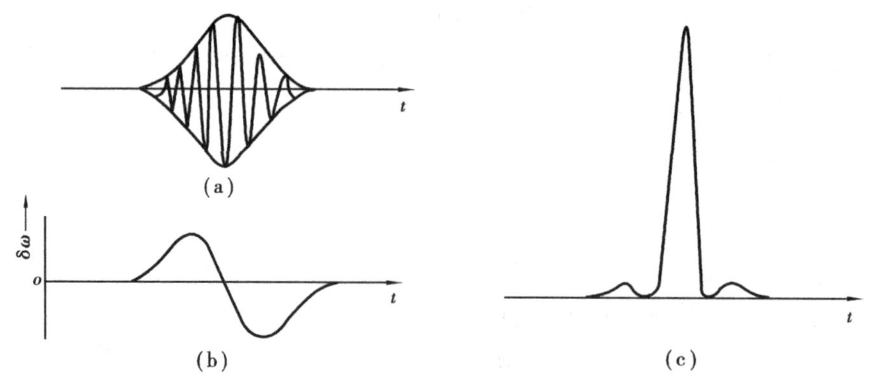

图 3. 46　光纤中光学孤立子的形成

要定量地描述光纤中光孤子的传输行为,必须研究光纤的非线性传输方程,这里不打算作深入讨论,只提出其结论:对光纤中调制包络信号传输的分析导出一标准的非线性薛定谔方程,而该方程的允许解可以是稳定的双曲正割型脉冲。图 3. 47(a)所示为基波孤立子,它在传输中不改变形状。图 3. 47(b)、(c),为用计算机求出的非线性薛定谔方程的高阶解(二阶孤立子与三阶孤立子),它们在传输方向上作周期性变化,如图 3. 48 所示。对于三阶孤立子,最佳脉冲压缩大约发生在 1/4 周期处。

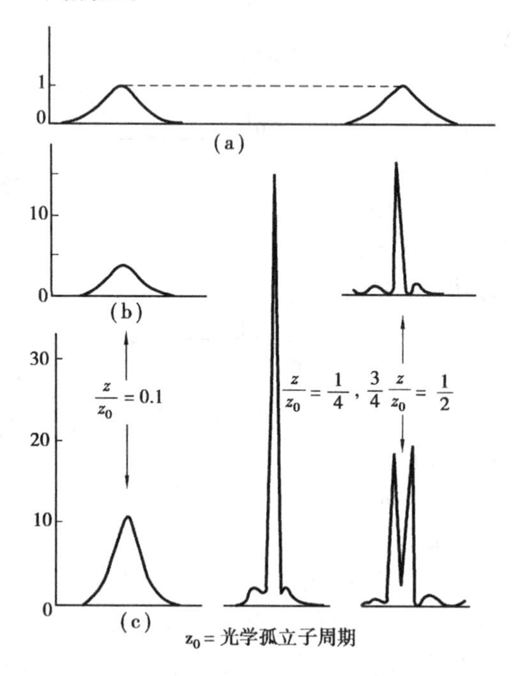

图 3. 47　光纤中的光学孤立子(计算机解)

利用孤立子在光纤中传输时的脉冲压缩,已将脉冲宽度从 ps 级压缩到 fs 级(10^{-15}s)。此外,光孤子可构成脉冲宽度精确可控的孤立子激光器。在光纤通信中,应用光孤子进行信号传输,可大大提高传输速率。贝尔实验室已进行了超过 6 000 km 的无中继光纤孤立子传输演示实验。1994 年 1 月,日本进行了 9 100 km 的光孤子通信实验,传输符号错误率在 10^{-9}以下,达到实用水准。

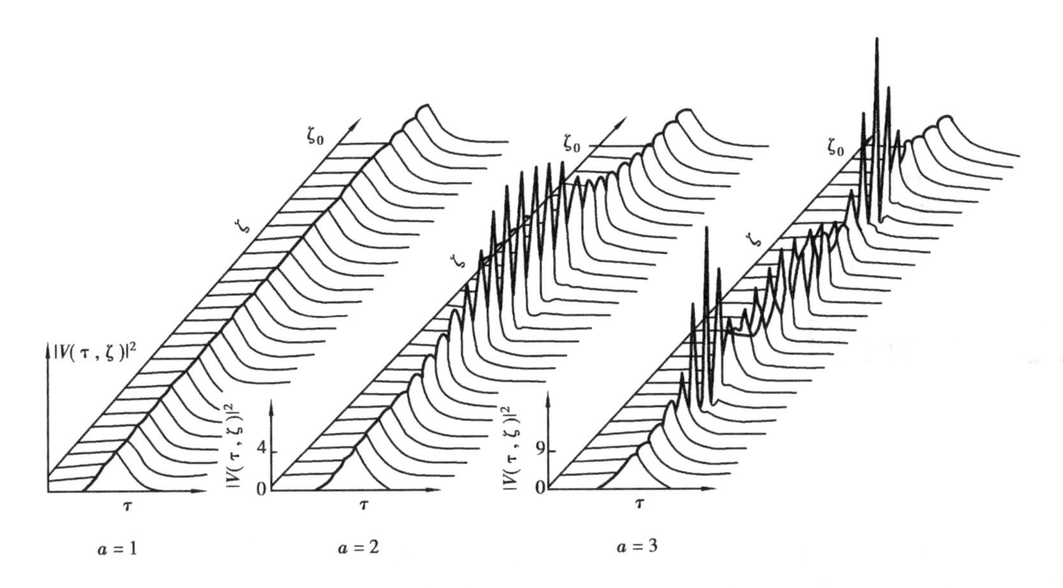

图3.48　在三种不同的初始注入 $V(\tau,0)=a$ sochτ 条件下,基态和高阶孤立子的传输演化

思考题

3.1　阶跃光纤和梯度光纤的数值孔径如何表示?

3.2　写出光纤传输损耗的计算式。

3.3　画出光纤的损耗波谱曲线。

3.4　写出薄膜波导的特征方程及其物理意义,并结合图示推导出该特征方程。

3.5　推导阶跃光纤数值孔径的表达式。

3.6　一阶跃光纤芯径 $2a=50$ μm,折射率 $n_1=1.45$,相对折射率差 $\Delta=0.01$,试计算:

①光纤的数值孔径 N. A;

②若将光纤的包层和涂覆层去掉,求裸光纤的 N. A。

3.7　试写出单色平面波复振幅的三种复数表达式。

3.8　名词解释:

①布儒斯特角　②光纤中的子午光线　③光纤的色散

3.9　画出阶跃光纤、梯度光纤、单模光纤的纤芯折射率和包层折射率图。

3.10　为什么在反常色散介质中,群速度会大于相速度?

3.11　分别画出子午光线在阶跃光纤和梯度光纤中传播的轨迹,并说明为什么梯度光纤可消除模式色散。

第 4 章 光波的调制

对于光电子系统，无论其具体结构如何，都有一个共同的特点——利用光来传递信息。所谓光波的调制，就是将欲传递的信息加载到光波上的过程。

光载波由于其频率极高(10^{14} Hz)，可能达到的有效带宽大约为射频段的 10^5 倍，因此，光载波所能携带的信息量远高于无线电波，且利用光来传递信息具有极高的保密性、抗干扰性。目前各国都在积极开展光通信方面的研究，一些光纤通信网络已实现商品化，甚至在国外一些新建的建筑物中都埋设了光缆，每间房屋留有用户端口，以备将来连成局部网络。

4.1 调制方法概述

将信息加载到光波上有许多方法，依加载位置分类可分为两大类：一类是用电信号去调制光源的驱动电源，另一类是直接对光波进行调制。前者主要用于光通信，后者主要用于光传感。本章主要介绍后一种调制方法。

对于沿一定方向传播的单色波，其数学表达式一般可写成如下形式：

$$\boldsymbol{E}(z,t) = \boldsymbol{E}(z)\sin(\omega_c t + \phi_0) \tag{4.1}$$

式中，$\boldsymbol{E}(z) = E(z) \cdot \boldsymbol{e}$，为光波的复振幅，$E(z)$ 为振幅的值，$\boldsymbol{e}$ 为与光波传播方向垂直的平面上的一个单位矢量，它表示了光波在该点的偏振方向，ω_c 为光波的角频率，ϕ_0 为初位相。振幅、偏振、角频率和初位相就构成了描述光载波的四大参数，而光波的调制也是围绕这四个参数进行的。由此产生了诸如调频(FM)、调相(PM)、调幅(AM)、调强(IM)和极化调制(PLM)等调制方法。由介质对光波的扰动特性又产生了许多调制手段，如电光调制、声光调制、磁光调制、弹光调制等，这些调制技术的研究水平国内已接近商品化。

光波的调制是将欲传递的信息加载到光波上的过程，使信息以光的方式传播，这实际上就是光通信。反之，通过对已被调制的光信号进行解调处理，可以分析出光载波是受到何种量的调制，从而间接探测到该量，这就是传感。学习好光调制的理论，无论是通信还是传感，都具有十分重要的意义。

4.2　各种调制方法的特性分析

4.2.1　振幅调制(AM)

设调制信号为$f(Q)$,Q代表欲传递的信息如压力、温度等,则调制后光波可写成:

$$E(z,t) = E(z) \cdot f(Q)\sin(\omega_c t + \phi_0) \tag{4.2}$$

对空间一固定点有:

$$E(t) = E_0 f(Q)\sin(\omega_c t + \phi_0) \tag{4.3}$$

目前,还不可能做出频响达到光频段的接收器件,故只能对光强反应(详见第5章),即

$$I = kf^2(Q) \tag{4.4}$$

由此可见,即使能够对振幅进行线性调制,解调出来的信号已变成二次函数,除非在调制前先将欲传递的信息Q进行预处理,使其具有如下形式:

$$f(Q) = k'Q^{\frac{1}{2}} \tag{4.5}$$

这样经解调后方能得到真实的原始信息。

在振幅调制时,若调制信号为具有周期性结构的时变信号,则解调出来的信号将包含有谐波成分,形成干扰和失真,这一点尤其要注意。

4.2.2　强度调制

强度调制(IM)由于具有易于实现,无解调失真等优点,因而是人们大量使用的一种调制方法。

设调制信号为$f(Q)$,则调制后光强为:

$$I = kf(Q) \tag{4.6}$$

可见能实现不失真解调。

振幅调制和强度调制的一个共同缺点是:易受到干扰,如光源的漂移,传输信道的漂移等都可能使光强发生变化,从而使信号受到干扰。一种行之有效的方法是所谓的二次调制,即先将欲传递的信号调制成与振幅无关的形式,如频率、脉宽等;然后再用这种经过预调制的信号对光载波进行强度调制,这样所传递的信息便与光强无关,从而大大提高了其抗干扰性。

另一种抑制光源波动影响的方法是设置参考通道,从参考通道中提取波动(或漂移)的信息,再从主信道中予以扣除。

4.2.3　频率调制

原光载频为ω_c,则经信号$f(Q)$进行频率调制(IM)后,新的载波频率为$\omega_c + f(Q)$,则调制后的光波为:

$$E(t) = E_0\sin\{[\omega_c + f(Q)]t + \phi_0\} \tag{4.7}$$

这样的信号若直接用光电器件接收,则输出的信号将只有强度(或振幅)信息而不包含任何频率或相位信息(详见第5章)。因此,在到达光电接收器件之前,必须先将频率信息传化为强度,常用的方法是干涉法,从中取出差频信号,经限幅放大后鉴频输出。

频率调制的一个显著优点是:抗干扰能力强,光强的波动(只要不超过某一阈值)对所传递的信息无干扰,调制信号的动态范围大。这种方法的唯一缺点是:要求光源的频率要很稳定(具体指标视系统的精度而定)。

4.2.4 相位调制

调制后的光波可表示为:

$$E(t) = E_0\sin[\omega_c t + \phi_0 + f(Q)] \tag{4.8}$$

与频率调制类似,相位调制也须用干涉法将相位信息转化为强度信息后方能用光电器件接收,与FM不同的是,PM经干涉后输出的光强直接包含了$f(Q)$的信息,而不需要再进行鉴频处理。PM方法的一个特点是:灵敏度可以非常高。

采用相位调制的系统可以有两种工作方式,即干涉幅值测量和干涉脉冲计数。前者灵敏度高而动态范围小[要求$f(Q)+\phi_0\leqslant 90°$],且测量精度易受到光波振幅E_0和初相位ϕ_0的影响,若要求线性高,则$f(Q)$的变化范围应小于45°;脉冲计数方法则动态范围大,E_0和ϕ_0对计数的影响小,但该方法要求配置判向系统,复杂性和成本都较高。此处,脉冲计数方式灵敏度相应要低些。

在设计一个PM系统时,一定要注意ϕ_0的稳定性,从式(4.8)中可以看出,ϕ_0可视为叠加在$f(Q)$上的一个噪声,ϕ_0的波动将直接叠加在$f(Q)$上,从而产生误差。

4.3 电光调制的物理基础

从本节开始,将详细讨论各种调制方法的原理及其特点,如电光调制、声光调制、磁光调制等。学习这些理论,不仅使大家能够用正确的方法将欲传递的信息加载到光载波上(即光通信);反之,可以逆向使用,即通过测量受到声、电、磁场的作用的光波的变化,间接达到测量声、电、磁场的目的。因此,这些理论既适用于光通信,也适用于传感。

4.3.1 电光效应、电光张量

所谓电光效应,是指某些介质的折射率在外加电场的作用下而发生变化的一种现象。一般可表示成如下形式:

$$\Delta\left(\frac{1}{n^2}\right) = aE + bE^2 \tag{4.9}$$

式中,右边第一项为线性电光效应(普克耳效应),第二项为二次电光效应(克尔效应)。a、b为电光系数,它们由材料的晶格结构决定。

在晶体的一个给定方向上,一般说来存在两个可能的线偏振模式,每个模式具有唯一的偏振方向($\boldsymbol{D}$)和相应的折射率,而描述这两个相互正交的偏振光在晶体中传播的行为通常用折射率椭球的方法,即

$$\frac{x^2}{n_x^z} + \frac{y^2}{n_y^2} + \frac{z^2}{n_z^2} = 1 \tag{4.10}$$

式中,x、y、z为晶体的介电主轴方向,即晶体中在这些方向上的电位移矢量$\boldsymbol{D}$与电插矢量$\boldsymbol{E}$是

平行的，其对应的折射率为 n_x、n_y、n_z，在各向异性晶体中由于不同方向具有不同的折射率，而使入射光分解成寻常光和非常光的现象，称为双折射。

当在晶体上施加一定电场 E 时，将对晶体中光波的传播产生一定的影响，这些影响可通过折射率椭球的变化来描述。

对于线性电光效应，有电场存在时折射率的变化可表示为：

$$\Delta\left(\frac{1}{n^2}\right)_{ij} = \sum_{k=1}^{3} \gamma_{ijk} E_k \tag{4.11}$$

考虑到晶体的对称性，可令角标 ij 按以下取值，即 11→1，22→2，33→3，23→4，31→5，12→6，这样，三阶张量 γ_{ijk}（$3^3=27$ 个元素）就简化成 γ_{ij}，成为 $3\times6=18$ 个元素矩阵，则式(4.11)就可写成如下形式：

$$\Delta\left(\frac{1}{n^2}\right)_{i} = \sum_{j=1}^{3} \gamma_{ij} E_j \tag{4.12}$$

式中，γ_{ij} 为线性电光张量，可写成如下矩阵：

$$\begin{bmatrix} \Delta\left(\frac{1}{n^2}\right)_1 \\ \Delta\left(\frac{1}{n^2}\right)_2 \\ \Delta\left(\frac{1}{n^2}\right)_3 \\ \Delta\left(\frac{1}{n^2}\right)_4 \\ \Delta\left(\frac{1}{n^2}\right)_5 \\ \Delta\left(\frac{1}{n^2}\right)_6 \end{bmatrix} = \begin{bmatrix} \gamma_{11} & \gamma_{12} & \gamma_{13} \\ \gamma_{21} & \gamma_{22} & \gamma_{23} \\ \gamma_{31} & \gamma_{32} & \gamma_{33} \\ \gamma_{41} & \gamma_{42} & \gamma_{43} \\ \gamma_{51} & \gamma_{52} & \gamma_{53} \\ \gamma_{61} & \gamma_{62} & \gamma_{63} \end{bmatrix} \begin{bmatrix} E_1 \\ E_2 \\ E_3 \end{bmatrix} \tag{4.13}$$

虽然 γ_{ij} 有 18 个元素. 但由于晶体的对称性，实际上只有少数几个不为零，表 4.1 和表 4.2 给出了六个晶系的电光张量形式及其电光系数值，γ_{ij} 的单位是 m/V。

有外加电场时折射率椭球可表示为：

$$\sum_{ij}\left[\left(\frac{1}{n^2}\right)_{ij} + \Delta\left(\frac{1}{n^2}\right)_{ij}\right] x_i x_j = 1 \tag{4.14}$$

这是一个受到外电场扰动而变形了的折射率椭球，其中第二项为扰动项，由式(4.12)给出。

在具体计算时，先根据晶体的电光张量用式(4.12)计算出在外电场作用下折射率的变化 $\Delta(1/n^2)_{ij}$，将 $\Delta(1/n^2)_{ij}$ 代入式(4.14)，并将其主轴化（即消除交叉项），从而求得新的主轴 x'、y'、z' 和对应的折射率 n'_x、n'_y、n'_z。

以 KDP（KH_2PO_4）晶体为例，其电光张量可由表 4.1 查得为：

表 4.1 所有对称类型晶体的电光张量

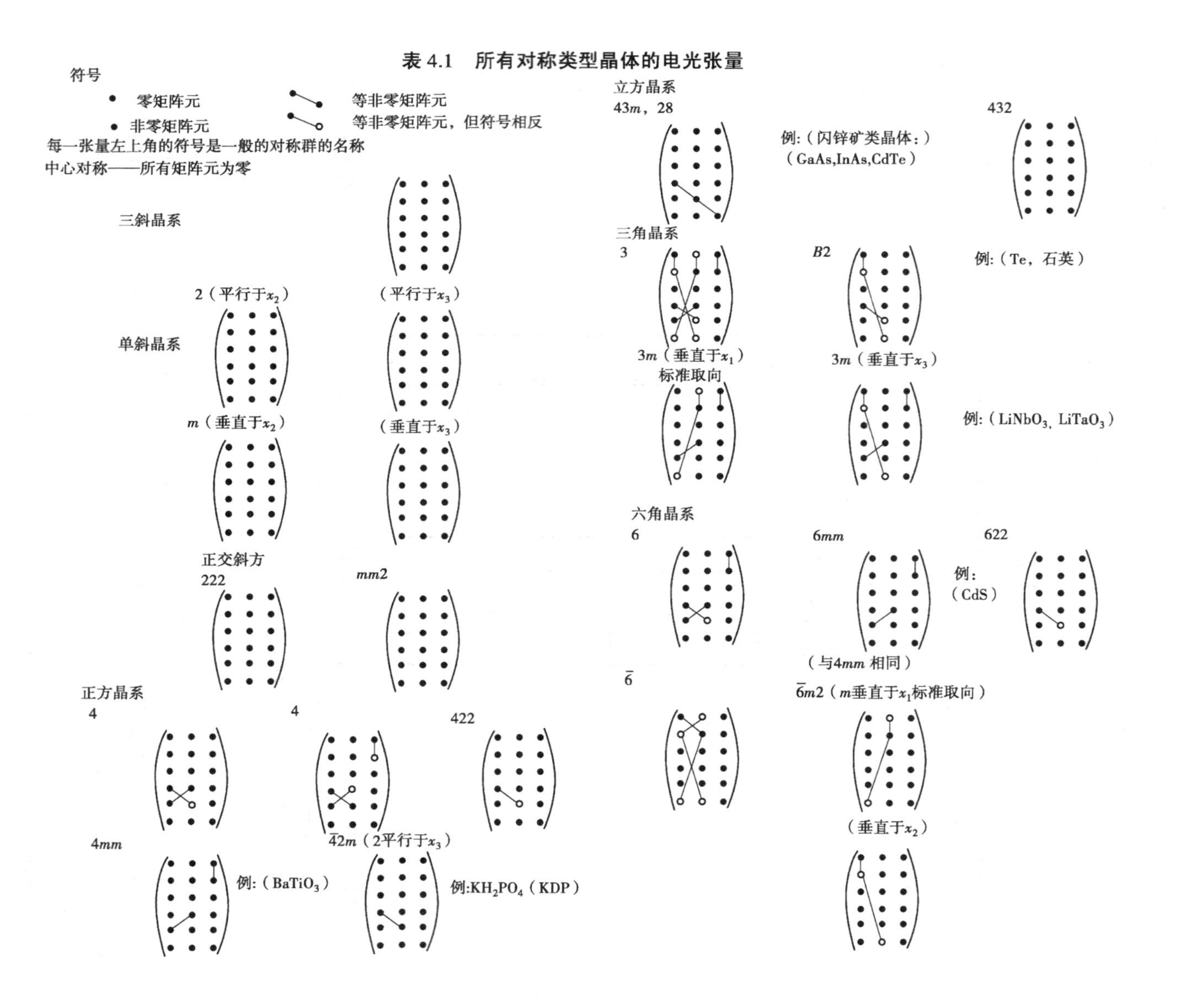

$$
\gamma_{ij} = \begin{bmatrix} 0 & 0 & 0 \\ 0 & 0 & 0 \\ 0 & 0 & 0 \\ \gamma_{41} & 0 & 0 \\ 0 & \gamma_{41} & 0 \\ 0 & 0 & \gamma_{63} \end{bmatrix}
$$

由式(4.12) 或式(4.13)可求出 $\Delta(1/n^2)_i$,再将其代入式(4.14)中,可得:

$$
\frac{x^2}{n_0^2} + \frac{y^2}{n_0^2} + \frac{z^2}{n_e^2} + 2\gamma_{41}E_x yz + 2\gamma_{41}E_y xz + 2\gamma_{63}E_z xz = 1 \tag{4.15}
$$

为简化讨论,可令外电场沿 z 轴施加,则

$$
E_x = E_y = 0, E_z = E \tag{4.16}
$$

代入式(4.15)中,可使其化为如下形式:

$$
\frac{x^2}{n_0^2} + \frac{y^2}{n_0^2} + \frac{z^2}{n_e^2} + 2\gamma_{63}E_z xy = 1 \tag{4.17}
$$

表 4.2

材　料	室温下电光常数 $/(10^{-12}\mathrm{m}\cdot\mathrm{V}^{-1})$	折 射 率*	$n_0^3\gamma$ $/(10^{-12}\mathrm{m}\cdot\mathrm{V}^{-1})$	$\varepsilon/\varepsilon_0$ (室温)	点群对称
KDP (KH_2PO_4)	$\gamma_{41}=8.6$ $\gamma_{63}=10.6$	$n_0=1.51$ $n_e=1.47$	29 34	$\varepsilon \parallel c=20$ $\varepsilon \perp c=45$	$\bar{4}2\,m$
(KD_2PO_4)	$\gamma_{63}=23.6$	~1.50	80	$\varepsilon \parallel c \sim 50$ (24 ℃)	$\bar{4}2\,m$
ADP $(NH_4H_2PO_4)$	$\gamma_{41}=28$ $\gamma_{63}=8.5$	$n_0=1.52$ $n_e=1.48$	95 27	$\varepsilon \parallel c=12$	$\bar{4}2\,m$
水晶	$\gamma_{41}=0.2$ $\gamma_{63}=0.93$	$n_0=1.54$ $n_e=1.55$	0.7 3.4	$\varepsilon \parallel c \sim 4.3$ $\varepsilon \perp c \sim 4.3$	32
CuCl	$\gamma_{41}=6.1$	$n_0=1.97$	47	7.5	$\bar{4}3\,m$
ZuS	$\gamma_{41}=2.0$	$n_0=2.37$	27	~10	$\bar{4}3\,m$
GaAs(10.6 μm)	$\gamma_{41}=1.6$	$n_0=3.34$	59	11.5	$\bar{4}3\,m$
ZnTe(10.6 μm) CdTe(10.6 μm)	$\gamma_{41}=3.9$ $\gamma_{41}=6.8$	$n_0=2.29$ $n_0=2.6$	77 120	7.3	$\bar{4}3$ m $\bar{4}3\,m$
ZnSe $LiNbO_3$ GaP	$\gamma_{33}=30.8$ $\gamma_{13}=8.6$ $\gamma_{41}=1.8$ $\gamma_{22}=3.4$ $\gamma_{42}=28$ $\gamma_{41}=0.97$	$n_0=2.29$ $n_0=2.3$ $n_e=2.20$ $n_0=3.31$	$n_0^3\gamma_{33}=328$ 26 $n_0^3\gamma_{22}=37$ $\frac{1}{2}(n_0^3\gamma_{33}-n_0^3\gamma_{13})=112$ $n_0^3\gamma_{41}=29$	$\varepsilon \perp c=98$ 9.1 $\varepsilon \parallel c=50$	$\bar{4}3\,m$ 3m $\bar{4}3\,m$
$LiTaO_3$(30 ℃)	$\gamma_{33}=30.3$ $\gamma_{13}=5.7$	$n_0=2.175$ $n_e=2.180$	$n_e^3\gamma_{33}=314$	$\varepsilon \parallel c=43$	3m
$BaTiO_3$(30 ℃)	$\gamma_{33}=23$ $\gamma_{13}=8.0$ $\gamma_{42}=820$	$n_0=2.437$ $n_e=2.365$	$n_e^3\gamma_{33}=334$	$\varepsilon \perp c=4\,300$ $\varepsilon \parallel c=106$	4 mm

*典型数值。

欲消去交叉项,可作下述坐标变换:

$$\begin{cases} x = x'\cos\dfrac{\pi}{4} - y'\sin\dfrac{\pi}{4} \\ y = x'\sin\dfrac{\pi}{4} + y'\cos\dfrac{\pi}{4} \\ z = z' \end{cases} \tag{4.18}$$

这实际上是将原坐标轴在 X-Y 平面上旋转了 $\pi/4$,这样变换后,式(4.17)可化成如下形式:

$$\left(\frac{1}{n_0^2} + \gamma_{63}E_z\right)x'^2 + \left(\frac{1}{n_0^2} - \gamma_{63}E_z\right)y'^2 + \frac{1}{n_e^2}z'^2 = 1 \tag{4.19}$$

上式表明,施加外场后,原主轴变成了新的主轴 x'、y'、z',相应的折射率变成:

$$\begin{cases} \dfrac{1}{n_{x'}^2} = \dfrac{1}{n_0^2} + \gamma_{63}E_z \\ \dfrac{1}{n_{y'}^2} = \dfrac{1}{n_0^2} - \gamma_{63}E_z \\ \dfrac{1}{n_{z'}^2} = \dfrac{1}{n_e^2} \end{cases} \tag{4.20}$$

利用公式:

$$\frac{1}{\sqrt{1 \pm x}} = 1 \mp \frac{1}{2}x + \frac{3}{8}x^2 \mp \cdots \quad (x < 1) \tag{4.21}$$

将式(4.20)进一步简化,只近似到 x 项,则有:

$$\begin{cases} n_x' = n_0 - \dfrac{1}{2}n_0^3\gamma_{63}E_z \\ n_y' = n_0 + \dfrac{1}{2}n_0^3\gamma_{63}E_z \\ n_z' = n_e \end{cases} \tag{4.22}$$

主轴的变换及折射率椭球的变化如图 4.1 所示。

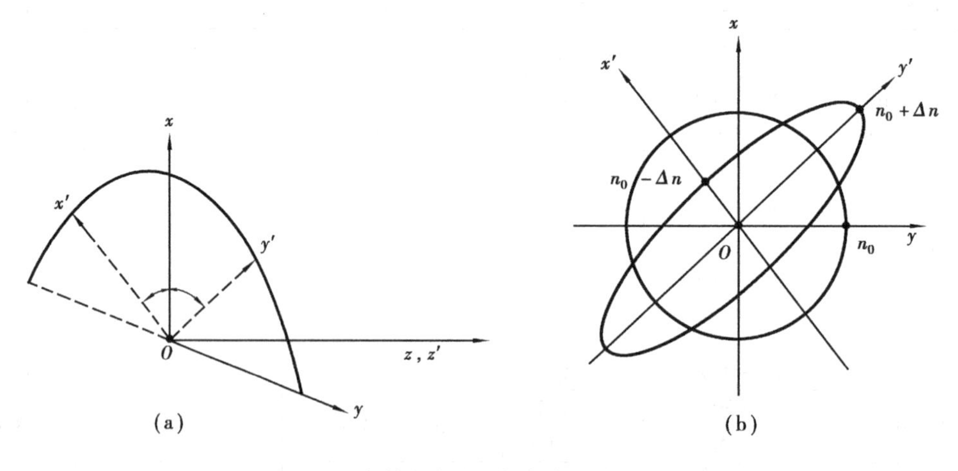

图 4.1　主轴的变换及折射率椭球的变化

例 4.1　电光效应引起相对折射率的变化。

在长度为 10 mm 的 KDP 晶体上施加 4 000 V 的电压,则

$$|\Delta n_x| = |\Delta n_y| = \frac{1}{2}n_0^3\gamma_{63}E_z = \frac{1}{2}n_0^3\gamma_{63}\frac{V}{l}$$

由表4.2查得KDP的γ_{63}为10.6×10^{-12},$n_0=1.51$,代入上式可得:

$$\Delta n = \frac{1}{2}\times1.51^3\times10.6\times10^{-12}\times\frac{4\ 000}{10\times10^{-3}} = 7.3\times10^{-6}$$

4.3.2　电光延迟

电光延迟是指光通过在外场作用下的晶体时,两正交偏振态将获得不同的位相延迟,从而在晶体的出射端组合成新的偏振态。电光延迟主要用于对偏振态进行调制。

在此仍以KDP晶体为例,当加上电场时,由式(4.22)有:

$$\begin{cases} n'_x = n_0 - \frac{1}{2}n_0^3\gamma_{63}E_z \\ n'_y = n_0 + \frac{1}{2}n_0^3\gamma_{63}E_z \end{cases} \tag{4.23}$$

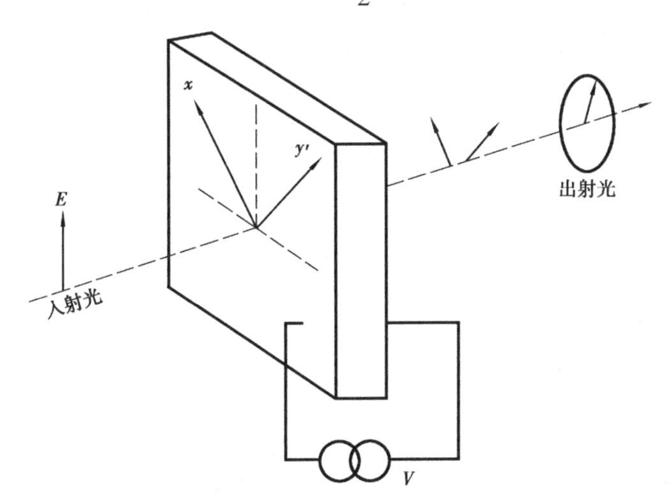

图4.2　电光相位延迟

当沿x'、y'方向偏振的光通过厚度为L的晶体时(见图4.2),对应的相位为:

$$\begin{cases} \phi_x = \frac{2\pi}{\lambda}n'_xL \\ \phi_y = \frac{2\pi}{\lambda}n'_yL \end{cases} \tag{4.24}$$

则这两个偏振光的相对相位差可表示为:

$$\Gamma = \phi_x - \phi_y = \frac{2\pi}{\lambda}L(n'_x - n'_y) = -\frac{2\pi}{\lambda}\cdot\gamma_{63}n_0^3E_z\cdot L \tag{4.25}$$

由电磁学理论可知,电压与电场有如下关系:

$$V = E\cdot L \tag{4.26}$$

则式(4.25)可简化为:

$$\Gamma = -\frac{2\pi}{\lambda}\gamma_{63}n_0^3V \tag{4.27}$$

式中,负号表明x方向偏振分量滞后于y分量。当然,若将电压V反相,则x将超前y分量,下

面给出 Γ 为不同值时对应的偏振态,τ 为其他值时一般为椭圆偏振光(输入为 x 方向偏振)。

$\Gamma(=\phi_x-\phi_y)$	$2n\pi(n=0,1\cdots)$	$\pi/2+2n\pi$	$-\pi/2+2n\pi$	$(2n+1)\pi$
偏振态	x 方向偏振	左旋圆偏振	右旋圆偏振	y 方向偏振

当 Γ 为 π 时的电压称为半波电压 V_π(即光程差为 $\lambda/2$),则由式(4.27),有:

$$V_\pi=\frac{\lambda}{2\gamma_{63}n_0^3} \tag{4.28}$$

利用式(4.28)可将式(4.27)改写成:

$$\Gamma=\pi\frac{V}{V_\pi} \tag{4.29}$$

注意,这里的电压方向与式(4.27)的电压方向相反,故消去了负号。

例 4.2　半波电压的计算。对 KDP 晶体,波长为 1.06 μm 时,$V_\pi=\lambda/(2\gamma_{63}\eta_0^3)=[(1.06\times10^{-6})/(2\times10.6\times10^{-12}\times(1.51)^3)]\text{kV}=14.5\text{ kV}$。由此例可知,采用电光调制,由于电光系数太低,使得调制电压非常高,给使用带来不便。

4.4　电光调制器

本节主要简单介绍几种电光调制器,均以 KDP 晶体为例。

4.4.1　电光强度调制

调制器的光路如图 4.3 所示。

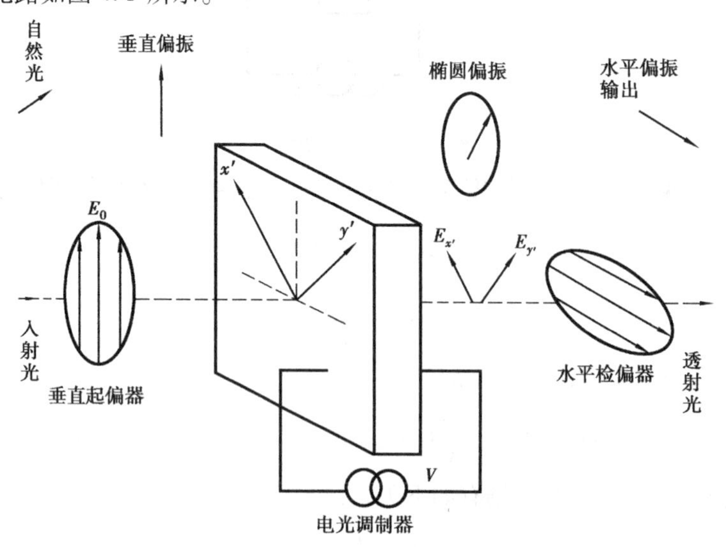

图 4.3　电光强度调制器

设入射光的振幅为 E_0,则入射到电光调制器表面上将沿 $x'y'$ 轴进行分解,即

$$\begin{cases} E'_x = \dfrac{1}{\sqrt{2}} E_0\cos(\omega t + \phi_0) \\ E'_y = \dfrac{1}{\sqrt{2}} E_0\cos(\omega t + \phi_0) \end{cases} \tag{4.30}$$

从电光晶体出来时，E'_x和 E'_y分量将得到各自的相位延迟，此时其分量为：

$$\begin{cases} E'_x = \dfrac{1}{\sqrt{2}} E_0\cos(\omega t + \phi_0 + \phi_1 - \Delta\phi) \\ E'_y = \dfrac{1}{\sqrt{2}} E_0\cos(\omega t + \phi_0 + \phi_1 + \Delta\phi) \end{cases} \tag{4.31}$$

式中，$\Delta\phi = (\pi/\lambda)\gamma_{63}n_0^3V$，为 x、y 分量相对相位差值 τ 的一半，ϕ_1 为固定相位延迟。在检偏器处，这两个分量将再次合成，其合成光场为：

$$E = \frac{1}{\sqrt{2}}(E'_y - E'_x) = \frac{1}{2}E_0[\cos(\omega t + \phi_0 + \phi_1 + \Delta\phi) - \cos(\omega t + \phi_0 + \phi_1 + \Delta\phi)] =$$

$$E_0\sin\Delta\phi\ \sin(\omega t + \phi_0 + \phi_1) \tag{4.32}$$

则从检偏器出来的光场强度为其振幅平方在一个周期内的平均值，即

$$I = \frac{\omega}{2\pi}\int_0^{2\pi/\omega} E^2\mathrm{d}t = I_0\sin^2\Delta\phi = I_0\sin^2\left(\frac{\Gamma}{2}\right) \tag{4.33}$$

式中，I_0 为入射光强。

通常用 I/I_0 来表示对光强的调制，则式(4.33)可写为：

$$\frac{I}{I_0} = \sin^2\left(\frac{\Gamma}{2}\right) = \sin^2\left(\frac{\pi}{2}\cdot\frac{V}{V_\pi}\right) \tag{4.34}$$

从式(4.34)中可以看出，电光强度调制器的光强透过率 I/I_0 随调制电压 V 的变化并非为一线性函数（见图4.4），尤其在小信号时，$I/I_0 \propto V^2$，将产生严重的非线性失真。为了得到信号的线性调制，常用的方法是在光路中插入一个 1/4 波片（见图 4.5），插入1/4波片后两偏振分量的相位差为：

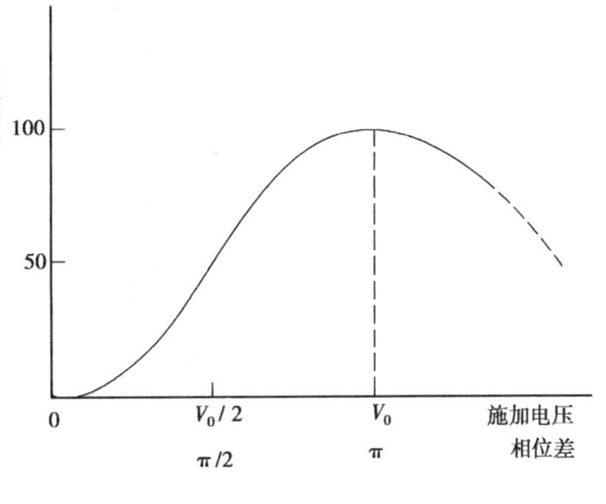

图 4.4　调制曲线

$$\phi = \frac{\pi}{2} + \Gamma = \frac{\pi}{2} + \pi\frac{V}{V_\pi} \tag{4.35}$$

则光强透过率为：

$$\frac{I}{I_0} = \sin^2\left(\frac{\phi}{2}\right) = \sin^2\left(\frac{\pi}{4} + \frac{\pi}{2}\frac{V}{V_\pi}\right) = \frac{1}{2}(1 + \sin\frac{\pi V}{V_\pi}) \tag{4.36}$$

当小信号调制时（$V \leqslant V_\pi \times 5\%$），有近似表达式：

$$\sin\alpha \approx \alpha \tag{4.37}$$

故在小信号调制时式(4.36)可以简化为：

$$\frac{I}{I_0} = \frac{1}{2} + \frac{1}{2}\frac{\pi}{V_\pi}\cdot V \tag{4.38}$$

显然为线性调制。

目前讨论的电光调制的基本公式为式(4.22),而该公式是在外加电场沿晶体 Z 轴施加的前提下导出的,故在实际使用中亦应将调制电压沿晶体 Z 轴方向施加,加载调制电压的方法通常有两种:一种是在电光晶体的入射面、出射面上使用透明电极,另一种是在两个端面使用环状电极,如图 4.6 所示。

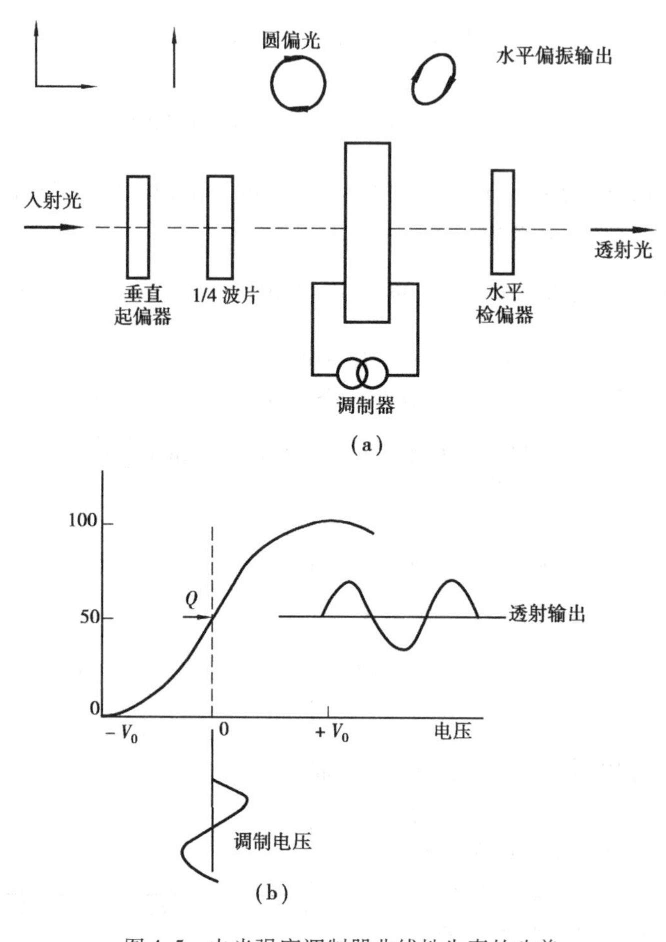

图 4.5　电光强度调制器非线性失真的改善

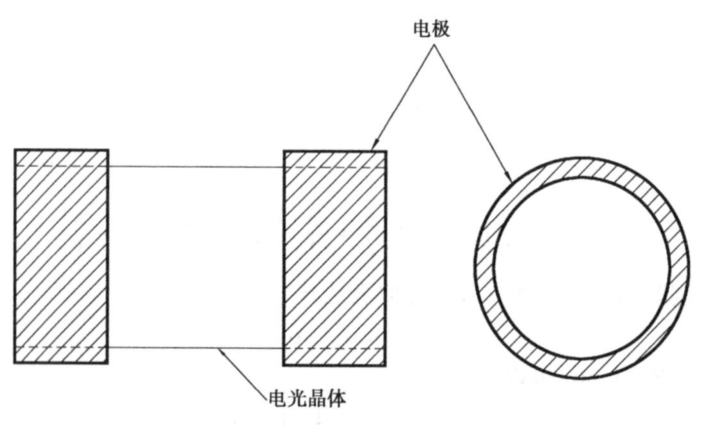

图 4.6　电光调制器电极的加载方式

4.4.2　横向电光调制

横向电光调制有两个明显的优点:一是可以避开电极对光波的影响,另一个优点是调制电压可以通过增加晶体的长度而降低,后一个优点具有重要的实用意义。

横向电光调制的光路如图4.7所示。

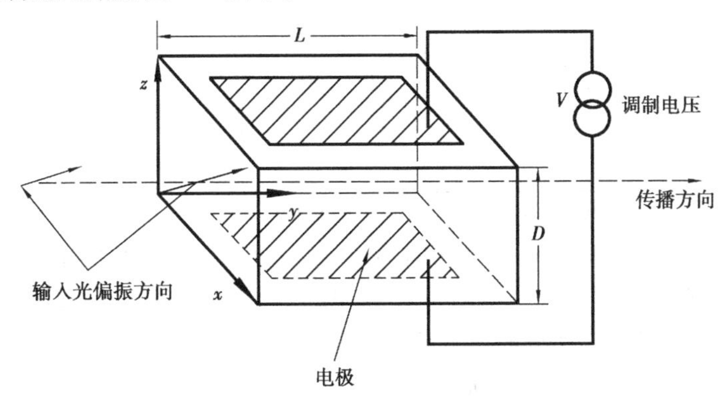

图4.7　横向电光调制器光路

设电场方向仍沿 z 轴施加,电光晶体折射率的变化仍由式(4.22)描述,但光波沿 y 方向传播,则45°入射线偏振光在入射面上沿 x、z 轴分解成两个正交分量,在晶体出射面上,这两个正交分量的光程为:

$$\begin{cases} \mathrm{d}x = L \cdot n_x = \left(n_0 - \dfrac{1}{2}n_0^3\gamma_{63}E_z\right)L \\ \mathrm{d}z = L \cdot n_z = n_e \cdot L \end{cases} \tag{4.39}$$

对应的光程差为:

$$\Delta D = \mathrm{d}x - \mathrm{d}x = \left(n_0 - n_e - \frac{n_0^3}{2}\gamma_{63}E_z\right) \cdot L \tag{4.40}$$

相位差为:

$$\Gamma = \frac{2\pi}{\lambda}\Delta D = \frac{2\pi}{\lambda}\left(n_0 - n_e - \frac{n_0^3}{2}\gamma_{63}E_z\right)L = \frac{2\pi}{\lambda}(n_0 - n_e)L - \frac{\pi}{\lambda}\gamma_{63}\frac{VL}{D} \cdot n_0^3 \tag{4.41}$$

从上式可以盾出,在达到一定量相位调制的前提下,通过增加晶体长度或减小其厚度均可使调制电压降低。此外,在上式中包含了$(2\pi/\lambda)(n_0 - n_e)L$因子,该项即为晶体的固有双折射,在实际应用中起着一种"偏置"作用,但由于自然双折射对温度非常敏感。例如,对KDP晶体,若长度为1 cm,则当温度变化1 ℃时,其自然双折射引起的电光相位延迟可高达40°。这种"偏置"随温度变化将产生明显的漂移,从而使调制不稳定,产生畸变,甚至无法正常工作。因此,在实际应用中,必须要有抑制自然双折射漂移的措施,否则系统不能正常运行。

4.4.3　高频电光调制

由于光载波频率极高,因而具有非常大的带宽,故研究电光调制的高频响应具有很大的实际意义。

电光晶体在高频工作时受到的限制主要是调制效率和渡越时间的问题。

(1)**调制效率**

电光晶体的等效电路如图4.8所示，其中 V_s 和 R_s 分别代表调制信号源的电压和内阻，C 为电光调制器的等效电容，R_e、R 分别为其接线电阻和体电阻。从等效电路图中不难得出实际加到电光晶体上的调制电压为：

$$V=V_s\left(\frac{1}{\frac{1}{R}+\mathrm{j}\omega C}\right)\Bigg/\left(R_s+R_e+\frac{1}{\frac{1}{R}+\mathrm{j}\omega C}\right)=\frac{V_sR}{R_s+R_e+\mathrm{j}\omega C(R_sR+R_eR)+R} \tag{4.42}$$

当调制频率 ω 较低时，$\mathrm{j}\omega C$ 较小，而一般来说有 $R\gg R_e+R_s$，故此时晶体呈较大的阻抗，调制电压几乎全部加到晶体上，即 $V=V_s$。随着调制频率的上升，容抗 $1/\mathrm{j}\omega C$ 逐渐减小，则调制信号 V_s 将大部分消耗在 R_s、R_e 上，使得晶体上获得的调制信号减小，从而引起调制效率降低。

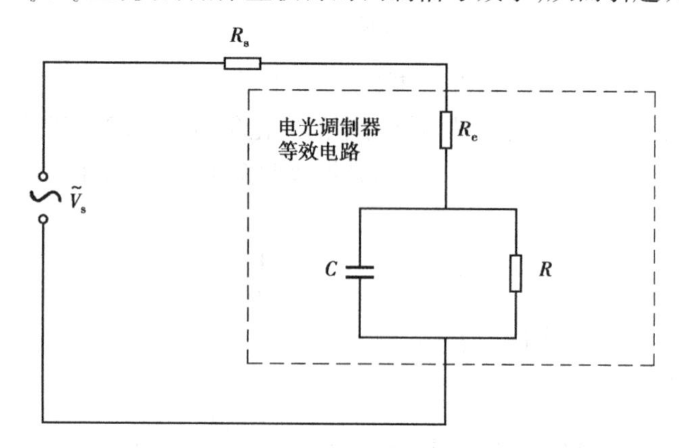

图4.8　电光晶体的等效电路

通过在晶体两端并联电感构成谐振回路方法能提高电光晶体在调频下的调制效率(如图4.9所示)，电感量 L 由工作频率决定，即

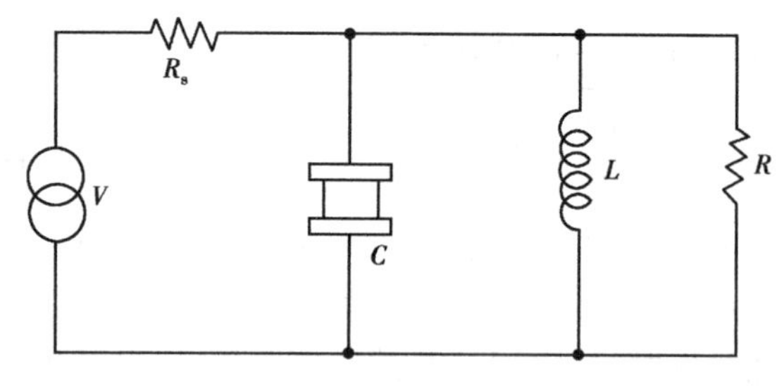

图4.9　LC 并联谐振法提高高频调制效率

$$\omega_0=\frac{1}{\sqrt{LC}} \tag{4.43}$$

当工作频率 ω_0 满足上式时，整个负载的阻抗只有晶体的体电阻 R，故此时调制电压几乎全部加在电光晶体上。谐振回路的带宽(中心频率为 ω_0)由下式给出，即

$$\Delta\omega=\frac{1}{R_LC} \tag{4.44}$$

式中，R_L 为负载电阻，若负载开路，则 R_L 为晶体的体电阻与电感分流电阻的等效电阻。目前已经可以做到 $10^8\sim10^9$ Hz 的带宽。

对于一定的峰值相位差或相位延迟，所需要的调制功率可由下式决定，即

$$P_m=\frac{V_m^2}{2R_L} \tag{4.45}$$

式中，$V_{\mathrm{m}}=\lambda/(2\pi n_0^3\gamma_{63})\cdot\Gamma_{\mathrm{m}}$，为峰值调制电压，$\Gamma_{\mathrm{m}}$ 为峰值相位延迟。

利用式(4.44)，可与式(4.45)导出 P_{m} 与 $\Delta\omega$ 的关系：

$$P_{\mathrm{m}}=\left(\frac{\lambda}{2\pi n_0^3\gamma_{63}}\Gamma_{\mathrm{m}}\right)^2\frac{C\Delta\omega}{2}\tag{4.46}$$

或

$$P_{\mathrm{m}}=\frac{\lambda^2\Gamma_{\mathrm{m}}^2}{2(2\pi n_0^3\gamma_{63})^2}\Delta\omega\frac{A\varepsilon_0\varepsilon_{\mathrm{r}}}{L}\tag{4.47}$$

式(4.47)仅是将式(4.46)中电容 C 由平行平板电容公式 $C=A\varepsilon_0\varepsilon_{\mathrm{r}}/L$ 替换而成，式中 A 为电极面积。

(2)**渡越时间**

对于 KDP 晶体，当施加一直流电场时，产生的相位延迟为 $\Gamma=(2\pi/\lambda)n_0^3\gamma_{63}E\cdot l$(对于纵向调制)，但当调制电场的频率变化较高时，上式不再成立，而变为：

$$\Gamma(l)=\int_0^l\frac{2\pi}{\lambda}n_0^3\gamma_{63}E(t)\,\mathrm{d}l\tag{4.48}$$

将上式转化成对时间的积分，即

$$\Gamma(t)=\frac{2\pi}{\lambda}n_0^2\gamma_{63}C\int_t^{t+\tau_{\mathrm{d}}}E(t')\,\mathrm{d}t'\tag{4.49}$$

式中，$\tau_{\mathrm{d}}=Ln/c$ 为光波通过晶体的时间，且近似认为晶体的折射率为 n_0。

当调制电场为单一正弦波时，即

$$\begin{aligned}E(t')&=E_0\exp[\mathrm{j}(\omega_{\mathrm{m}}t'-k_{\mathrm{m}}z)]\\&=E_0\exp\left\{\mathrm{j}\left[\omega_{\mathrm{m}}t'-k_{\mathrm{m}}\frac{C}{n}(t'-t)\right]\right\}\end{aligned}\tag{4.50}$$

则式(4.49)可以积出，即

$$\begin{aligned}\tau(t)&=\frac{2\pi}{\lambda}n_0^2\gamma_{63}CE_0\int_{t-\tau_{\mathrm{d}}}^{t}\exp\left\{\mathrm{j}\left[\omega_{\mathrm{m}}t'-k_{\mathrm{m}}\frac{c}{n}(t'-t)\right]\right\}\mathrm{d}t\\&=\tau_0\exp(\mathrm{j}\omega_{\mathrm{m}}t)\left[\frac{\exp[\mathrm{j}\omega_{\mathrm{m}}\tau_{\mathrm{d}}(1-c/nc_{\mathrm{m}})]-1}{\mathrm{j}\omega_{\mathrm{m}}\tau_{\mathrm{d}}(1-c/nc_{\mathrm{m}})}\right]\end{aligned}\tag{4.51}$$

式中，$\tau_0=(2\pi/\lambda)\cdot n_0^3\gamma_{63}CE_0\tau_{\mathrm{d}}$ 是当 $\tau_{\mathrm{d}}\omega_{\mathrm{m}}\ll1$ 时的峰值相位延迟，亦即直流调制场时的相位延迟，因子

$$\gamma=\frac{\exp[-\mathrm{j}\omega_{\mathrm{m}}\tau_{\mathrm{d}}(1-c/nc_{\mathrm{m}})]-1}{\mathrm{j}\omega_{\mathrm{m}}\tau_{\mathrm{d}}(1-c/nc_{\mathrm{m}})}\tag{4.52}$$

表示由于有限通过时间引起的峰值相位的减小。

由式(4.51)可知，只有当 $\gamma=1$ 时峰值相位延迟才不受渡越时间的影响，此时必须有：

$$nc_{\mathrm{m}}=c$$

即调制波与光波的相速相等。

解决渡越时间效应的一个有效办法是采用所谓“行波调制法”(图4.10)，其主要思想是让调制信号沿电极的传播速度与光波在晶体中的相速度相等，则光波将受到一个“恒定”电场的作用。

由于材料的限制，一般很难做到相速匹配，一个行之有效的办法是如图4.10所示的结构，让欲调制的光波沿“锯齿”状波导行进，而调制电场则“走直线”。

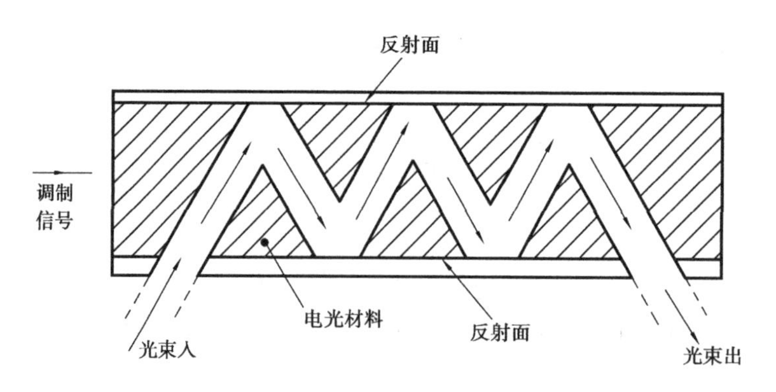

图 4.10 行波调制法减小渡越时间的影响

4.5 电光偏转

电光偏转是指利用电光效应,用电信号控制光束的传播方向。尽管由于材料的限制,目前在体电光器件中仅能使光束方向改变很小的角度,但在集成光学领域中,电光偏转则可显出巨大的应用前景,可以据此原理做成 $1 \times n$ 的光多路开关,这对光纤通信、局部网络以及光纤传感网络中都具有十分重大的意义。随着技术的发展,电光偏转技术将在光扫描、光存储、光显示、光摄像等领域得到广泛的应用。

4.5.1 电光偏转的基本原理

电光偏转器的工作原理如图 4.11 所示。设一平面波入射到晶体上,其波前为 AB,光波的传播方向即为其波前的法线方向。因此,欲使光波通过晶体后改变其传播方向(偏转),只须使波前改变,让 A 光线和 B 光线具有不同的光程即可,这可使晶体的折射率随其横向距离 x 而变来达到,令折射率随 x 呈线性变化。

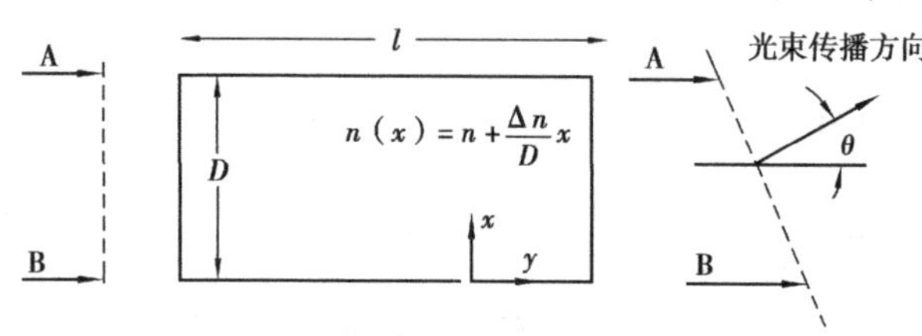

图 4.11 电光偏转器的工作原理

$$n(x) = n + \frac{1}{D}\Delta n \cdot x \tag{4.53}$$

则对 A 光线,其折射率为 $n + \Delta n$,它通过晶体的时间为:

$$T_A = \frac{l}{c}(n + \Delta n) \tag{4.54}$$

同样,B 光线通过晶体的时间为:

$$T_B = \frac{l}{c} n \tag{4.55}$$

在晶体的出射面上,A 光线将滞后 B 光线 Δy,即

$$\Delta y = \frac{c}{n}(T_A - T_B) = l\frac{\Delta n}{n} \tag{4.56}$$

这相当于光束在晶体内部偏转了角度 θ',即

$$\theta' = -\frac{\Delta y}{D} = -l\frac{\Delta n}{Dn} \tag{4.57}$$

式中,θ'为光束在晶体内出射面上的入射角。光束穿出晶体的偏转角(即折射角)由斯涅尔定律决定,即

$$\sin\theta = n\sin\theta' \tag{4.58}$$

由于一般 θ 角极小,满足:

$$\sin\theta \approx \theta \ll 1$$

故式(4.58)可写成下式:

$$\theta = \theta' n = -l\frac{\Delta n}{D} = -l\frac{\mathrm{d}n}{\mathrm{d}x} \tag{4.59}$$

上式中用 $\mathrm{d}n/\mathrm{d}x$ 代替了 $\Delta n/D$。

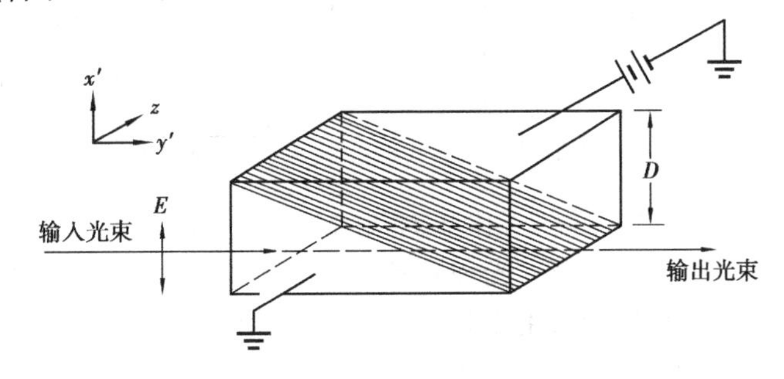

图4.12　采用KDP晶体的电光偏转器

图4.12所示为一个采用KH_2PO_4(KDP)晶体的实际电光偏转器。它由两个KDP棱镜构成,晶体的取向如图所示,上下两个棱镜的 z 轴相反,其他轴相同,外加电场沿 z 轴方向。令光束沿 y'方向传播,其偏振方向沿 x',则A光线对应的折射率为:

$$n_A = n_0 - \frac{1}{2}n_0^3\gamma_{63}E_z$$

B光线则因 z 轴反向,故有

$$n_B = n_0 + \frac{1}{2}n_0^3\gamma_{63}E_z$$

则

$$\Delta n = n_A - n_B = -n_0^3\gamma_{63}E_z$$

故由式(4.59),有

$$\theta = \frac{l}{D}n_0^3\gamma_{63}E_z \tag{4.60}$$

由物理光学可知,每一个光束都具有有限的远场发散角 $\theta_{光束}$,对于一个偏转器来说,其基本的品质因素不是偏转角度的大小,而是 θ 超过 $\theta_{光束}$的倍数 N,它以可分辨光斑数来表示对光束的偏转能力。

设波长为 λ 的高斯光束的光腰为 ω_0,则其远场发散角为:

$$\theta_{光束} = \frac{\lambda}{\pi\omega_0} \tag{4.61}$$

故偏转器可分辨的光斑数为:

$$N = \theta/\theta_{光束} = \frac{\pi l n_0^3 \gamma_{63}}{2\lambda}E_z \tag{4.62}$$

可以证明,当在晶体上施加一半波电压(即 $\Gamma=\pi$)将造成一个光斑直径的偏转。将多个上述偏转器串联起来将能得到更大的偏转效果。

4.5.2 电光开关

上节所述的电光偏转器的一个优点是通过调节电压能实现对光束的连续偏转,但其最大的弱点是偏转角度不大,这一弱点大大地限翻了这种器件的实用化。

将电光器件与双折射晶体结合起来能构成另一种光通道切换开关,如图 4.13 所示。

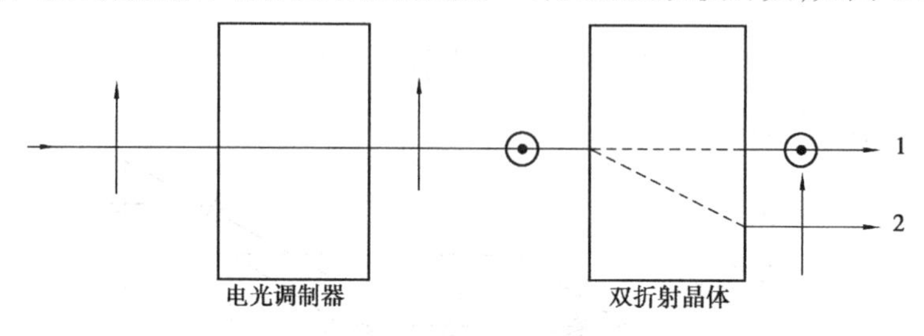

图 4.13 由电光晶体与双折射晶体构成的光通道开关

由双折射晶体的特性可知,它对 o 光和 e 光具有不同的折射率,故当含有 o 光和 e 光的光束以一定角度射入到双折射晶体时,由于其折射率不同,在晶体内部 o、e 光将分开,且穿出晶体后这两种光将分成两束平行的光束,即将沿"1"道和"2"道前进。在图 4.13 中,设一束线偏光入射到晶体上时,若电压为零,则穿出双折射晶体的光束将沿"2"道前进;若在电光晶体上加上半波电压 V_π 时,则入射到电光晶体的光束的偏转方向将旋转 90°,故从双折射晶体出射后将沿"1"道前进。采用这种装置能用电信号来控制光通道的切换,虽然对于常用的体电光晶体其半波电压高达 14.5 kV[见(4.3.2)中的例 4.2],但若采用集成光学工艺做成的光开关,则控制电压仅需 10 V 左右。

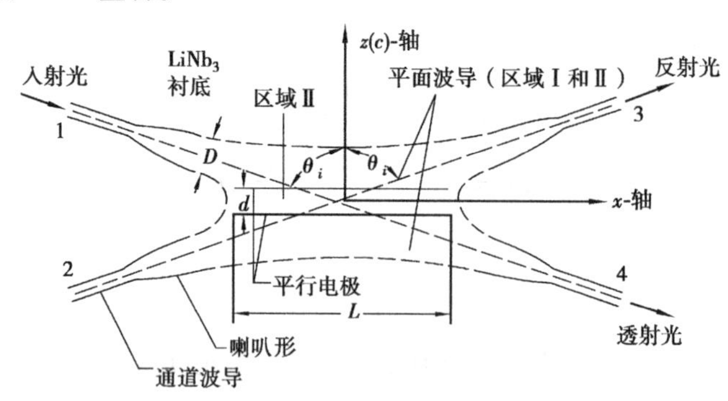

图 4.14 喇叭形集成光开关

由式 4.22 可知,对 n_x',当电光晶体受到外电场作用时,其折射率将减小,根据这种效应在集成光学中已能做出电光开关。由 Tsal 等提出的应用电光效应来减小波导层内的折射率,从而引起光束的全内反射,其原理图如图 4.14 所示。四个喇叭形通道波导构成一个平面波道的输入端和输出端,此平面波导内有一个可通过施加电场而使折射率减小的波导区。如果不加电场,在第一路内的入射光束将遇到折射率无变化的交界面,而自由地进入第四路。如果仔细地设计和制作喇叭形波导，使散射和模式转换最小，这样在第三路内的串话将可以非常小，当加上适当极性的电压可使两电极间的折射率减小，在不同折射率的区域之间就产生了两个交界面。如果在第一个界面上入射角大于临界角，则将发生全内反射，因而部分光束（也可能是全部）转换到第三路。由图4.14所示的结构，可以证明临界角为：

$$\theta_c = \arcsin\left[1 - \frac{1}{2}\gamma_{63}n_1\left(\frac{V}{d}\right)\right] \tag{4.63}$$

式中，n_1 为电场区域外的有效折射率，d 为电极间距。显然，这类器件的开关效率取决于波导的结构参数（决定了光束入射到界面上的有效角度）和控制电压（决定了 θ_c）。

Tsal 等人已在 T_i 扩散 y 切割 $LiNzO_3$ 上制成了以上所介绍的这类开关。输入和输出喇叭口长4.7 mm，宽的斜度从4～40 μm，电极对的长度为 $L=3.4$ mm，$d=4$ μm。当电压为50 V时，可以观察到0.632 8 μm的光束完全被转换。没有外加电压时，在第三路中的串话为 −15 dB。已实现的开关速度超过了6 GHz。

Akuari 等人利用电光效应，在 $LiNzO_3$ 上制成了一个通道波导型2×2开关器，如图4.15所示。

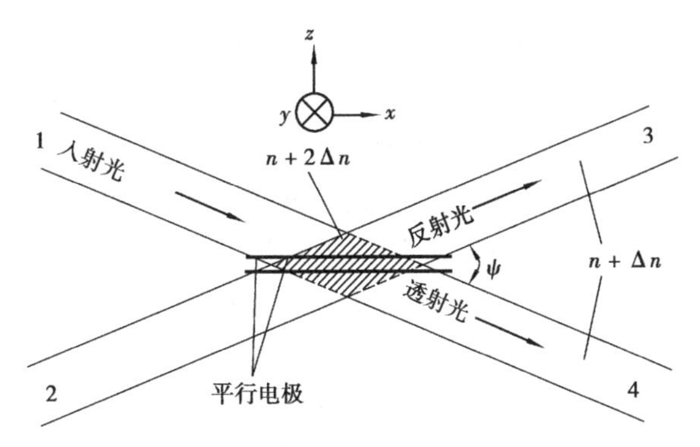

图4.15　X形2×2集成光开关

两通道交角 ψ 为3°，交叠区内的折射率增值为 $2\Delta n$。当此交叠区内的两电极上施加电压，其中一部分区域的折射率降低，通道1内的导模发生全内反射而进入通道3。当驱动电压为5 V时，开关效率为93%，串话为 −15.7 dB。用这类开关还可构成3×3矩阵开关和4×4开关网络。

4.6　声光调制的物理基础

1922年布里渊曾预言声波对光束具有衍射效应，这一预言在10年后得到了实验证实。今天，声光效应为人们提供了一种方便地控制光束的频率、光强和传播方向的有力手段，这类器件在传播、显示、信息处理等方面得到了广泛的应用。

4.6.1　声波对光的散射效应

声光效应是指弹性波（声波）通过介质时引起介质相对折射率的改变，这种变化在一级近似下可写成如下表达式：

$$\Delta n(z,t) = \Delta n \sin(\omega_s t - k_s z) \tag{4.64}$$

式中,$v_s = \omega_s / k_s$,为声波的速度。

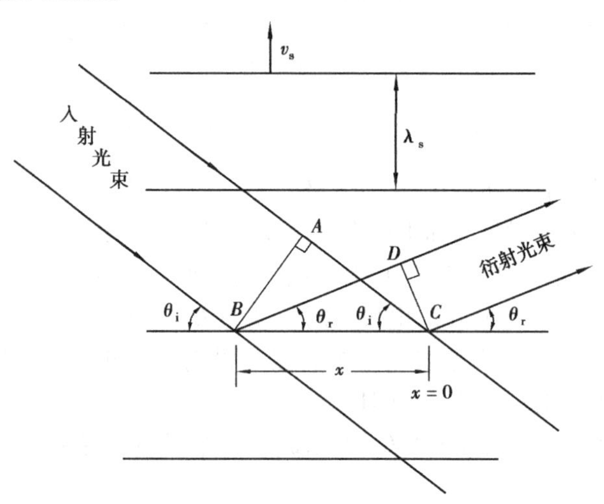

图 4.16　声光效应的镜面反射模型(Ⅰ)

当一束光以角度 θ_1 入射到声波中(如图 4.16 所示),为了方便讨论,可作如下简化处理:即将声波视为一系列的部分反射镜,其间距为声波之波长 λ_s,且这些反射镜以声速 v_s 运动,在某一瞬时讨论时,可暂不考虑镜面的运动。设衍射光的衍射角为 θ_r,则对一给定方向,发生衍射的必要条件是镜面上的所有点对该方向衍射的贡献均是同相的。如图 4.16 中 C、B 两点的衍射,上述必要条件即为要求 $AC - BD$ 必须为 λ/n 的整数倍,即

$$x(\cos\theta_i - \cos\theta_r) = m\lambda/n \tag{4.65}$$

式中,$m = 0, \pm 1, \pm 2, \cdots, n$ 为介质折射率,λ 为光波波长。对于一个给定的反射面来说,式(4.65)要对任意 x 均成立,必须有 $m = 0$,故上式可化简为:

$$\theta_i = \theta_r \tag{4.66}$$

另一方面,要产生相加衍射还要求从任意两个镜面(即声波波阵面)发出的衍射,沿着反射光束的方向是同相的。由图 4.17 可知,从两个等价的声学波前上反射的光波的光程差必须等于波长 λ,两反射镜面的间距是声波波长 λ_s,利用式(4.66),可将上述条件写为:

$$2\lambda_s \sin\theta = \frac{\lambda}{n} \tag{4.67}$$

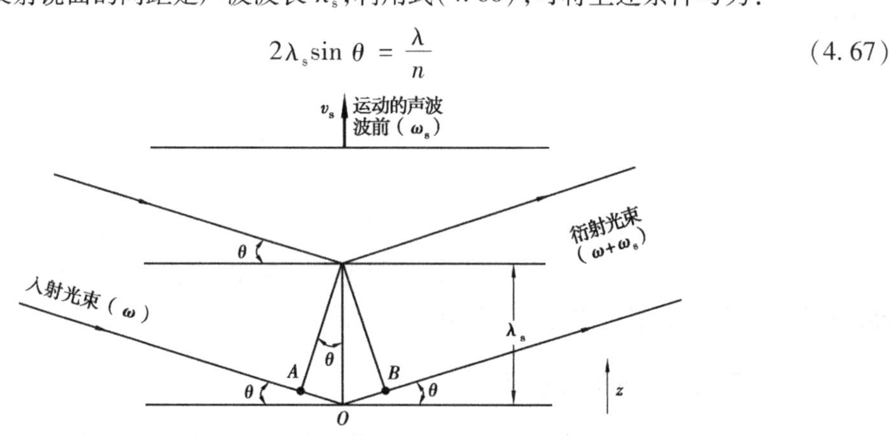

图 4.17　声光效应的镜面反射模型(Ⅱ)

式中，$\theta_i=\theta_r=\theta_0$。式(4.67)即为布喇格衍射公式。

衍射角计算实例：设光波波长 $\lambda=0.5\ \mu m$，声波频率 $f=500$ MHz，声速 $v_s=3\times10^5$ cm/s，则

$$\lambda_s=v_s/\nu_s=6\times10^{-4}\ \text{cm}$$

$$\theta=\arcsin\left(\frac{\lambda}{2\lambda_s n}\right)\approx3.4^\circ\quad(n\ \text{取}\ 1)$$

4.6.2　布喇格衍射的粒子模型

根据光和声的波粒二象性，可得知许多声波对光都具有产生布喇格衍射的特性。据此模型，具有传播矢量 $\boldsymbol{\kappa}$、频率为 ω 的一道光束可以看成是由动量为 $\hbar k$ 和能量 $\hbar\omega$（$\hbar=h/2\pi$，h 为普朗克常数）的粒子束（即光子）组成。同样，声波也可视为由动量 $\hbar k_s$ 和能量 $\hbar\omega_s$ 的粒子（声子）所组成。图4.15所示的衍射可看成是光子与声子的碰撞，每一次碰撞引起一个入射光子和一个声子消失，同时沿散射光方向产生一个新的光子。由能量守恒条件决定了新光子的频率，由动量守恒条件则决定新光子的衍射方向。

能量守恒：
$$\hbar\omega_i\pm\hbar\omega_s=\hbar\omega_d$$
即
$$\omega_d=\omega_i\pm\omega_s \tag{4.68}$$
动量守恒：
$$\hbar\boldsymbol{k}_i\pm\hbar\boldsymbol{k}_s=\hbar\boldsymbol{k}_d$$
即
$$\boldsymbol{k}_d=\boldsymbol{k}_i\pm\boldsymbol{k}_s \tag{4.69}$$
式(4.68)中“±”的出现描述了两种碰撞过程，“+”表示一个入射光子与声子碰撞而产生了一个新的光子；“-”表示一入射光子被湮灭，而产生一个新的光子和一个新的声子。此外，“±”的出现也可用反射镜面的多普勒频移来解释，请读者自行证明。

4.6.3　布喇格衍射的物理图像

声光相互作用实际上是入射光波在声波的作用下，其能量向衍射光波转换的过程。由式(4.64)可知，声波对介质折射率的影响可用行波式表达，即
$$\Delta n(\boldsymbol{r},t)=\Delta n\cos(\omega_s t-\boldsymbol{k}_s\cdot\boldsymbol{r}) \tag{4.70}$$
这种折射率的调制与 ω_i（入射光）和 ω_d（衍射光）的光场发生相互作用，将使介质的极化矢量引起附加变化。

由电磁学理论不难证明，极化矢量与折射率有如下关系：

电位移矢量：
极化矢量：
折射率：
$$\begin{cases}\boldsymbol{d}=\varepsilon_0\boldsymbol{e}+\boldsymbol{p}=\varepsilon\boldsymbol{e}\\ \boldsymbol{p}=\varepsilon_0\chi\boldsymbol{e}\\ n^2=\varepsilon/\varepsilon_0\end{cases} \tag{4.71}$$
由式(4.71)可得出：
$$\boldsymbol{p}=\varepsilon_0(n^2-1)\boldsymbol{e} \tag{4.72}$$
因而由折射率变化引起的极化矢量的变化可写成：
$$\Delta\boldsymbol{p}(\boldsymbol{r},t)=2\sqrt{\varepsilon\varepsilon_0}\Delta n(\boldsymbol{r},t)\boldsymbol{e}(\boldsymbol{r},t) \tag{4.73}$$
在讨论声光效应时，$\boldsymbol{e}(\boldsymbol{r},t)$ 是入射光场与衍射光场的矢量叠加。

由麦克斯韦方程不难导出如下的波动方程：

$$\nabla^2 \boldsymbol{e}(\boldsymbol{r},t) = \mu\varepsilon \frac{\partial^2 \boldsymbol{e}}{\partial t^2} + \mu \frac{\partial^2}{\partial t^2}\boldsymbol{p}_{NL}(\boldsymbol{r},t) \tag{4.74}$$

上式即为介质中的波动方程,由于这里是讨论声光作用,故 $\boldsymbol{p}_{NL}(\boldsymbol{r},t)$ 可用式(4.73)中的 $\boldsymbol{\Delta p}(\boldsymbol{r},t)$ 来表示。

波动方程式(4.74)对入射场 ω_i 和衍射光场 ω_d 均适用。设入射光和衍射光均为线偏振,则对于入射光来说,有:

$$\nabla^2 e_{\mathrm{i}} = \mu\varepsilon \frac{\partial^2 e_{\mathrm{i}}}{\partial t^2} + \mu \frac{\partial^2}{\partial t^2}(\Delta p)_{\mathrm{i}} \tag{4.75}$$

式中,e_{i} 为 $\boldsymbol{e}_{\mathrm{i}}$ 的模,$(\Delta p)_{\mathrm{i}}$ 是 $\boldsymbol{\Delta p}$ 与 $\boldsymbol{e}_{\mathrm{i}}$ 平行且振荡频率为 ω_{i} 的分量,$\boldsymbol{\Delta p}$ 中其他频率成分对 e_{i} 贡献的平均值为零。类似地对衍射光场有:

$$\nabla^2 e_{\mathrm{d}} = \mu\varepsilon \frac{\partial^2 e_{\mathrm{d}}}{\partial t^2} + \mu \frac{\partial^2}{\partial t^2}(\Delta p)_{\mathrm{d}} \tag{4.76}$$

设式(4.75)、式(4.76)有如下形式的解:

$$\begin{cases} e_{\mathrm{i}}(\boldsymbol{r},t) = \dfrac{1}{2}E_{\mathrm{i}}(\boldsymbol{r}_{\mathrm{i}})\exp[j(\omega_{\mathrm{i}}t - \boldsymbol{\kappa}_{\mathrm{i}} \cdot \boldsymbol{r})] + cc \\ e_{\mathrm{d}}(\boldsymbol{r},t) = \dfrac{1}{2}E_{\mathrm{d}}(\boldsymbol{r}_{\mathrm{d}})\exp[j(\omega_{\mathrm{d}}t - \boldsymbol{\kappa}_{\mathrm{d}} \cdot \boldsymbol{r})] + cc \end{cases} \tag{4.77}$$

式中,$\boldsymbol{\kappa}_{\mathrm{i}}$、$\boldsymbol{\kappa}_{\mathrm{d}}$ 分别为入射光和衍射光的波矢。

下面将式(4.77)代入波动方程式(4.75)、式(4.76)中,从而解出 $E_{\mathrm{i}}(r)$ 和 $E_{\mathrm{d}}(r)$。

对 e_{i} 进行两次微分,可得:

$$\nabla^2 e_{\mathrm{i}}(\boldsymbol{r},t) = -\frac{1}{2}[k_{\mathrm{i}}^2 E_{\mathrm{i}} + 2jk_{\mathrm{i}}\frac{\partial E_{\mathrm{i}}}{\partial r_{\mathrm{i}}}] + \nabla^2 E_{\mathrm{i}}]\exp[j(\omega_{\mathrm{i}}t - \boldsymbol{k}_{\mathrm{i}} \cdot \boldsymbol{r})]$$

设 $E_{\mathrm{i}}(r_{\mathrm{i}})$ 的变化非常缓慢,满足 $\nabla^2 E_{\mathrm{i}} \ll k_{\mathrm{i}}\mathrm{d}E_{\mathrm{i}}/\mathrm{d}r_{\mathrm{i}}$,则将上式代入式(4.75)中,并注意到 $k_{\mathrm{i}}^2 = \omega_{\mathrm{i}}\mu\varepsilon$,可得:

$$k_{\mathrm{i}}\frac{\partial E_{\mathrm{i}}}{\partial r_{\mathrm{i}}} = j\mu[\frac{\partial^2}{\partial t^2}(\Delta p)_{\mathrm{i}}]\exp[-j(\omega_{\mathrm{i}}t - \boldsymbol{\kappa}_{\mathrm{i}} \cdot \boldsymbol{r})] \tag{4.78}$$

利用式(4.73)并注意到总光场由入射光场与衍射光场叠加而成,故有:

$$\boldsymbol{\Delta p} = 2\sqrt{\varepsilon\varepsilon_0}\Delta n(\boldsymbol{r},t)[\boldsymbol{e}_{\mathrm{i}}(\boldsymbol{r},t) + \boldsymbol{e}_{\mathrm{d}}(\boldsymbol{r},t)]$$

则$(\boldsymbol{\Delta p})_{\mathrm{i}}$,可写成下式:

$$[\boldsymbol{\Delta p}(\boldsymbol{r},t)]_{\mathrm{i}} = \frac{1}{2}\sqrt{\varepsilon\varepsilon_0}\Delta n E_{\mathrm{d}}\{\exp\{j[(\omega_{\mathrm{s}} + \omega_{\mathrm{d}})t - (\boldsymbol{\kappa}_{\mathrm{s}} + \boldsymbol{\kappa}_{\mathrm{d}}) \cdot \boldsymbol{r}]\} + cc \tag{4.79}$$

注意,在推导上式时,假设了 $\omega_{\mathrm{i}} = \omega_{\mathrm{s}} + \omega_{\mathrm{d}}$,而忽略了 $\omega_{\mathrm{d}} - \omega_{\mathrm{s}}$ 及 $\omega_{\mathrm{i}} \pm \omega_{\mathrm{s}}$ 等项。将式(4.79)代入式(4.78)中,得:

$$\frac{\mathrm{d}E_{\mathrm{i}}}{\mathrm{d}r_{\mathrm{i}}} = -j\eta_{\mathrm{i}}E_{\mathrm{d}}\exp[j(\boldsymbol{\kappa}_{\mathrm{i}} - \boldsymbol{\kappa}_{\mathrm{s}} - \boldsymbol{\kappa}_{\mathrm{d}}) \cdot \boldsymbol{r}] \tag{4.80}$$

同样,对衍射光,有:

$$\frac{\mathrm{d}E_{\mathrm{d}}}{\mathrm{d}r_{\mathrm{d}}} = -j\eta_{\mathrm{d}}E_{\mathrm{i}}\exp[-j(\boldsymbol{\kappa}_{\mathrm{i}} - \boldsymbol{\kappa}_{\mathrm{s}} - \boldsymbol{\kappa}_{\mathrm{d}}) \cdot \boldsymbol{r}] \tag{4.81}$$

式中

$$\begin{cases}\eta_{\mathrm{i}} = \dfrac{1}{2}\omega_{\mathrm{i}}\sqrt{\mu\varepsilon_0}\Delta n = \dfrac{\omega_{\mathrm{i}}\Delta n}{2C_0} \\ \eta_{\mathrm{d}} = \dfrac{1}{2}\omega_{\mathrm{d}}\sqrt{\mu\varepsilon_0}\Delta n = \dfrac{\omega_{\mathrm{d}}\Delta n}{2C_0}\end{cases} \tag{4.82}$$

分析式(4.80),要使入射场与衍射场之间有持续同相的贡献,则必须与光程(或空间矢量 $\boldsymbol{r}$)无关,故必须有:

$$\boldsymbol{\kappa}_{\mathrm{i}} = \boldsymbol{\kappa}_{\mathrm{s}} + \boldsymbol{\kappa}_{\mathrm{d}} \tag{4.83}$$

此式与动量守恒条件式(4.69)类似。只不过这里是针对声波离开入射光场的特例,同样此时由能量守恒有 $\omega_{\mathrm{i}} = \omega_{\mathrm{s}} + \omega_{\mathrm{d}}$,这正与我们推导式(4.79)时作的假设相吻合。

动量守恒和能量守恒条件即为声波对光场衍射的布喇格条件。当布喇格条件得到满足时,式(4.80)、式(4.81)可简化为:

$$\begin{cases}\dfrac{\mathrm{d}E_{\mathrm{i}}}{\mathrm{d}r_{\mathrm{i}}} = -j\eta E_{\mathrm{d}} \\ \dfrac{\mathrm{d}E_{\mathrm{d}}}{\mathrm{d}r_{\mathrm{d}}} = -j\eta E_{\mathrm{i}}\end{cases} \tag{4.84}$$

因 $\omega_{\mathrm{i}} \approx \omega_{\mathrm{d}}$, 故可令 $\eta_{\mathrm{i}} = \eta_{\mathrm{d}} = \eta$。

式(4.84)即为入射波与衍射的耦合波方程的微分形式。该方程的求解较困难,因为它具有不同的空间坐标 r_{i} 和 r_{d},所以必须首先进行坐标变换,将它们变换到一个沿 $\boldsymbol{\kappa}_{\mathrm{i}}$(入射光方向)和 $\boldsymbol{\kappa}_{\mathrm{d}}$(衍射光方向)两个方向的角平分线方向 ζ 轴上,如图4.18所示。将 ζ 沿 $\boldsymbol{\kappa}_{\mathrm{d}}$ 和 $\boldsymbol{\kappa}_{\mathrm{i}}$ 方向的投影视为 r_{d} 和 r_{i} 的值,即

$$\begin{cases}r_{\mathrm{i}} = \zeta\cos\theta \\ r_{\mathrm{d}} = \zeta\cos\theta\end{cases} \tag{4.85}$$

则式(4.84)可化简成共同变量 ζ 的方程,即

$$\begin{aligned}\frac{\mathrm{d}E_{\mathrm{i}}}{\mathrm{d}\zeta} &= -j\zeta E_{\mathrm{d}}\cos\theta \\ \frac{\mathrm{d}E_{\mathrm{d}}}{\mathrm{d}\zeta} &= -j\zeta E_{\mathrm{i}}\cos\theta\end{aligned} \tag{4.86}$$

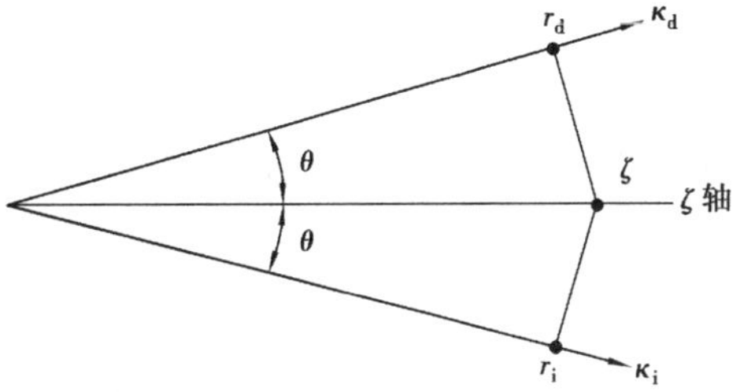

图4.18　空间坐标 r_{d},r_{i} 与 ζ 的关系

该方程的解可写成:

$$E_{\mathrm{i}}(\zeta) = E_{\mathrm{i}}(0)\cos(\eta\zeta\cos\theta) - jE_{\mathrm{d}}(0)\sin(\eta\zeta\cos\theta)$$
$$E_{\mathrm{d}}(\zeta) = E_{\mathrm{d}}(0)\cos(\eta\zeta\cos\theta) - jE_{\mathrm{i}}(0)\sin(\eta\zeta\cos\theta)$$

再将坐标变换到原来的 r_{i},r_{d} 上,有:

$$\begin{cases}E_{\mathrm{i}}(r_{\mathrm{i}}) = E_{\mathrm{i}}(0)\cos(\eta r_{\mathrm{i}}) - jE_{\mathrm{d}}(0)\sin(\eta r_{\mathrm{i}}) \\ E_{\mathrm{d}}(r_{\mathrm{d}}) = E_{\mathrm{d}}(0)\cos(\eta r_{\mathrm{d}}) - jE_{\mathrm{i}}(0)\sin(\eta r_{\mathrm{d}})\end{cases} \tag{4.87}$$

在动量守恒和能量守恒条件得到满足时,上式普遍地描写了两个具有任意相位,任意振幅的频率为 ω_{i} 和 ω_{d} 的光场间的相互作用。

当只有一个入射光波 ω_{i} 时,$E_{\mathrm{d}}(0) = 0$,则式(4.87)变为:

$$\begin{cases}E_{\mathrm{i}}(r_{\mathrm{i}}) = E_{\mathrm{i}}(0)\cos(\eta r_{\mathrm{i}}) \\ E_{\mathrm{d}}(r_{\mathrm{d}}) = -jE_{\mathrm{i}}(0)\sin(\eta r_{\mathrm{d}})\end{cases} \tag{4.88}$$

显然,总能量是守恒的,请读者自行证明。

当两光束间的相互作用距离满足下式时，即

$$\eta r_i = \eta r_d = \frac{\pi}{2}$$

则入射光束的能量将全部转移到衍射光束中，因此，布喇格衍射具有衍射效率高的优点，因而被广泛采用。

4.6.4 声光调制

声光调制的目的就是利用被信号调制的声波强度来改变衍射光的强度，即对衍射效率进行调制。

衍射效率定义为：

$$\eta_{衍射} = \frac{E^2_{衍射}}{E^2_i(0)} \tag{4.89a}$$

由式(4.88)可得：

$$\eta_{衍射} = \frac{|E_d(r_d)|^2}{|E_i(0)|^2} = \sin^2(\eta r_d)$$

利用式(4.82)，有：

$$\eta_{衍射} = \sin^2\left(\frac{\omega l}{2c}\Delta n\right) \tag{4.89b}$$

式中，l 为声光相互作用距离。

折射率的变化 Δn 可用介质的形变 s 来表示，即

$$\Delta n = -\frac{n^3 p}{2}s \tag{4.90}$$

式中，p 为介质的光弹性系数。s 与声强 $I_{声}$ 有如下关系，即

$$s = \sqrt{\frac{2I_{声}}{\rho v_s^3}} \tag{4.91}$$

式中，ρ 为介质的密度，v_s 为介质中的声速。

将式(4.91)、式(4.90)代入式(4.89)中，可得：

$$\eta_{衍射} = \sin^2\left[\frac{\pi l}{\sqrt{2}\lambda}\sqrt{\frac{n^6 p^2}{\rho v_s^3}I_{声}}\right] \tag{4.92}$$

引入衍射品质因数 M：

$$M = \frac{n^6 p^3}{\rho v_s^3} \tag{4.93}$$

式(4.92)可化成：

$$\eta_{衍射} = \sin^2\left(\frac{\pi l}{\lambda\sqrt{2}}\sqrt{MI_{声}}\right) \tag{4.94}$$

例如：以水为声光介质，有 $n = 1.33$，$p = 0.31$，$v_s = 1.5 \times 10^3$ m/s，代入式(4.93)、式(4.94)中，可得：

$$\eta_{水} = \sin^2(1.4l\sqrt{I_{声}}) \tag{4.95}$$

在工程中常常用水的结果作为参照量，故将式(4.94)和式(4.95)接合起来，可得：

$$\eta_{衍射} = \sin^2\left(1.4\frac{0.632\ 8}{\lambda}l\sqrt{M_\omega I_{声}}\right) \tag{4.96}$$

式中，$M_\omega = M/M_{水}$，是材料相对于水的衍射品质因数（λ 的单位：μm）。一些常用材料的 M 和 M_ω 之值见表4.3和表4.4。

表4.3　常用于声光衍射的某些材料及其若干有关的性质表

材　料	$\rho/(g\cdot cm^{-3})$	$v_s/(km\cdot s^{-1})$	n	p	M_ω
水	1.0	1.5	1.33	0.31	1.0
超重火石玻璃	6.3	3.1	1.92	0.25	0.12
熔石英（SiO_2）	2.2	5.97	1.46	0.20	0.006
聚苯乙烯	1.06	2.35	1.59	0.31	0.8
KRS-5	7.4	2.11	2.60	0.21	1.6
铌酸锂（$LiNbO_3$）	4.7	7.40	2.25	0.15	0.012
氟化锂（LiF）	2.6	6.00	1.39	0.13	0.001
金红石（TiO_2）	4.26	10.30	2.60	0.05	0.001
蓝宝石（Al_2O_3）	4.0	11.00	1.76	0.17	0.001
钼酸铅（$PbMoO_4$）	6.95	3.75	2.30	0.28	0.22
α 碘酸（HIO_3）	4.63	2.44	1.90	0.41	0.5
二氧化碲（TeO_2）（慢切变波）	5.99	0.617	2.35	0.09	5.0

表中 ρ 为密度，v_s 为声速，n 为折射率，p 为光弹性常数，M_ω 为上面定义的相对衍射常数。

表4.4　常用材料的 M 和 M_ω

材　料	λ/μm	n	ρ /$(g\cdot cm^{-3})$	声波偏振及方向	v_s /$(10^5\ cm\cdot s^{-1})$	光波偏振和方向	$M=n^6p^2/$ $(\rho v_s^3 10^{-15}$单位)
熔石英	0.63	1.46	2.2	纵	5.95	⊥	1.51
熔石英	0.63			横	3.76	‖或⊥	0.467
GaP	0.63	3.31	4.13	纵[110]	6.32	‖	44.6
GaP	0.63			横[100]	4.13	‖或⊥[010]	24.1
GaAs	1.15	3.37	5.34	纵[110]	5.15	‖	104
GaAs	1.15			横[100]	3.32	‖或⊥[010]	46.3
TiO_2	0.63	2.58	4.6	纵[11-20]	7.86	⊥[001]	3.93
$LiNbO_3$	0.63	2.20	4.7	纵[11-20]	6.57	(*b*)	6.99
YAG	0.63	1.83	4.2	纵[100]	8.53	‖	0.012
YAG	0.63			纵[110]	8.60	⊥	0.073
YIG	1.15	2.22	5.17	纵[100]	7.21	⊥	0.33
$LiTaO_3$	0.63	2.18	7.45	纵[001]	6.19	‖	1.37
As_2S_3	0.63	2.61	3.20	纵	2.6	⊥	433
As_2S_3	1.15	2.46		纵		‖	347
SF-4	0.63	1.616	3.59	纵	3.63	⊥	4.51

续表

材　料	$\lambda/\mu m$	n	ρ $/(g\cdot cm^{-3})$	声波偏振及方向	v_s $/(10^5\ cm\cdot s^{-1})$	光波偏振和方向	$M=n^6p^2/$ $(\rho v_s^3 10^{-15}$单位)
β-ZnS	0.63	2.35	4.10	纵[110]	5.51	‖[001]	3.41
β-ZnS	0.63			横[110]	2.165	‖或⊥[001]	0.57
α-Al_2O_3	0.63	1.76	4.0	纵[001]	11.15	‖于[11-20]	0.34
CdS	0.63	2.44	4.82	纵[11-20]	4.17	‖	12.1
ADP	0.63	1.58	1.803	纵[100]	6.15	‖于[010]	2.78
ADP	0.63			横[100]	1.83	‖或⊥于[001]	6.43
KDP	0.63	1.51	2.34	纵[100]	5.50	‖于[010]	1.91
KDP	0.63			横[100]		‖或⊥[001]	3.83
H_2O	0.63	1.33	1.0	纵	1.5		160
Te	10.6	4.8	6.24	纵[11-20]	2.2	‖于[0001]	4 400
$PbMoO_4$[14]	0.63	2.4		纵‖c轴	3.75	‖或⊥	73

由式(4.96)可知,衍射光强 I_d 为:

$$I_d = \eta_{衍射} I_i(0) = I_i(0)\sin^2\left(1.4\frac{0.632\ 8}{\lambda_0}l\sqrt{M_\omega I_{声}}\right) \tag{4.97}$$

式中,$I_i(0)$为入射光强。由上式可见,通过变化声强 $I_{声}$ 可以达到调制衍射光强的目的。

4.6.5　声光偏转

布喇格声光衍射由于其衍射效率高,因而在科研中得到广泛的应用。除了进行声光强度调制外,另一类主要的应用是声光偏转,声光偏转是用改变声波频率来调制衍射光的方向,如图4.19所示。当满足布喇格条件时,衍射光、入射光、声波之间应满足动量守恒,而三者的波矢将构成一封闭的三角形。当声波的频率从 ν_s 变到 $\nu_s+\Delta\nu_s$ 时,则声波的波矢亦将改变 $\Delta k_s=2\pi(\Delta\nu_s)/v_s$。由于光的入射角 θ 未变,衍射光波矢 $\boldsymbol{\kappa}_d$ 的大小也未变化(可证明这种变化极微),因此动量矢量图将不再闭合,即动量守恒不再满足,此时,衍射光束将沿动量失配最小的方向偏转,即图中 OB 方向。因为 θ 和 $\Delta\theta$ 都相当小,故偏转角为:

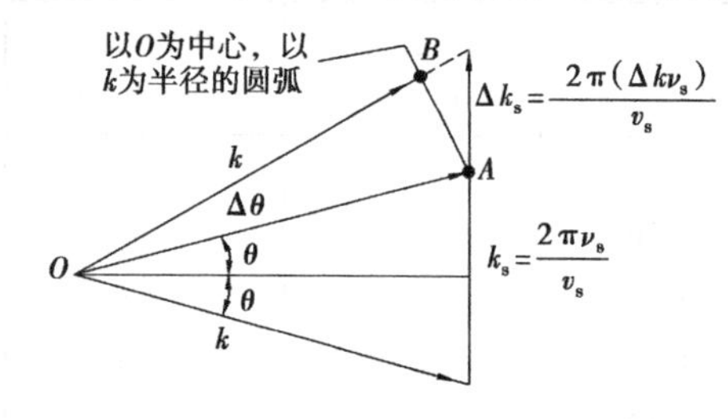

图4.19　声光偏转原理示意图

$$\Delta\theta = \frac{\Delta k_s}{k_d} = \frac{\lambda}{nv_s}\Delta\nu_s \tag{4.98}$$

式中,λ 为光波长,n 为声光介质的折射率,v_s 为声速,$\Delta\nu_s$ 为声波频率的改变量。

与电光偏转一样,值得关注的是 $\Delta\theta$ 超过光束远场发散角的倍数,也就是可分辨的光斑数 N,即

$$N = \frac{\Delta\theta}{\theta_{衍射}} = \left(\frac{\lambda}{v_s}\right)\frac{\Delta v_s}{\lambda/D} = \Delta\nu_s\left(\frac{D}{v_s}\right) = \Delta v_s\tau \tag{4.99}$$

式中，τ 为声波穿过光束直径所花的时间。

声光偏转是在动量失配的前提下实现的，因此，不能靠增大 $\Delta\nu_s$ 来增加偏转角度，否则将使器件偏离布喇格条件甚远，引起衍射效率急剧下降，失去实用意义。

4.7 磁光调制

当某些介质处于磁场中时，磁场会对穿过介质的光束的某些特性产生影响，由此产生了许多有用的装置。然而，由于电场比磁场更容易产生，因而磁光器件远没有电光器件使用得普遍。

4.7.1 法拉第效应

法拉第效应是最简单的一种磁光效应，然而它却是唯一具有实用价值的一种效应，它与置于磁场中介质折射率的变化有关。法拉第发现当一束平面偏振光穿过一置于磁场中的介质时，光束偏振面将发生转动，且转动的角度正比于与光束传播方向平行的磁场分量。法拉第效应与一般旋光性介质的区别在于，后者偏振面的转动角度与光束传播方向有关，而前者不仅与传播方向无关，还与外磁场的方向有关。法拉第效应的这种特性使人们能够采用将光束多次反射进法拉第器件中，从而得到大的旋转角度。

偏振面的转动由下式给出：

$$\theta = VBL \tag{4.100}$$

式中，V 为费尔德常数，B 为平行于光波传播方向的磁通量分量，L 为磁光作用长度。

法拉第效应一般很小且与波长有关，例如：对于燧石玻璃，当波长为 589.3 nm 时，其旋转灵敏度 θ 约为 $1.6^\circ\ \mathrm{mm}^{-1}\cdot\mathrm{T}^{-1}$。

4.7.2 磁光效应的应用前景

磁光效应的一个巨大的用途是用于计算机的大容量外存，目前已有不同类型的光盘问世，且已有商品出售，其工作原理简述如下：

(1)信息的写入

如图4.20所示，用一束大功率激光照射到存储单元上，使其加热到高于居里温度，此时该单元原有的磁场消失，再让其在由欲写入信号产生的磁场中冷却，这样，该单元的磁场方向将与外场一致且保存下来，直到下次重写时受激光加热到居里温度以上时才能被抹掉。

(2)信息的读出

如图4.21所示，读出时采用小功率激光器(以确保存储介质温升低于居里温度)，激光束经准直、起偏后照射到存储介质上，经介质透射(或反射)回来的光束由于法拉第效应，其偏振面将发生旋转，转动的方向则取决于该单元的磁场方向，亦即写入时的外场方向。通过检测偏振面的旋转方向，即可得到该存储单元的磁场方向——即存储的是“0”或是“1”。目前光盘的存取速度已超过1 Mb/s。

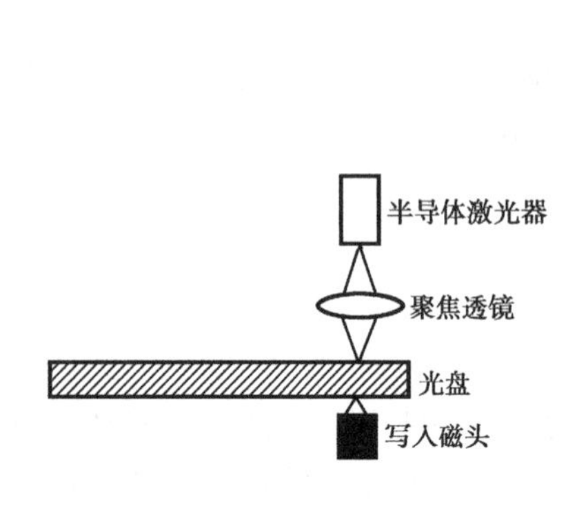

图4.20 光盘原理(写入)

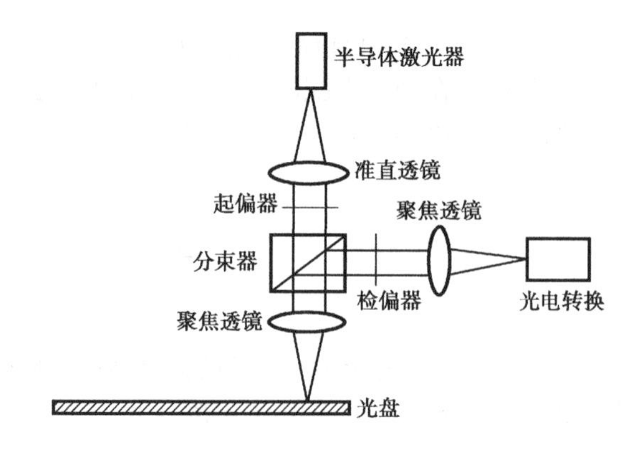

图4.21 光盘原理(读出)

思考题

4.1 描述光波的特征量有哪几个?

4.2 光波的复振幅描述了光波的哪些性质?

4.3 对光波进行调制有哪些方法? 哪些手段?

4.4 强度、相位调制各有什么特点?

4.5 电光效应与光波的传播方向有什么关系? 与光波的偏振方向有什么关系?

4.6 式(4.22)成立的条件是什么?

4.7 电光相位延迟与偏振有什么关系?

4.8 在电光强度调制系统中,前后两个偏振片的作用是什么?

4.9 纵向调制与横向调制各有什么特点?

4.10 简述影响高频电光调制的因素及其应对办法。

4.11 电光偏转与折射率分布有什么关系? 如何实现折射率按需要进行分布?

4.12 简述电光开关的几种结构及其原理。

4.13 声光效应的镜面模型、粒子模型分别揭示了声光作用的什么特性?

4.14 解释式(4.67)的物理意义,该式具有什么应用价值?

4.15 试用式(4.88)证明在声光晶体中总能量是守恒的。

4.16 简述式(4.100)的物理意义?

4.17 法拉第效应与一般旋光性物质的区别?

4.18 简述光纤电压传感器和电流传感器的工作原理,并画出系统框图。

第 5 章 光波的探测与解调

第 4 章介绍了光波调制的各种方法，使用光载波来携带信息是因为光波具有容量大、速度快、保密性好、抗干扰能力强等优点，光波的探测和信号的解调就变成必不可少的环节。

本章将介绍光子探测的一般原理及性能指标，典型光电探测器件，以及特殊的探测方法，如取样积分、相干检测等。

5.1 光子探测方法

5.1.1 光子探测机理的分类及唯像描述

电磁波对材料的影响有多种方式。一般来说，这些方式可粗略分为三大类，即光电效应、热效应和波扰动效应。对于第一类效应，光子直接对电子产生扰动，因为电子或是被约束在原子晶核中，或杂质原子中，也可能是自由电子，所以对它的种种扰动是可能的；对于第二类效应，是由于材料吸收电磁波能量后引起温升，从而使材料的某些特性发生变化；对于第三类效应，是由于电磁场对材料的扰动，从而引起材料某些内特性发生变化。

除了按对电磁波的响应来分类外，探测器还可以分成点探测和图像探测器，这取决于其输出信号是敏感区域的平均值或是对敏感区域的空间变化所产生的响应。通常这两者的探测机理都是一样的。

(1)光电效应

在众多的探测器中，基于光电效应的器件占绝大多数，如图 5.1 所示。光电效应包括一切光子与材料中的电子(无论是束缚电子，还是自由电子)间的相互作用，大多数情况下是采用半导体材料。这些效应还可细分成二类，即内光电效应和外光电效应。对于内光电效应，光子激发的载流子(电子或空穴)将保留在材料内部；相反，外光电效应则是将电子打离表面，外光电效应器件通常有多个阴极，以期获得倍增效果。

尽管图 5.1 中列出了许多器件，然而得到广泛应用的只有光电导、光伏和光电子发射这三种。下面将着重介绍这三种效应的机理，而对其他效应只作简略介绍。

光电导性是使用得最为广泛的一种效应，材料的导电特性将会因光照而发生变化。测量

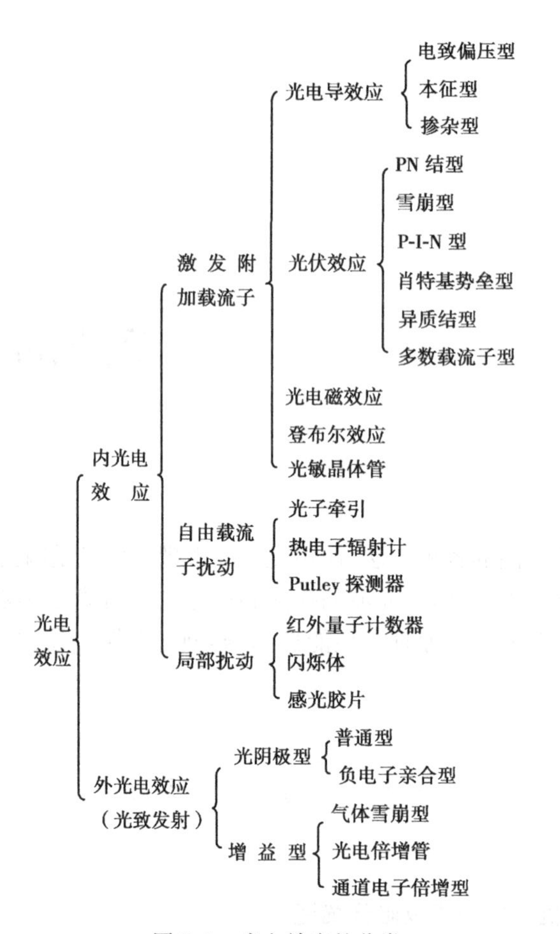

图 5.1　光电效应的分类

材料光电导效应的电路如图 5.2 所示，当光照在半导体材料上时，流过负载电阻的电流将发生变化，这种变化可以通过测量负载电阻两端的电压来观察。

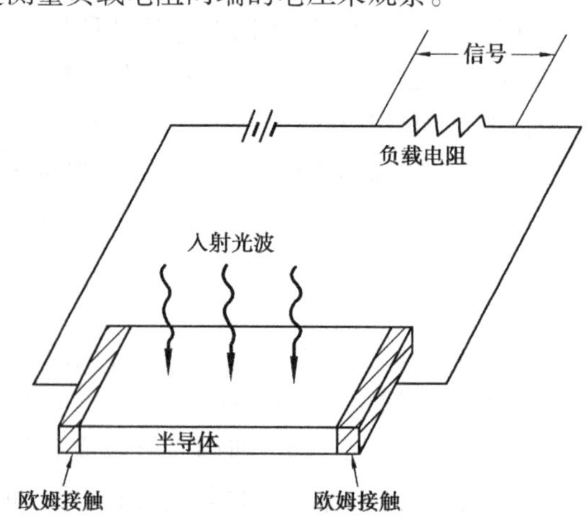

图 5.2　光电导效应的测量电路

实际上，在所有的半导体中都可以观察到光电导现象。对于本征半导体，当光子的能量不低于半导体的能隙时，如图 5.3(a)所示，入射光子将在半导体中激发出自由的电子-空穴对，

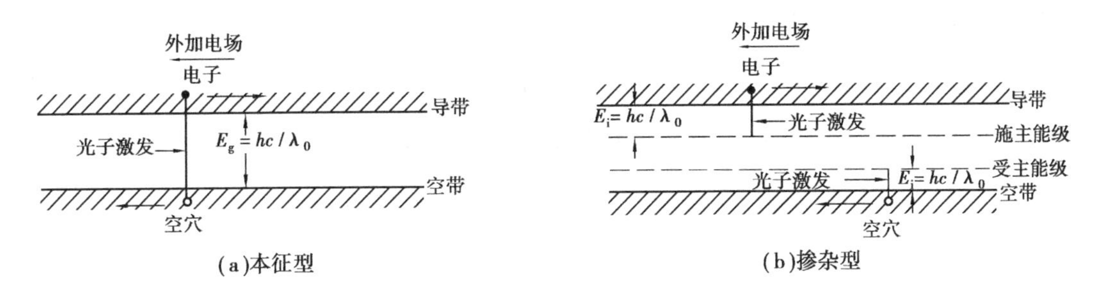

图5.3 半导体的光电效应

故要求光子能量 E_g 为：

$$\begin{cases} h\nu \geqslant E_g \\ \dfrac{hc}{\lambda} \geqslant E_g \end{cases} \tag{5.1}$$

式中，h 为普朗克常数，ν 是光子频率，c 为光速，λ 是光子波长。本征半导体能够探测的长波长极限为：

$$\lambda_0 = \frac{hc}{E_g} \tag{5.2}$$

上式表明，当光子波长大于 λ_0 时，该本征型半导体器件将不会出现光电导现象。式(5.2)可用工程单位来描述，即

$$\lambda_0 = \frac{1.24}{E_g} \tag{5.3}$$

式中，λ_0 的单位为 μm，E_g 的单位为 eV。

表5.1给出了一些常用材料在给定温度下的能隙和截止波长。

表5.1 一些常用材料在给定温度下的禁带宽度和截止波长(本征半导体)

半导体	T/K	E_g/eV	λ_0/μm
Cds	295	2.40	0.52
CdSe	295	1.80	0.69
CdTe	295	1.50	0.83
GaP	295	2.24	0.56
GaAs	295	1.35	0.92
Si	295	1.12	1.10
Ge	295	0.67	1.80
PbS	295	0.42	2.90
PbSe	195	0.23	5.40
InAs	195	0.39	3.20
InSb	77	0.23	5.40
$Pb_{0.2}$,SnO,Te	77	0.10	12.0
$Hg_{0.8}Cd_{0.2}Te$	77	0.10	12.0

对于掺杂型半导体材料，入射光子将在杂质中心激发出受自由电子束缚的空穴或受自由

空穴束缚的电子[见图5.3(b)]。掺杂型半导体的“红限”由下式给出：

$$\lambda_0 = \frac{hc}{E_i} \tag{5.4}$$

式中，E_i 为杂质电离能。与本征型类似，上式可写成工程形式，即

$$\lambda_0 = \frac{1.24}{E_i} \tag{5.5}$$

式中，λ_0 的单位为 μm，E_i 的单位为 eV。

表5.2给出了锗和硅的掺杂半导体的电离能及其“红限”波长。

表5.2 锗、硅掺杂半导体的电离能及其“红限”波长

掺杂型	E_i/eV	λ_0/μm
Ge: Au	0.150	8.3
Ge: Hg	0.090	14
Ge: Cd	0.060	21
Ge: Cu	0.041	30
Ge: Zn	0.033	38
Ge: B	0.010 4	120
Si: In	0.155	8
Si: Ga	0.073 2	17
Si: Bi	0.070 6	18
Si: Al	0.068 5	18
Si: As	0.053 7	23
Si: P	0.045	28
Si: B	0.043 9	28
Si: Sb	0.043	29

无论是本征型还是掺杂型半导体，其光电流可由下式描述，即

$$I_{so} = \eta q N_\lambda G \tag{5.6}$$

式中，I_{so}为直流下的短路电流，η 为量子效率，N_λ 为器件单位时间吸收的波长为 λ 的光子数，G 为器件的内增益。光电导器件通常是多数载流子起作用，少数载流子由于其寿命相对短很多，故对光电流的贡献不大。

光电导增益由自由载流子寿命 τ 和渡越时间 T_r 的比值来决定，即

$$G = \frac{\tau}{T_r} \tag{5.7}$$

渡越时间 T_r 是指多数载流子穿过器件电极的时间，它由下式决定，即

$$T_r = \frac{l^2}{\mu V_A} \tag{5.8}$$

式中，l 为电极间的距离，μ 为多数载流子的迁移率，V_A 为器件所加上的偏压。式(5.6)可进一步写成：

$$I_{so} = \frac{\eta q N_\lambda \mu \tau V_A}{l^2} \tag{5.9}$$

光子吸收率 N_λ 正比于所吸收的单色功率 P_λ，则

$$N_\lambda = \frac{P_\lambda \lambda}{hc} \tag{5.10}$$

故式(5.9)可写成如下形式：

$$I_{so} = \frac{\eta q P_\lambda \mu \tau \lambda V_A}{hcl^2} \tag{5.11}$$

由上式可见，直流短路电流正比于所吸收的单色功率和波长（波长的最大值由材料的"红限"决定）。

设光电器件的内阻为 R_d，则对于图5.2所示电路，负载电阻 R_2 两端的电压为：

$$\Delta V_L = \frac{I_{so} R_d R_L}{R_d + R_L} \tag{5.12}$$

式中，内阻 R_d 与材料的电导率 σ、多数载流子浓度 n 与材料的长 l、宽 W、厚度 d 等参数有关：

$$R_d = \frac{1}{\sigma wd} = \frac{1}{nquwd} \tag{5.13}$$

在弱光照（即器件远未达到饱和）时，若负载电阻 R_L 远大于内阻 R_d，则可认为负载电阻两端的电压 ΔV_2，就是器件的开路电压 V_{so}，即

$$V_{so} = I_{so} R_d = \frac{\eta P_\lambda \tau V_A}{hcnlwd} \tag{5.14}$$

光电器件的另一个重要参数是响应速度，多数情况下，它由多数载流子的寿命决定。光电器件的频响可由下式给出：

$$I_s = \frac{I_{so}}{\sqrt{1 + \omega^2 \tau^2}} \tag{5.15}$$

及

$$V_s = \frac{V_{so}}{\sqrt{1 + \omega^2 \tau^2}} \tag{5.16}$$

式中，I_s、V_s 分别为在频率为 ω 时的短路电流和开路电压，τ 为载流子寿命。

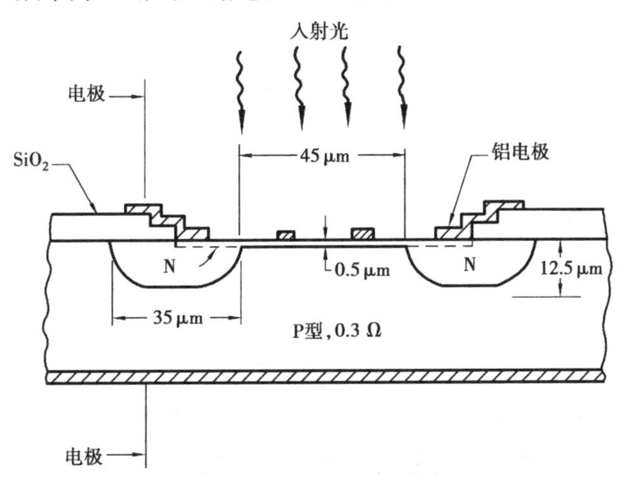

图5.4　PN结型光电二极管结构图

由上面两式可知,低频时光电器件的输出基本上与频率无关,高频时则与频率成反比,转折点定义在 $\omega\tau$ 为 1 的频率。

(2)**光伏效应**

与光电导效应不同,光伏效应靠内部势垒和内建电场来分离由光辐射所激发的电子-空穴对。用掺杂半导体可以制作光伏器件,然而,大多数光伏器件都采用本征型半导体来做,这用简单的 PN 结就能实现。采用其他结构还可做成雪崩型、PIN 型、肖特基势垒型和异质结光电二极管等,这些器件在后面将作详细分析,本节只作简单介绍,重点介绍 PN 结型。

最常见的光伏效应可以在 PN 结上观察到,图 5.4 和 5.5 分别是 PN 结型光电二极管的结构图和能带示意图。图 5.6 给出了其电流—电压特性曲线。

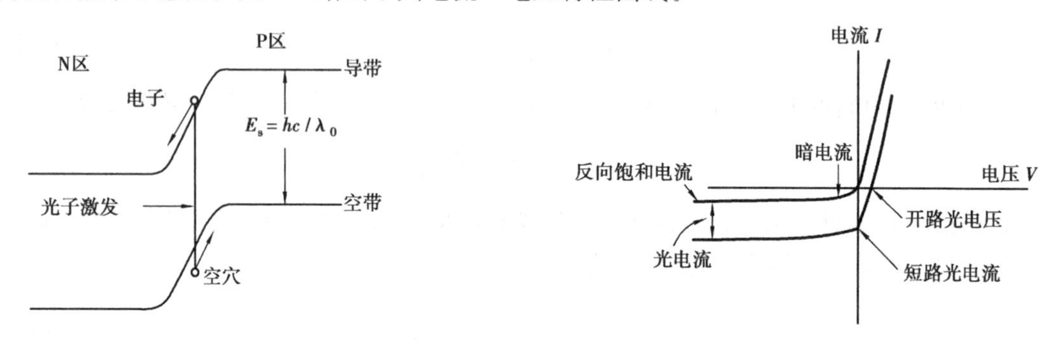

图 5.5　PN 结型光电二极管能级图　　　图 5.6　结型光电器件的电流-电压特性曲线

从图 5.6 中可以看出,光电流是叠加在暗电流上的。值得提醒大家注意的是,光电导效应和光伏效应有着本质的区别,前者必须在外加偏压下才能正常工作,而光伏效应则可以不加偏压,其开路电压就反映了光辐射的信号,但光伏效应器件通常工作在反偏状态,即给器件加上反向电压,其反向电流即为光电流,此时可以说器件工作在光电导模式下。图 5.7 所示为光伏器件两种工作模式下的电路示意图。

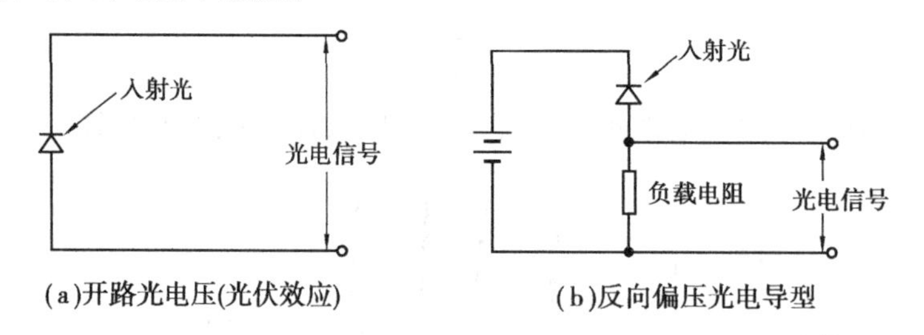

图 5.7　光电二极管电路

光电导器件的基本公式(5.6)也适用于光伏器件,不过此时其增益 G 应取 1,即

$$I_{so} = \eta q N_\lambda \tag{5.17}$$

采用单色辐射功率来表示,则有:

$$I_{so} = \frac{\eta q P_\lambda \lambda}{hc} \tag{5.18}$$

上式即为光伏器件工作在光电导模式下的短路电流,其开路电压可由短路电流与零偏压时的动态电阻(即原点处的斜率 dV/dI)的乘积来决定,其电流电压特性可由下式描述:

$$I = I_{光} + I_d$$
$$I_d = I_s[\exp(qV/\beta kT) - 1] \tag{5.19}$$

式中，I_d 为暗电流，I_s 为无光照射时的反向饱和电流，V 为施加在器件上的电压（正向为正、反向为负），k 为波耳兹曼常数，β 为近似为1的常数，T 为绝对温度。由此式可求出原点处的斜率，即

$$\frac{1}{R} = \frac{\mathrm{d}I}{\mathrm{d}V}\bigg|_{V=0} = \frac{qI_s}{\beta \mathrm{k} T} \tag{5.20}$$

式中，R 即为零偏时的动态阻抗，则其开路电压可表示为：

$$V_{so} = \frac{\eta P_\lambda \lambda \beta \mathrm{k} T}{hcI_s} \tag{5.21}$$

注意，对于光伏器件，其短路电流和开路电压中均没有载流子寿命，这与光电导器件不同。

与光电导器件相比，光伏器件主要依赖于少数载流子寿命，这是因为对于本征半导体来说，必须要光子激发的电子与空穴同时存在时，才能观察到光电信号，当电子-空穴对产生复合时，光电信号将消失。光伏器件的频率特性仍可由式(5.15)、式(5.16)来表达，只是 τ 应为少数载流子的寿命。

由于少数载流子寿命比多数载流子寿命短得多，故对同种材料而言，光伏探测器的频响要高于光电导器件。

下面简单介绍几种相关的光电器件：

1）雪崩光电二极管

雪崩光电二极管（APD）的一个显著特点是具有内增益机制，因此，在同样辐射功率下其输出信号要大于用同种材料制作，具有同样光敏面的 PN 结光电二极管。尽管这种内增益并不能提高输出信号的信噪比（有时甚至有所降低），但它却能降低对高增益、低噪声前放的要求。在一定条件下，可以在对响应损失不大的情况下获得“雪崩”增益，在一定程度上，它可以看成是固态的光电倍增管。

在一个适度掺杂 PN 结上加上一定的反偏便能出现“雪崩”现象（掺杂浓度过高会出现齐纳击穿，因而不能建立足够的场强以获得“雪崩”效应）。当没有光辐射时，由于热激发会在半导体中产生载流子（它们将形成器件的热噪声），这些载流子在强内场下得到加速，继而以极高的速度与原子晶格发生碰撞，晶格由于碰撞获得能量并释放出更多的自由电子，这些自由电子再获得加速，再与晶格碰撞，从而产生雪崩式的增加。同样，入射光子产生的载流子也能在 PN 结的强场区获得“雪崩”增益，从而得到非常多的载流子。由于很难在较大面积上做到均匀的“雪崩”增益，故雪崩光电二极管的光敏面通常做得很小（约0.1 mm）。

2）PIN 光电二极管

PIN 光电二极管的结构是在 P 区和 N 区之间做了一层本征区，由于表面层（P 区）做得极薄（与光学吸收深度相比），入射的光子将会贯穿 P 区而进入本征区，并产生电子-空穴对，由内部的强电场将载流子迅速拉出本征区，所以 PIN 光电二极管的频响比同种材料做成的 PN 结器件高得多。

3）肖特基势垒光电二极管

类似于 PN 结的光电效应也能在由金属和半导体材料的接触面上所形成的肖特基势垒中产生。金属—半导体界面上产生的势垒能将由入射光激发的电子-空穴对分开，从而获得短路光电流或开路光电压。通常这层金属做得极薄，使其对光辐射呈半透明状态，光激发可以在半导体中产生，也可以是在金属—半导体界面的势垒中发生。也有些器件是从半导体侧接收入

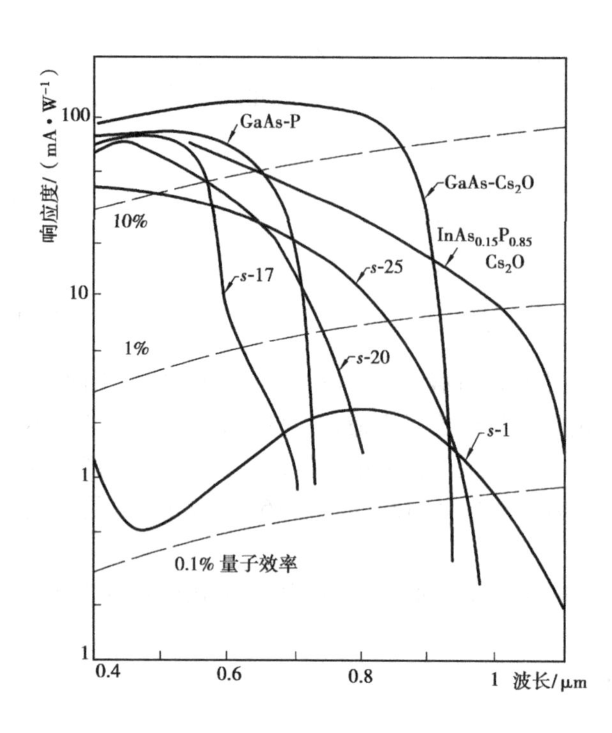

图 5.8　几种光阴极材料的光谱响应曲线

射光，则半导体层就必须做得很薄，以便使得少数载流子能扩散到界面区。

并非所有的半导体都能备制成 P 型和 N 型，肖特基光电二极管就是采用的这种不能形成 PN 结的半导体。肖特基光电二极管主要用于紫外和可见光区，且其频响通常可达到 GHz 级。

(3)**光电子发射效应**

这属外光电效应，入射光子打在光阴极上并激发出电子，这些电子被阳极收集。用不同材料做成的光阴极的光谱响应曲线，如图 5.8 所示。

由一个光阴极和阳极构成的光电管便是利用这种效应的简单实例，光电管的响应速度非常高。被光子打出的光电子在高压电场下获得加速，并在向阳极的运动中与充在管子内的气体分子碰撞且使其电离，从而获得“雪崩”增益。早期电视摄像管也是基于光电子发射效应(现在普遍使用电荷耦合器件)，使用得最为广泛的是光电倍增管。由光子激发的电子与处于一定偏压下的阶梯状阳极碰撞，从而产生二次电子发射效应，每一个打在阳极上的电子将激发出多个电子，因此这种器件具有很高的增益。

5.1.2　探测器中的噪声

对于任何一个光电子系统，噪声总是不可避免的。然而，人们可以通过种种措施，将噪声限制到最小的程度，这在探测微弱信号以及进行精密测量时尤其重要。要将噪声抑制到最小程度，就必须对噪声产生机理进行分析。对于任何一个信号系统，抑制噪声工作都应尽量放到最前级进行。对光电系统而言，探测器的噪声是个至关重要的问题。

(1)**半导体中的噪声**

即使在没有外加偏压的情况下，半导体材料中也存在热噪声，这种噪声是由阻抗性材料内载流子的随机运动所产生，且与能耗机理有关。尽管热噪声电压或电流与电阻有关，但热噪声功率却仅与温度和测试带宽有关。

任何其他噪声的产生都与偏压有关，由于它们叠加在热噪声上，故这些噪声又称为附加噪声。这类噪声有三种基本形式：第一种是光电导器件中的产生-复合噪声，又称 G-R 噪声；第二种是光电二极管中的扩散载流子的发射噪声；第三种是未得到精确分析的 $1/f$ 噪声。由于这种噪声功率与频率有 $1/f$ 的近似关系，这种噪声又称为闪烁噪声，它是借用真空管中有类似功率律的噪声的名称。

这里仅限于讨论存在于常用光电探测器中的普通类型的噪声，一些较为特殊的噪声将在以后光电器件部分予以讨论，像雪崩过程中的噪声、光电三极管中的噪声、光电二极管中的发射噪声、光电导器件中的调制噪声，以及杂质分布非均匀性产生的晶格噪声等，这些将不作讨论。

热噪声存在于包括半导体在内的所有阻抗性材料中，即使没有偏压，它们也将以起伏不定的电压或电流的形式出现。若测量带宽为 B，则热噪声功率的均方值 P_{N} 可表达为：

$$P_{\mathrm{N}} = \mathrm{k}TB \tag{5.22}$$

式中，k 为波耳兹曼常数，T 为绝对温度。开路噪声电压 V_{N} 和短路噪声电流 I_{N} 为：

$$V_{\mathrm{N}} = (4\mathrm{k}TRB)^{\frac{1}{2}} \tag{5.23}$$

$$I_{\mathrm{N}} = \left(\frac{4\mathrm{k}TB}{R}\right)^{\frac{1}{2}} \tag{5.24}$$

式中，R 为测试样品的电阻。

1）产生-复合（G-R）噪声

G-R 噪声是由于热使得半导体内载流子产生速度和复合速率的随机起伏所引起，它使得载流子浓度在平均值上下波动，从而使电阻产生起伏。这种起伏可通过在样品上施一偏压，测试其偏置电流的起伏来证实。

对 G-R 噪声的研究早在20 世纪40 年代就开始了，十年后获得了迅速的进展，出现了许多依赖于半导体固有特征的噪声理论，其中最具有实用价值的是基于单一掺杂半导体和准本征半导体的 G-R 噪声理论。

对于单一掺杂半导体，材料内具有单一的杂质能级，因此，材料内载流子浓度的起伏是由越过该能级的产生（或复合）载流子速率的起伏所引起。设材料的温度很低，可以忽略杂质中心产生的热电离，则可以认为 G-R 噪声仅由偏置电流 I_{B} 所引起。噪声开路电压 V_{N} 和短路电流 I_{N}，可表达为：

$$I_{\mathrm{N}} = 2I_{\mathrm{B}}\sqrt{\frac{\tau B}{N_0(1+\omega^2\tau^2)}} \tag{5.25}$$

$$V_{\mathrm{N}} = 2I_{\mathrm{B}}R\sqrt{\frac{\tau B}{N_0(1+\omega^2\tau^2)}} \tag{5.26}$$

式中，R 为器件的阻抗，τ 为自由载流子的寿命，N_0 为载流子总数，ω 为角频率，B 为测试带宽。

第二种理论适用于准本征半导体，如本征型红外光电导器件，掺杂能级很低，以致在工作温度下杂质中心将完全电离，故晶格热能是形成载流子深度起伏的主要原因。在通常情况下，半导体略呈 N 型或 P 型，故自由电子和空穴的数目并不相等。光激发过程将穿过禁带，在这种情况下，G-R 噪声的短路电流 I_{N} 和开路电压 V_{N} 与偏置电流 I_{B} 有如下关系：

$$I_{\mathrm{N}} = 2I_{\mathrm{B}}\left[\frac{(b+1)}{(bN+P)}\right]\left[\left(\frac{NP}{N+P}\right)\frac{\tau B}{(1+\omega^2\tau^2)}\right]^{\frac{1}{2}} \tag{5.27}$$

$$V_{\mathrm{N}} = I_{\mathrm{N}}\cdot R = 2I_{\mathrm{B}}R\left[\frac{(b+1)}{(bN+P)}\right]\left[\left(\frac{NP}{N+P}\right)\frac{\tau B}{(1+\omega^2\tau^2)}\right]^{\frac{1}{2}} \tag{5.28}$$

式中，b 为电子相对于空穴的迁移速率，N 为自由电子总数，P 为自由空穴总数，τ 为自由载流子寿命（假设电子和空穴的寿命一样），B 为测试带宽。

对于某些本征光电导器件，由热激发的一种载流子数目远大于另一种载流子数目，设电子占优势，且其迁移速率远大于空穴，则式（5.27）和式（5.28）可简化为：

$$I_N = \frac{2I_B}{N}\left(\frac{P\tau B}{1+\omega^2\tau^2}\right)^{\frac{1}{2}} \tag{5.29}$$

$$V_N = \frac{2I_B R}{N}\left(\frac{P\tau B}{1+\omega^2\tau^2}\right)^{\frac{1}{2}} \tag{5.30}$$

2）发射噪声

半导体中的第三种噪声是发射噪声，在工作在偏压的光电二极管中可以观察到这种噪声。二极管的伏安特性可用下式表达，即

$$I = I_0[e^{\frac{qV}{kT}} - 1] \tag{5.31}$$

式中，I 为流过二极管的电流，I_0 是反向饱和电流，V 为电压，q 为电子电荷，k 是波耳兹曼常数，T 为绝对温度。

发射噪声与流过二极管的电流 I 有如下关系，即

$$I_N = [(2qI + 4qI_0)B]^{\frac{1}{2}} \tag{5.32}$$

式中，B 为测试带宽，I_0 为反向饱和电流。

二极管在零偏压时的阻抗可由式(5.31)中 I-V 曲线在原点的斜率求出，即

$$R = \left(\frac{dI}{dV}\right)^{-1}\Big/_{V=0} = -\frac{kT}{qI_0} \tag{5.33}$$

故在零偏时其发射噪声为：

$$I_N = \left(\frac{4kTB}{R}\right)^{\frac{1}{2}} \tag{5.34}$$

这实际上就是热噪声。

当偏压足够大时，$I = -I_0$，则式(5.32)可简化为：

$$I_N = (2qI_0B)^{\frac{1}{2}} \tag{5.35}$$

上式即为发射噪声的最常用的表达式。

3）低频噪声（$1/f$ 噪声）

半导体中的另一种噪声是低频噪声，又称为 $1/f$ 噪声，这是因为噪声功率与频率有近似反比的关系。低频噪声的一般表达式为：

$$I_N = \sqrt{\frac{k_1 I_B^{\alpha} B}{f^{\beta}}} \tag{5.36}$$

式中，k_1 为比例因子，I_B 是偏置电流，B 是测量带宽，f 为频率，α 是近似于 2 的常数，β 是近似于 1 的常数。

对于红外探测器，在低频时将出现较大低频噪声，在高频时低频噪声迅速衰减，而其他白噪声（如热噪声、G-R 噪声、发射噪声等）将占优势。低频噪声通常与半导体内部、表面以及接触点的势垒有关。减小低频噪声关键是备制表面及电极的工艺过程。

4）光电子器件中的噪声分布

图 5.9 所示为光电导器件在无光照时的理想噪声谱。低频时 $1/f$ 噪声占优势，中频则是 G-R 噪声占优势，高频时是热噪声占优势。曲线的拐点与半导体材料、掺杂以及制作工艺有关，但对于红外探测器，两个拐点大约是 1 kHz 和 1 MHz，由于一般在中频段使用的情况较多，故 G-R 噪声将是限制探测极限的主要因素。

(2) **光致发射器件中的噪声**

对于外光电效应的器件，由光子打出的电子束中包含有发射噪声，其表达式在没有光辐射时与半导体中的发射噪声类似，即

$$I_N = (2I_0qB)^{\frac{1}{2}} \tag{5.37}$$

式中，q 为电子电荷，B 是测量带宽，I_0 代表光阴极上的暗电流。暗电流的起因较复杂，许多因素都可对其有影响，如热电子发射、场致发射、阴、阳极之间的漏电流等。光电管中也有低频噪声，又称为闪烁噪声，与频率也有近似的倒数关系。

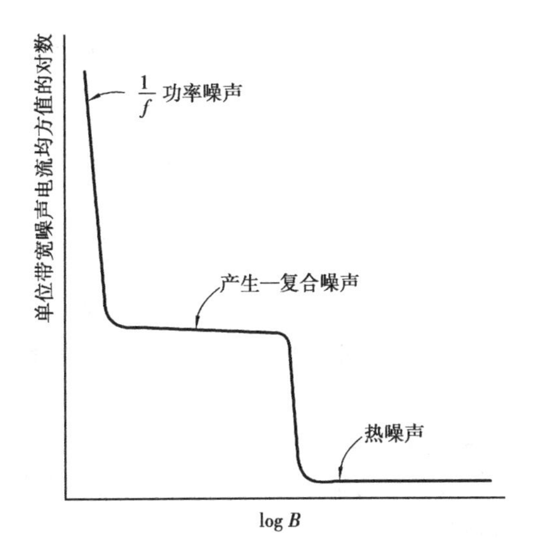

图 5.9　光电导器件无光照时的理想噪声谱

5.1.3　光电探测器的特性指标

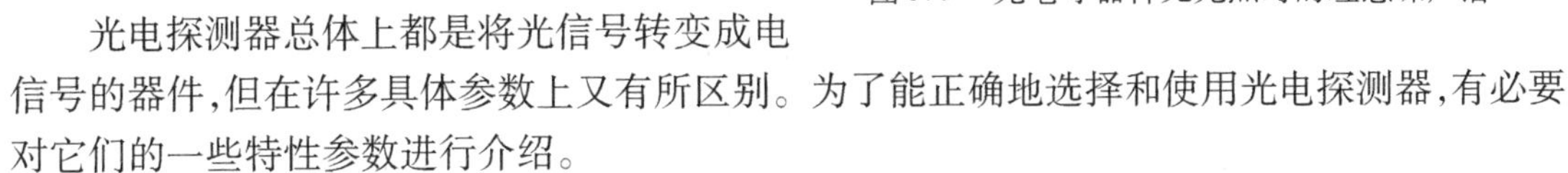

光电探测器总体上都是将光信号转变成电信号的器件，但在许多具体参数上又有所区别。为了能正确地选择和使用光电探测器，有必要对它们的一些特性参数进行介绍。

(1) **光谱响应**

光谱响应特性是光电探测器最基本的参数，通常用相对光谱响应来描述，它定义为探测器的输出相对于输入光谱的归一化响应，即在峰值响应处为 1，其他波长则小于 1。它直接描述了器件可工作的波长范围。对于光子探测器，它定义为在单位波长间隔、单位光子接收率时的响应；对于红外探测器，则定义为对单位辐射功率、单位波长间隔的响应。

光子探测器对于单位辐射功率、单位波长间隔的理想相对响应曲线一般分三个区域，即随波长线性增长区、峰值区和急剧下降区，如图 5.10 所示。这种形状是因为其响应通常正比于那些能量大于半导体吸收带宽度的光子的接收率，而在相等辐射功率、单位波长间隔的条件下，光子的接收率正比于波长。

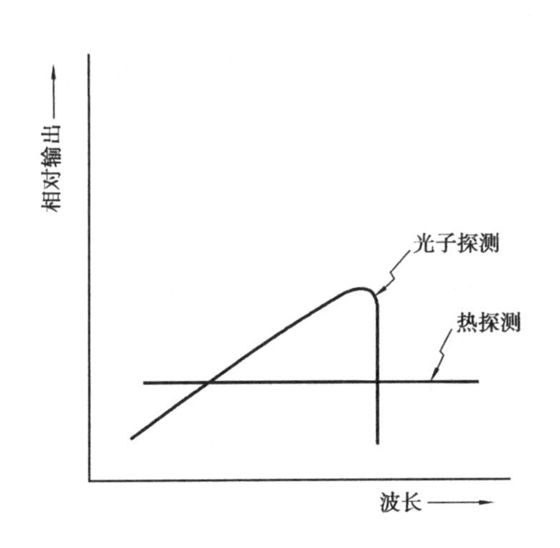

图 5.10　光电探测器的相对响应曲线

(2) **响应度**

响应度定义为探测器输出信号（电压或电流）与输入光功率的比值，单位为 V/W 或 A/W，它实际上描述了光电转换的灵敏度。响应度显然与光源特性有关，故一般有黑体响应度和光谱响应度之说。黑体的参考温度为 500 K，记为 $R(T,f)$ 和 $R(\lambda,f)$。$R(T,f)$ 表示用频率 f 调制绝对温度为 T 的黑体，探测器的输出在频率为 f 时的值，对 $R(\lambda,f)$ 可作类似的解释。

设 V_s 为面积为 A 的探测器在测量频率为 f 时输出的方均根值，辐射功率的方均根值为 P，光源的辐射度为 H，黑体的绝对温度为 T，被频率为 f 的信号调制，则黑体的响应度为：

$$R(T,f) = \frac{V_s}{P} = \frac{V_s}{HA} \tag{5.38}$$

(3) D^*

D^* 用来描述探测器在一定辐射功率下,其输出信号的信噪比为:

$$D^* = \frac{(A_D B)^{\frac{1}{2}}}{P}\left(\frac{V_s}{V_N}\right) \tag{5.39}$$

式中,A_D 是探测器面积,cm^2;B 是测量带宽,Hz;V_s/V_N 为电压信噪比的方均根,P 为光功率。

与响应度类似,D^* 也要涉及光源的特性,故也有黑体 D^* 和单色 D^* 之分,分别记为 $D^*(T,f,1)$ 和 $D_\lambda^*(\lambda,f,1)$(1 表示带宽为 1 Hz)。

(4) **等效噪声功率**

等效噪声功率 NEP 是描述探测器件光电探测能力的重要参数,它定义为产生单位信噪比所需要的入射光功率,当然对测试带宽及探测面积,视场等因素均需作规定。借助于 D^*,NEP 可表示为:

$$\text{NEP} = \frac{(A_D B)^{\frac{1}{2}}}{D^*} \tag{5.40}$$

从某种程度上讲,NEP(单位:W)实际上给出了探测器能够探测的最小光功率。

(5) **频响**

频响是指在时域中探测器件对已调制的光信号的响应能力。光电器件在低频段通常有平坦的频响曲线,而在高频段则以每倍频 6 dB 的速度滚降,即输出信号与频率成反比。输出信号与频率的关系可由下式给出:

$$V_s = \frac{V_{so}}{[1 + (2\pi f\tau)^2]^{\frac{1}{2}}} \tag{5.41}$$

式中,V_{so} 为直流输出信号,f 为光信号调制频率,τ 为器件的响应时间。响应时间可写为:

$$\tau = \frac{1}{2\pi f_{3dB}} \tag{5.42}$$

式中,f_{3dB} 是信号功率下降到直流功率的 3 dB 时的频率,或信号电压下降到直流电压的 0.707 倍时对应的频率。根据式(3.42),响应时间 τ 可用实验的方法测出。

响应时间的另一种定义是上升时间和下降时间,即对输出的方波光信号,以需上升到最大值的 63% 时的时间定义为上升时间,从最大值下降到峰值 37% 时的时间为下降时间。

由式(5.41)可知,光电器件在高频段,其输出电压(或电流)与频率的乘积 $V_s \cdot f$ 近似一常数,即不随频率而变,故光电器件也存在一个增益带宽积,此参数对于正确评估光电器件的频响具有重要的实用价值。

(6) **噪声谱**

光电器件的噪声谱是指器件的噪声电压(或电流)随频率的变化曲线。仔细地分析器件的噪声谱对于正确设计光电系统,尤其是要求进行高精度光电测量时是非常重要的,使人们能让光电设备工作在器件噪声最弱的频段,从而避开强噪声,能够探测到更弱的光信号。

(7) **实际应用参数**

前面所介绍的特性参数,从理论上来说基本上完整地描述了光电器件的性能指标。然而,在具体应用中,许多指标并不直接给出,而是以另外的方式给出。下面为常见的 PIN 光电二极管和 APD 雪崩光电二极管的应用参数。

Si PIN photodiodes (Unless otherwise noted, Type. Ta = 25 ℃)

Type No.	Package /mm	Active Area /mm	Spectral Response Range λ/nm	Peak Sensitivity Wavelength /nm	Photo Sensitivity S $\lambda=\lambda_p$ /(A·W^{-1})	Dark Current I_D max/nA	Cut-off Frequency f_c/MHz	Terminal Capacitance Ct f=1 MHz /pF	NEP/(W·Hz$^{-\frac{1}{2}}$)	Maxmun Ratings: Reverse Voltage V_R max /V	Maxmun Ratings: Power Dissipation P/mW
S5791		φ1.2	320 to 1 060	900	0.64	1	100	3	7.4×10^{-15} (V_R = 10 V)		
S5792		φ0.8	320 to 1 000	800	0.57	0.5	500		3.1×10^{-15} (V_R = 10 V)		
S5793		φ0.4		760	0.52	0.1	1 500	1.5	1.5×10^{-15} (V_R = 10 V)		
S5793-01											
S5793-02	TO-18				0.32 (λ = 410 nm)	0.1 (V_R = 3.3 V)	1 200 (V_R = 3.3 V)	1.6 (V_R = 3.3 V)	4.1×10^{-15} (V_R = 3.3 V)	20	50

Si APDs (Avalanche Photodiodes)

Si APDs have an internal gain mechanism and are high sensitive devices.

APPLICATIONS

- Optical fiber communication
- Spatial light transmission
- Low-light-level detection, etc.
- Low-bias Operation Types (for 800 nm Band)

Type No.	Package	Active Area /mm	Spectral Response Range λ/nm	Peak Sensitivity Wavelength λ_p/nm	Quantum Efficiency M = 1 $\lambda=\lambda_p$ /%	Break Down Voltage V_{BR} I_D = 100 μA/V	Dark Current I_D max /nA	Cut-off Frequency f_c (MHz) /R_L = 50 Ω	Terminal Capacitance Ct/pF	Gain M
S2381	TO-18	φ0.2	400 to 1 000	800	75	150	0.5	1 000	1.5	100 (λ = 800 nm)
S2382		φ0.5					1	900	3	
S5139										
S2383		φ1.0					2	600	6	
S2383-10										
S2884	TO-5	φ1.5					5	400	10	
S2384		φ3.0					10	120	40	60 (λ = 800 nm)
S2385	TO-8	φ5.0					30	40	95	40 (λ = 800 nm)

5.2　光致发射探测器

在5.1中介绍了光子探测的一般原理和探测器件的普通参数，本节将进一步讨论具体的光致发射探测器件、特性参数及其使用技术。

5.2.1　光致发射器件

光致发射器件属外光电效应，当入射光波的波长低于某一特定值时，入射光子将在金属电极上打出电子，能量为 $h\nu$ 的光子将其能量转给金属中的电子，从而使电子穿越金属的表面垫垒，如图5.11所示。

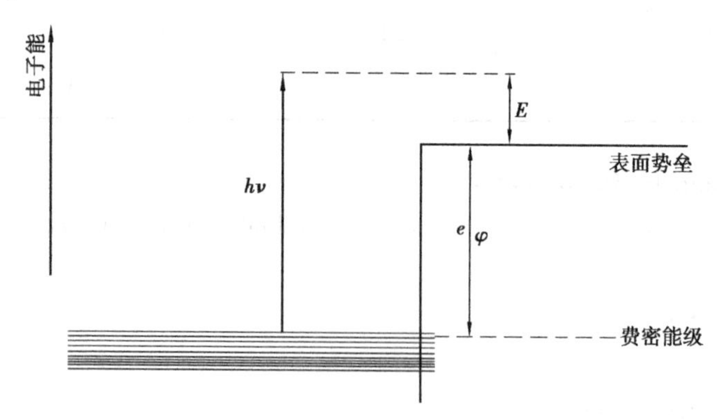

图5.11　外光电效应能级图

若电子最初处于费密能级，则其被光子打出后具有的动能为：

$$E = h\nu - A \tag{5.43}$$

式中，A 为逸出功。电子的初始能级可能低于费密能级，光子与电子的碰撞也可能是非弹性碰撞，因此，式(5.43)实际上是辐射出电子的最大动能。当光子能量 $h\nu$ 小于逸出功 A 时，将不可能打出电子。若入射 N 个光子与电子碰撞，但只有 M 个电子是与光子完全弹性碰撞而获得足够的能量飞离金属表面，则 M/N 称为量子效率，通常记为 η。

纯金属由于其量子效率低(约0.1%)、逸出功高而很少用来制作光阴极，用于制作光阴极的实用材料有传统型和负电子亲合型两大类。传统型是在阴极上镀一层碱金属与V族金属元素的化合物。负电子亲合型光阴极是在半导体上蒸发一层铯或铯氧化物。传统型光阴极成本低，大都应用于可见光区；NEA(负电子亲合)型则主要应用于近红外区。几种光阴极的量子效率随波长的变化曲线如图5.12所示。

5.2.2　真空光电二极管

真空光电二极管的结构如图5.13所示，其光阴极和阳极置于真空管内。当光阴极受到光照时，从阴极打出的电子在偏压的作用下被阳极收集，并通过外电路形成电流。当偏压足够高时(数百伏)，从光阴极出来的所有的电子都将被阴极收集，光电流通常依赖于偏压并正比于入射光强度。

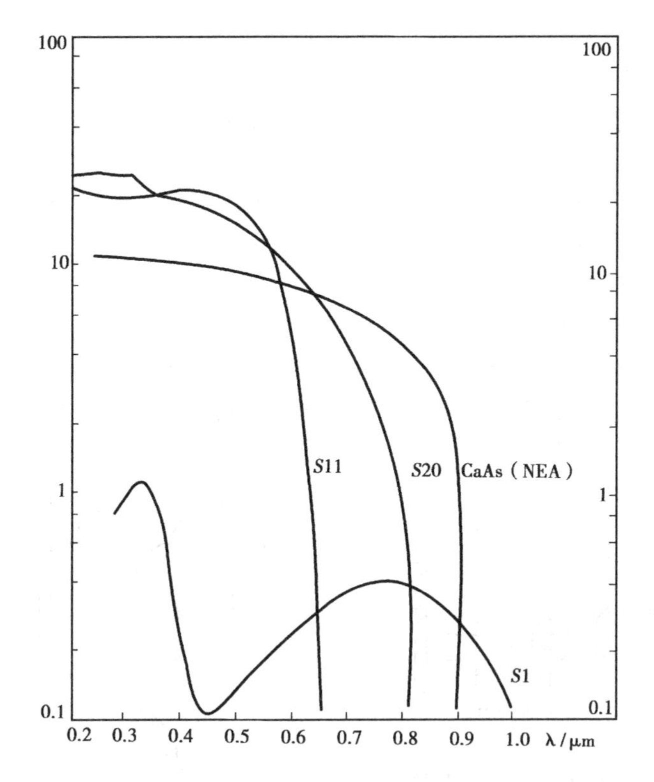

图5.12 几种光阴极材料的量子效率与波长的量子效率与波长的关系

真空管的电流容量很高，可用来检查强激光脉冲，但在一般轻度光照下其光电流则很弱，须作放大处理。通常，可以使光电管获得内部增益有两种方法：其一是在管子内部充以低压气体（如氩等），则光子打出的电子在向阳极的运动中与气体原子碰撞并使其电离，产生更多的电子，从而获得雪崩式的增益，其总的电流增益约10倍（典型值）且与阳极偏压密切相关；第二种方法就是下面将要介绍的光电倍增管。

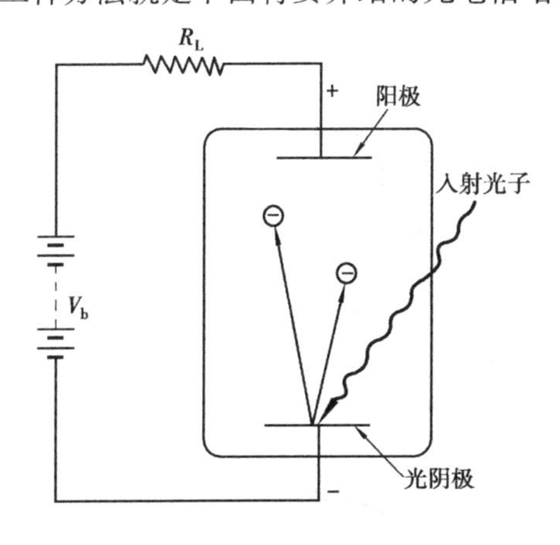

图5.13 真空光电二极管的结构图

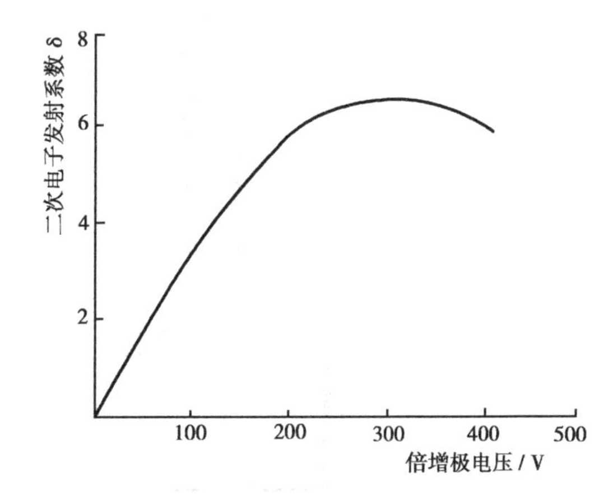

图5.14 光电倍增管倍增的增益δ与加速电压的关系

5.2.3 光电倍增管

光电倍增管由一个光阴极和一系列倍增极（又称打拿极）组成，阴极加有负高压，各倍增极与阴极的电压逐渐增大。光电子离开阴极后，在高压下获得加速，与第一极倍增极碰撞并产生许多二次电子，这些二次电子再次被高压加速且与下一倍增极碰撞，这种倍增过程继续进行，若每一倍增极对电子的放大为 δ 倍，则 N 个倍增极获得的总增益为：

$$G = \delta^{N} \tag{5.44}$$

显然，其增益相当可观，若 $\delta = 5$，$N = 9$，则 G 高达 2×10^{6}。对于典型的材料，各倍增极平均增益 δ 与其电压的关系曲线如图 5.14 所示。

图 5.15 所示为四种常用的光电倍增管倍增极结构。图中三种（百叶窗型、盒网型、线性聚焦型）用于前端型管子，其半透明的光阴极是蒸发在管子的内表面上。这种结构对光阴极层的厚度要求控制得非常精确，太厚则光电子不易打出，太薄则光子能量不能充分被吸收。这两种情况都将造成光电转换效率的降低。圆罩型的阴极是沉积在管内的一个薄金属衬底上

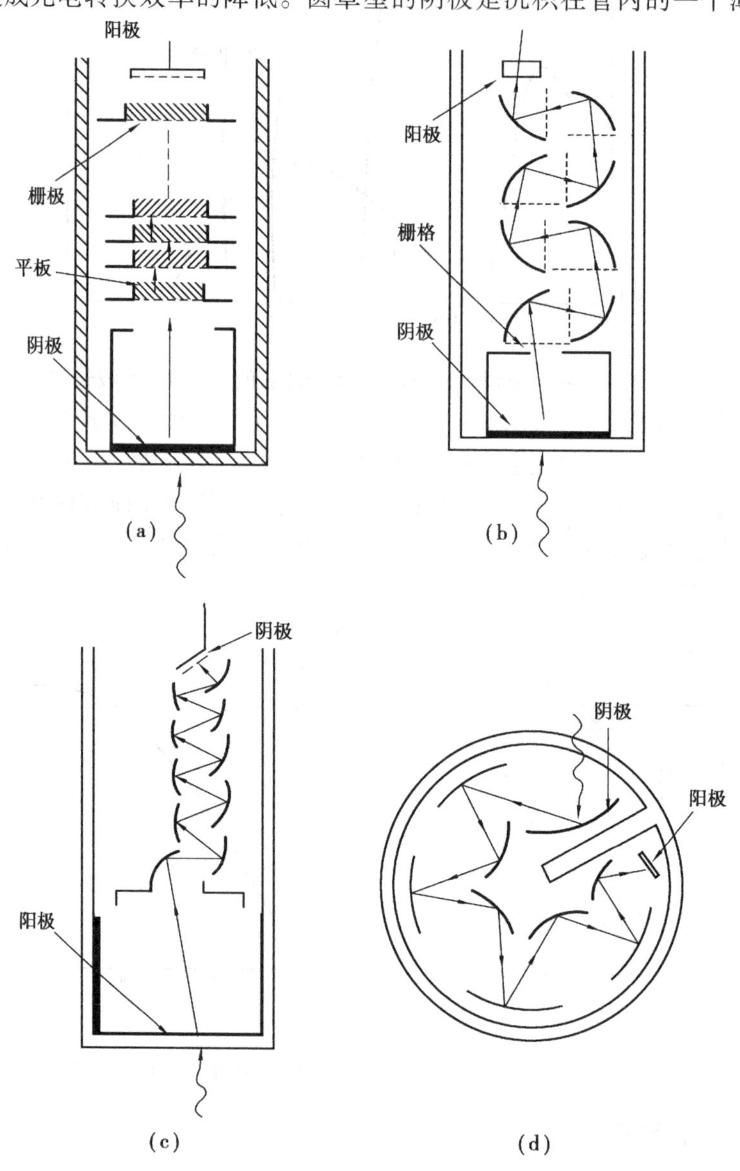

图 5.15　几种光电倍增管结构图

的，结构小巧，对阴极厚度没有前三种那么严格。当然，各倍增极的形状、安放位置还应考虑到对二次电子的聚焦问题，以提高对电子的收集效率。

图 5.16 所示为一个典型的供电电路，必须注意阴极与第一倍增极的高压必须能保证入射光强与光电流成正比。中间倍增极高压的工作范围较宽，只需注意其均匀分布即可。由于增益与高压密切相关，故必须采取一定的稳压措施，尤其是阳极电流较大时，或测试光脉冲时，要求电源的富裕量要大。

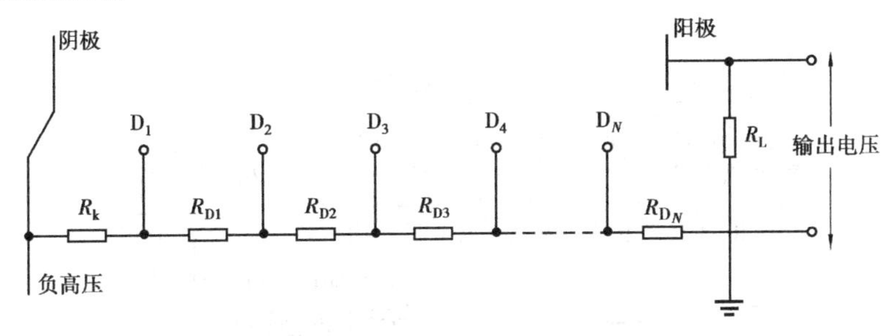

图 5.16　光电倍增管的典型供电电路

图 5.17 所示为一个开关式高压稳压电源，电压的波动信号经取样放大后，通过负反馈网络去调节开关管的工作电压。

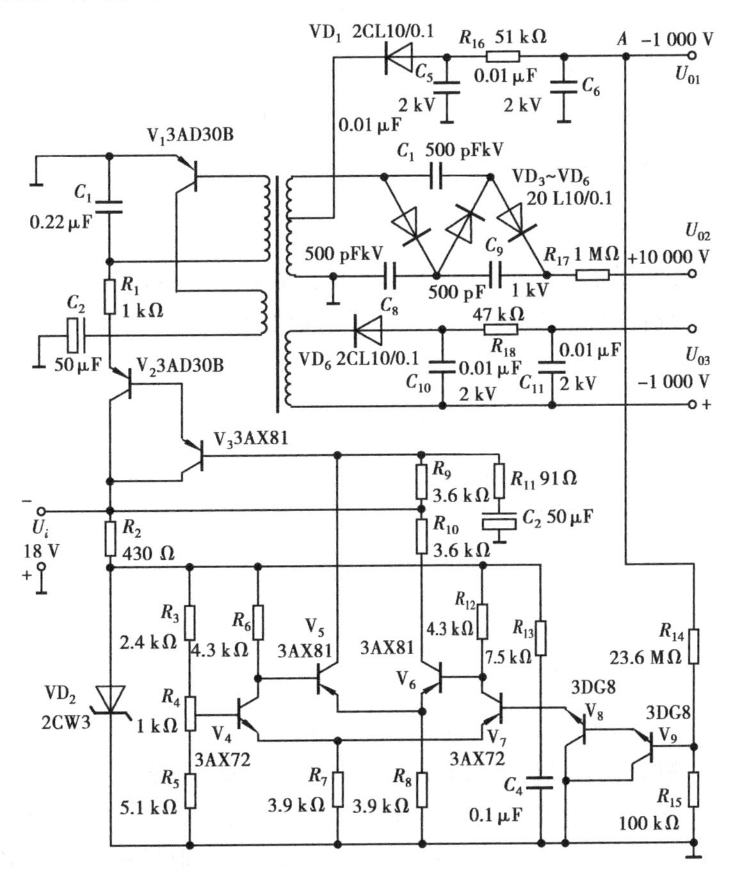

图 5.17　带有反馈控制的高压稳压电源

图 5.18 所示为另一种简单的光电倍增管供电电路，将电池的直流电源振荡，在变压器次级得到较高的电压，再经倍压整流获取高压。该电路的高压稳定度由初级电源电压(电池)的稳定度保证，负载能力则可通过调整元件参数来满足。

光电倍增管的上升时间一般约 2 ns，这是由于从阴极发出的光电子穿过倍增极到达阳极需要一定的时间，且一般每个电子的穿越时间不尽一样，这主要有两个原因：一个原因是电子离开光阴极时的初速度不一样，另一个原因是各电子通过倍增极的路径也不相同。

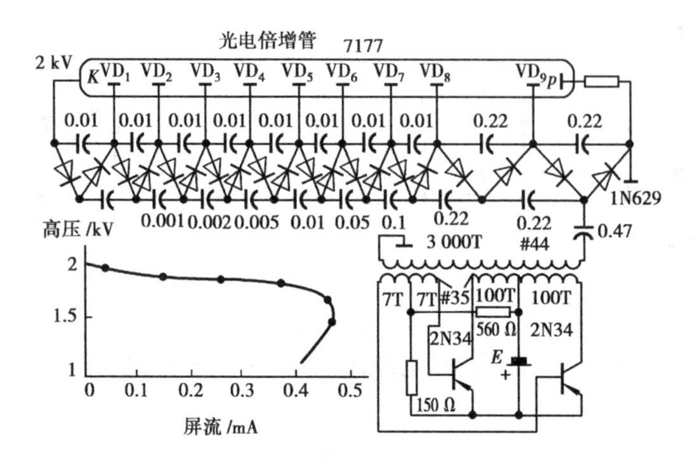

图 5.18　用于光电倍增管中的直流变换器电路

(图中电容量单位均为：μF)

5.2.4　光电倍增管中的噪声

(1)暗电流噪声

即使没有光信号照到光电倍增管中，由于热电子发射也会形成暗电流噪声，这种暗电流噪声系基于外光电效应器件的主要噪声。设光阴极面积为 S，材料的逸出功为 A，温度为 T，则暗电流 i_T 为：

$$i_T = aST^2\exp\left(-\frac{A}{kT}\right) \tag{5.45}$$

式中，a 为常数。对于纯金属制作的光阴极，a 的值约为 $1.2\times10^6\ \mathrm{sm^{-2}\cdot K^{-2}}$，降低这种热发射噪声的一种行之有效的方法是降低管子的工作温度。对于具有低逸出功的光阴极来说，降低温度可收到明显的效果。

(2)发射噪声

只要有电流通过，便会产生发射噪声，这是由电子电荷的离散性所决定的，这种离散性将造成电流的微小起伏，其方均根值在频率为 f，带宽为 Δf 时可表示为：

$$\Delta i_f = (2ie\Delta f)^{\frac{1}{2}} \tag{5.46}$$

式中，i 为流过光电倍增管的电流，实际上是信号电流与暗电流之和。

显然，在没有光照时，发射噪声仅由暗电流产生，此时的噪声决定了可探测信号的下限。若光信号产生的电信号低于噪声，则如果不作进一步处理(如取样积分等)，光信号将无法提取。设光电倍增管的响应度为 $R_\lambda = i/W$，W 为光功率(单位：W)，则由暗电流发射噪声决定的最小可探测功率为：

$$W_{\min} = \frac{(2i_T e\Delta f)^{\frac{1}{2}}}{R_\lambda} \tag{5.47}$$

例如:光电倍增管最小探测功率的计算。

为了有一个最小可探测功率的量的概念,下面给出一具体的例子。设光电倍增管光阴极面积为 100 mm^2,逸出功 A 为 1.25 eV,则由式(5.45)可算出暗电流(室温下),即

$$i_T = 1.2 \times 10^6 \times 10^{-4} \times 300^2 \times \exp\left(-\frac{1.25 \times 1.6 \times 10^{-19}}{1.38 \times 10^{-23} \times 300}\right) \text{A} = 1.13 \times 10^{-14} \text{A}$$

设该管的量子效率在 $\lambda = 0.5\ \mu m$ 时为 0.25,则其响应度为:

$$R_\lambda = \frac{\eta e\lambda}{hc} = \frac{0.25 \times 1.6 \times 10^{-19} \times 0.5 \times 10^{-6}}{6.6 \times 10^{-34} \times 3 \times 10^8} \text{A/W} = 0.1\ \text{A/W}$$

则由式(5.47)可计算出该管的最小探测功率(设带宽为 1 Hz),即

$$W_{\min} = \frac{(2 \times 1.13 \times 10^{-14} \times 1.6 \times 10^{-19} \times 1)^{\frac{1}{2}}}{0.1} \text{W} = 6 \times 10^{-16}\ \text{W}$$

计算结果表明,光电倍增管即使在不对信号作特殊后续处理时,也能探测到非常微弱的光信号。光电倍增管的这种高灵敏度使其在光谱测量中获得普遍应用,并由此产生了一种新的测量方法——光子计数法。若采用外差探测,则其最小可探测功率可低到 10^{-18} W 量级。

(3)倍增噪声

倍增噪声是由于倍增极二次电子发射过程的随机性产生的,它使得倍增极的增益在 δ 附近有一定的起伏。这种噪声使阳极噪声电流增大约 $(\delta/(\delta-1))^{\frac{1}{2}}$ 倍,若 $\delta = 4$,则阳极噪声电流将增大约 15%。

(4)热噪声

这种噪声由阳极负载电阻所产生,其噪声电压的均方根值 ΔV_f 可表示为:

$$\Delta V_f = (4kTR\Delta f)^{\frac{1}{2}} \tag{5.48}$$

对于光电倍增管,热噪声通常低于暗电流噪声,这是由于热噪声仅由阳极负载电阻所产生,而由暗电流所产生的发射噪声尽管初始值很小,但经倍增极放大后,其数值将比未受到放大的热噪声大得多。

5.3　光波的解调及特殊探测方法

5.3.1　光波的解调

在第 4 章中讨论了对光波进行调制的各种方法,从原理上讲,对光波的调制都是围绕振幅(光强)、相位、频率和偏振这几个量实施的,因此,对不同的调制都必须采取相应的解调方法。

在 5.1 节和 5.2 节中,已知任何光电探测器件都只对光强响应,因此,对于相位调制、频率调制和偏振调制的光波,必须先将它们转化成相应的光强信号,然后才能用光电器件接收,作进一步的处理。

（1）**强度调制的解调**

设调制信号为$f(Q)$，则调制后光波强度为：

$$I = kf(Q) \tag{5.49}$$

设光电探测器的响应度为R（μA/μW），则其光电流（短路电流）为；

$$i = R(\lambda)I \tag{5.50}$$

式中，I为入射光强。将式（5.49）代入上式中，得

$$i = Rkf(Q) \tag{5.51}$$

或写成信号电压形式，即

$$V = Rk'f(Q) \tag{5.52}$$

式中，k、k'均为常数。由上式可见，光电探测器的输出信号正比于调制信号，故对于强度调制，采用直接探测方式便可获得不失真的解调。

（2）**振幅调制的解调**

对于振幅调制的光信号，可采用直接探测或相干探测予以解调。相干探测后面将作详细分析，这里简单介绍直接探测解调。

由第4章式（4.3）可知，振幅调制的光波可表示为：

$$E(t) = E_0 f(Q)\sin(\omega_c t + \phi_0)$$

当采用直接探测时，光电流为：

$$i = R(\lambda)kP = R(\lambda)kE_0^2 f^2(Q) \tag{5.53}$$

或

$$v = k'R(\lambda)f^2(Q) \tag{5.54}$$

由上式可见，要达到线性解调，还必须对信号电流（或电压）作进一步处理，即开平方运算为：

$$\begin{cases} \sqrt{v} = k_1 f(Q) \\ \sqrt{i} = k_2 f(Q) \end{cases} \tag{5.55}$$

式中，k_1、k_2为常数。开平方运算可采用模拟电路或数值运算。前者成本低，速度高，但精度较差；后者一般由计算机完成，可达到相当高的精度，但成本较高，且速度稍低。

（3）**偏振调制的解调**

偏振调制通常是指对一束给定方向的线偏振光的偏振面进行调制，使得调制后的偏振面转动了一定角度θ（例如法拉第效应），因此，解调的目的就是要得出正确的偏转角度θ。显然，首先必须将偏转信息转化成光强信息，这可采用偏振分光棱镜来完成，如图5.19所示。

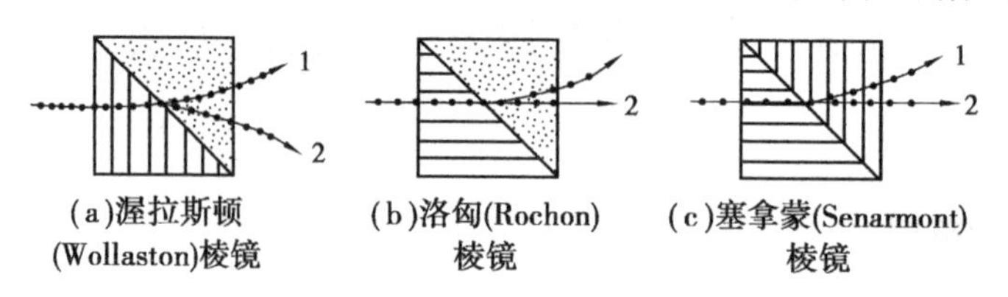

图5.19　把非偏振光分成两束分离的正交偏振光的三种棱镜
（图示的这些棱镜均用正单轴晶体（石英）制成）

渥拉斯顿棱镜的取向使得当未受到偏振调制时I_1和I_2的光强相等，则当偏振面转动角度θ后，光束1,2的振幅分别为：

$$\begin{cases} E_1 = E_0\sin\left(\dfrac{\pi}{4}+\theta\right) \\ E_2 = E_0\cos\left(\dfrac{\pi}{4}+\theta\right) \end{cases} \tag{5.56}$$

而这两路光束的强度正比于振幅的平方，则

$$\sin 2\theta = \frac{I_1 - I_2}{I_1 + I_2} \tag{5.57}$$

显然，这种解调方式的一个明显优点是用光强的比值来决定角度 θ，与光源的起伏及光源与探测器之间的通道衰减变化无关。

当偏转角度较小时，可用下面近似式：

$$\sin 2\theta \approx 2\theta \tag{5.58}$$

当 $2\theta < 12°$时，两者的误差小于 1%。

(4) **频率及相位调制的解调**

对于频率和相位调制的光波，由于它们在光强中不能产生贡献，故不能采用直接探测方法，而必须先将其转换成对光强有影响的形式，然后再由光电器件转换成电信号。

FM 光波和 PM 光波的解调通常采用外差法，如图 5.20 所示。

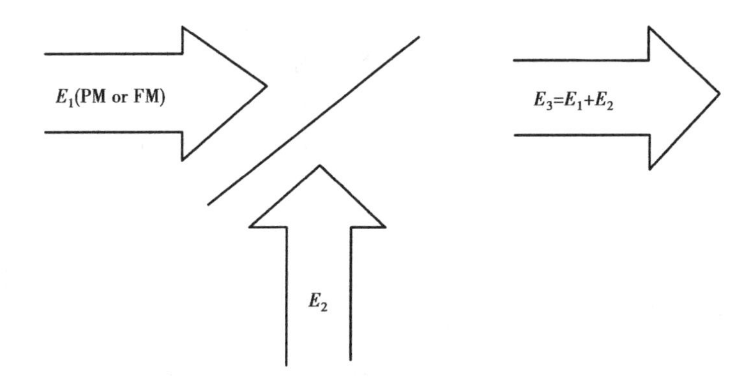

图 5.20　角量调制信号的解调

设 E_1(信号光)和 E_2(参考光)为平面波，对于探测器接收面上，则可认为空间定点，故 E_1 和 E_2 可表示为：

$$\begin{cases} E_1 = E_{01}\exp[j(\omega_1 t + \phi_1)] \\ E_2 = E_{02}\exp[j(\omega_2 t + \phi_2)] \end{cases} \tag{5.59}$$

则探测器 D 处，总光场为：

$$E = E_1 + E_2 = E_{01}\exp[j(\omega_1 t + \phi_1)] + E_{01}\exp[j(\omega_2 t + \phi_2)] \tag{5.60}$$

总光强为：

$$I = Re[E \cdot E^*] = Re\{(E_{01}\exp[j(\omega_1 t + \phi_1)] + E_{02}\exp[j(\omega_2 t + \phi_2)])(E_{01}\exp[-j(\omega_1 t + \phi_1)] + E_{02}\exp[-j(\omega_2 t + \phi_2)])\} = Re\{E_{01}^2 + E_{02}^2 + E_{01}E_{02}\exp\{j[(\omega_1 - \omega_2)t + (\phi_1 - \phi_2)]\} + E_{01}E_{02}\exp\{j[(\omega_2 - \omega_1)t + (\phi_2 - \phi_1)]\}\} = E_{01}^2 + E_{02}^2 + E_{01}E_{02}\cos[(\omega_2 - \omega_1)t + (\phi_2 - \phi_1)] + E_{01}E_{02}\cos[(\omega_2 - \omega_1)t + (\phi_2 - \phi_1)] = E_{01}^2 + E_{02}^2 + 2E_{01}E_{02}\cos[(\omega_1 - \omega_2)t + (\phi_1 - \phi_2)]$$

注意到 E_{01}^2 和 E_{02}^2 分别为信号光和参考光的光强 I_1,I_2,故上式可写为:

$$I = I_1 + I_2 + 2E_{01}E_{02}\cos[(\omega_1 - \omega_2)t + (\phi_1 - \phi_2)] \tag{5.61}$$

1)相位调制

对于相位调制信号的解调,一般 ω_2 和 ϕ_2 均为稳定值,通常取 $\omega_2 = \omega_1$(这可从同一光源分束引入),$\phi_2 = 0$(仅与坐标原点的选择有关),$\phi_1 = \phi_1(t)$,则式(5.62)可化为:

$$I = I_1 + I_2 + 2\sqrt{I_1}\sqrt{I_2}\cos[\phi(t)] \tag{5.62}$$

对于相位调制,一般 I_1、I_2 为常量,故调相信号是叠加在直流信号($I_1 + I_2$)之上,这对于浅调制时极为不利,很难从强背景中分离出微弱的信号,故一般很少采用直接从光强中求解相位的方法。

对式(5.63)求微分,即

$$\Delta I = 2\sqrt{I_1}\sqrt{I_2}\sin\phi\Delta\phi \tag{5.63}$$

则可以通过测光强的变化来测量相位的变化,但要求相位是在 $\pi/2$ 附近变化,即要求 $\phi_1 - \phi_2$(ϕ_2 可视为偏置量)基本上为 $\pi/2$。

测量相位的另一种方法是将参考光进行频率偏置(如声光调制),令 ω_2 的偏置为 ω_B,则由式(5.62)可知:

$$I = I_1 + I_2 + 2\sqrt{I_1 I_2}\cos(\omega_B t + \phi) \tag{5.64}$$

此信号经光电转换,交流放大后便可滤除直流分量,则信号电压为:

$$V = k\cos(\omega_B t + \phi) \tag{5.65}$$

这样,便可用电子学中的常规鉴相电路将相移量 ϕ 直接转化成电压输出。这种方法比式(5.63)的零差探测法能提高信噪比约 20 dB。

2)频率调制

对于频率调制,若光源频率为 ω_c,则信号光频率为 $\omega_c + \omega_M(t)$,参考光采用从光源分束的方法取出,故 $\omega_2 = \omega_c$,则由式(5.62),有:

$$I = I_1 + I_2 + 2\sqrt{I_1}\sqrt{I_2}\cos(\omega_m(t)t + \Delta\phi) \tag{5.66}$$

式中,$\Delta\phi = \phi_1 - \phi_2$

由上式可见,采用交流放大后,可滤除直流分量。另外,$\Delta\phi$ 通常为一常数(除非受到扰动),故信号电压亦具有式(5.65) 类似的形式,该信号可采用标准的鉴频器将 ω_M 转化为电压输出。鉴频器具有如图 5.21 所示的幅频特性,如果鉴频前使信号进入限幅状态,则鉴频后输出信号便只由 ω_M 决定,而与幅值无关。

3)振幅调制

对于振幅调制信号,除可以直接探测外,采用外差探测还具有放大作用,尤其是当信号光很微弱时,采用外差探测能提高信噪比,基本出发点还是式(5.61)。通常将参考光进行频率偏置,则采用交流放大后,信号电压为:

$$V = k \cdot E_1(t)E_{02}\cos(\omega_B t + \phi_0) \tag{5.67}$$

式中,k 为常数。ω_B 为频偏(亦为常数),$\phi_0 = \phi_1 - \phi_2$ 为常数,故 V 为受 $E(t)$ 调制的调幅信号。通常参考光比信号光强得多,故有 $E_{02} \gg E_1(t)$,从而使 E_1 得到放大。

4)更进一步的考虑

以上各种采用相干(零差或外差)法的解调方法,从理论上讲是可行的,而且在信噪比灵

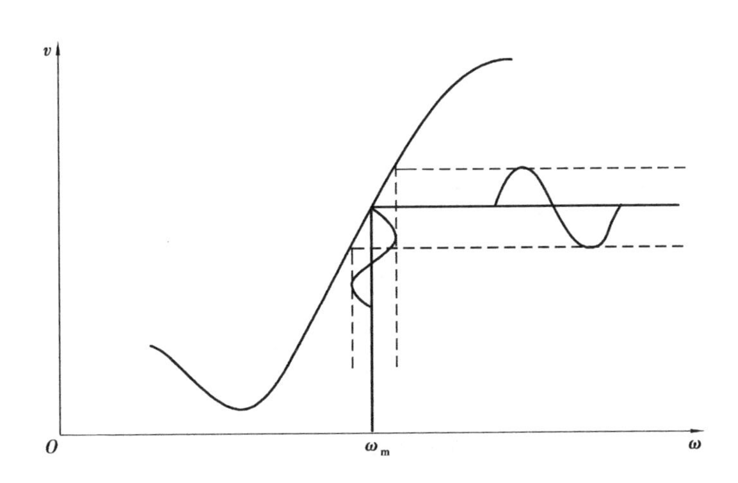

图 5.21　鉴频器幅频特性

敏度等方面比直接探测有明显的优点，但在具体应用时，由于灵敏度非常高，故对于扰信号同样也很敏感。例如，对于相位调制，要求信号光和参考光的频率和振幅，以及参考光的相位要非常稳定，否则使对相位的探测下限急剧恶化。这就要求采取许多措施来稳定这些因素，从而使复杂性增大和成本增大，增大的程度随探测灵敏度而变，故除非在对灵敏度要求非常高的场合，一般很少采用相干探测。同理，一般也是以可用于直接探测的强度调制、振幅调制方法使用得居多。

5.3.2　特殊探测方法

在光电子系统中，通常会遇到非常微弱光信号的探测，有时甚至是在强烈的背景噪声中探测微弱光信号。为了能在信噪比极其恶劣的情况下正确地取出信号，必须采取某些特殊的探测方法。这些方法尽管原理各不相同，但目标都是一个——最大限度地抑制噪声，提高信噪比。

(1)光子计数法

光子计数法是专用于光电倍增管的一种探测微弱光信号的方法，目前已有采用 APD 管来实现的例子。由于光电倍增管的增益极高，因此入射到光阴极上的一个光子会在阳极上形成一个电流脉冲。人们发现，由入射光子激发的电流脉冲的幅值(脉高)比较规范，总是趋于某一定值。然而，由暗电流等噪声产生的电流脉冲的幅值大小不等、分布较宽，如图5.22所示。

光子计数法就是利用了信号和噪声脉冲高度的区别，将信号脉冲和噪声脉冲予以分离，只对信号脉冲计数，从而能大大提高信噪比。

完成分离信号脉冲和噪声脉冲的关键装置是脉冲鉴别器，它实际上就是一种窗口比较器。设窗口的上、下限为 V_H 和 V_L，则只有当输入信号落入窗口内(即 $V_L < V_S < V_H$)时，该比较器才输出一个计数脉冲，而幅值处于窗口外的任何脉冲信号则被视为噪声，不予计数，从而能大大提高信噪比。

输入光信号的强度由计数速率(单位为光子数/秒)来表示。在具体使用光子计数方法时，若要想得到较高的信噪比，有两点必须注意：其一是窗口的选择，V_L 和 V_H 的值与光电倍增管的脉高分布曲线以及工作电压有关；其二是信号光强范围，当光信号太强时，有可能有两个以上的光子几乎是在同一时刻到达光阴极，而在阳极上输出一个较大的脉冲，从而造成计数误

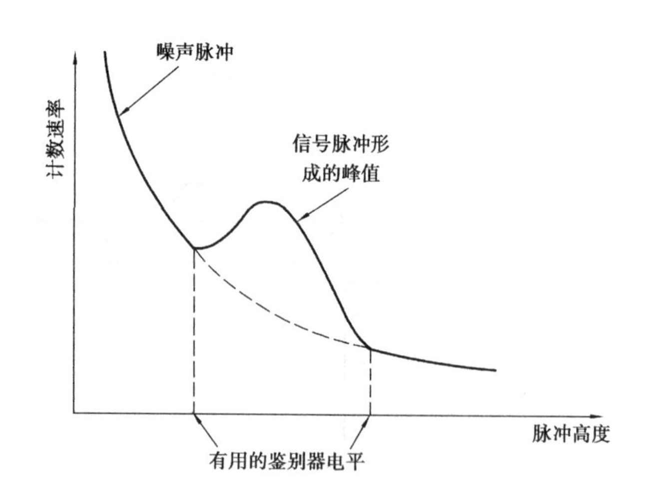

图 5.22　光电倍增管的脉高分布图

差。为了减小这种”光子堆积”现象造成的误差,可以采取对脉冲进行加权计数,但确定各种幅值的脉冲所对应的权值也是一个相当困难的问题,它与光电倍增管的特性及工作参数、输入光强等诸因素有关。另外,一种能有效地降低“光子堆积”误差的简单的方法是控制信号光强,即光子计数方式只工作在弱光状态,这样就以根本上减少了“光子堆积”事件的几率。

(2)**相关探测**

前面所介绍的光子计数方法的一个显著特点是能够探测非常微弱的光信号,如果工作参数设置得当,这种方式能最大限度地抑制光电倍增管本身的噪声,但对混合在光信号中的噪声却无能为力,即这种方法只能使信号的信噪比不进一步恶化,但却不能使信噪比得到改善。

在某些情况下,弱信号是淹没在强噪声中的,即 SNR $\ll 1$。要将信号从强噪声中分离出来,首先要求信号和噪声应具有可供分离的某些特征。相关探测就是利用了信号具有一定规律和噪声的随机性。

1)相关简介

函数 $f(t)$ 与 $h(t)$ 之间的互相关函数 $R_{fh}(\tau)$ 定义为:

$$R_{fh}(\tau) = \lim_{T\to\infty}\frac{1}{T}\int_0^T f(t)h(t+\tau)\mathrm{d}t \tag{5.68}$$

记为

$$R_{fh}(\tau) = f(t) \bigstar h(t)$$

互相关函数具有以下性质:

①R_{fh} 是一个实函数,其值可正可负,且 $R_{fh}(\tau)$ 在 $\tau=0$ 处不一定取最大值。

②R_{fh} 为一非奇非偶函数,但它满足:$R_{fh}(\tau)=R_{hf}(-\tau)$。

③互相关函数为一有界函数,即

$$|R_{fh}(\tau)|^2 \leqslant R_{ff}(O)R_{hh}(O)$$

④归一化的互相关函数为:

$$\rho_{fh}(\tau) = \frac{R_{fh}(\tau)}{\sqrt{R_{ff}(O)R_{hh}(O)}}$$

当 $R=f$ 时,互相关函数即化为自相关函数,自相关函数在原点($\tau=0$)处取极大值。

2)相关探测原理

设混有噪声的待测信号为：

$$f(t) = s_1(t) + n_1(t) \tag{5.69}$$

参考信号为：

$$h(t) = s_2(t) + n_2(t) \tag{5.70}$$

式中，n_1、n_2 分别为待测信号和参考信号中的噪声，s_1 为不含噪声的“纯”信号，s_2 为与 s_1 具有相同变化规律的参考信号。这两者的互相关函数为：

$$\begin{aligned} R_{fh} &= f(t) \star h(t) \\ &= s_1(t) \star s_2(t) + s_1(t) \star n_2(t) + n_1(t) \star s_2(t) + n_1(t) \star n_2(t) \\ &= s_1(t) \star s_2(t) \end{aligned} \tag{5.71}$$

由于噪声具有随机性，它们与 s_1、s_2 是不相关的，故上式中右边后三项的互相关值为 0。由上式可见，两者的互相关函数中不再包含噪声成分。

3）相关探测装置

要完成相关运算，通常有两种方法，即硬件相关器和软件运算。前者具有成本低、速度快，但精度稍差；后者精度可做得很高，但成本高、速度慢。

根据相关检测原理做成的锁定放大器的原理框图，如图 5.23 所示。

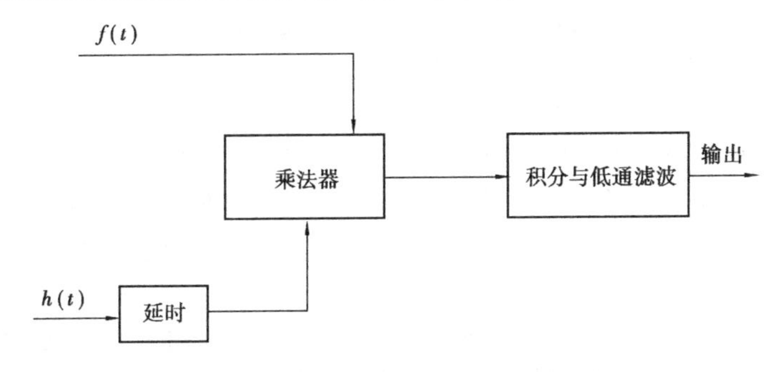

图 5.23　锁定放大器原理框图

为了保证参考信号与待测信号具有一定的相关性，通常是人为地进行调制，具体装置实例如图 5.24 所示。

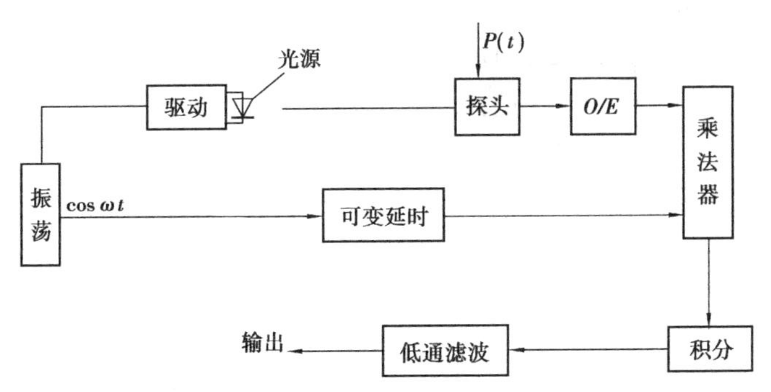

图 5.24　锁定放大器原理框图

待测信号：

$$f(t) = AP(t)\cos \omega t + n_1(t)$$

参考信号：

$$h(t) = B\cos(\omega t + \phi) + n_2(t)$$

则互相关函数为：

$$R_{fh}(\phi) = P(t)AB\frac{1}{2}\cos\phi$$

式中，$P(t)$为变化缓慢（相对于调制频率 ω）的欲测信号。

通过调节延迟量 ϕ 使 R_{fh}达到最大，然后锁定。由此可见，锁定放大器的关键在于使相移 ϕ 锁在最佳状态，并要有自动跟踪功能。目前，锁定放大器的工作频率都较低，即要保证待测信号在积分期间不变，若要提高工作带宽，则须采取提高调制频率等一系列措施，使成本急剧上升。

（3）**取样积分**

取样积分系另一种从强噪声中提取弱信号的方法，它要求信号具有周期性。

设待测信号为$f_i(t) = V_i + V_{Ni}$，式中 V_{Ni}为输入信号中的强噪声，则输入信号的信噪比为：

$$\mathrm{SNR_i} = \frac{V_i}{V_{Ni}} \tag{5.72}$$

若在信号的 M 个周期中的同一点进行采样，并累加（积分）起来，则对于信号 V_i 而言，经过上述处理后变为 MV_i；而对于随机噪声 V_{Ni}，只有其功率才满足叠加原理，故对于振幅，则只增加为$\sqrt{M}V_{Ni}$。因此，通过取样积分后，输出信号的信噪比变为：

$$\mathrm{SNR_o} = \frac{MV_i}{\sqrt{M}V_{Ni}} = \sqrt{M}\mathrm{SNR_i} \tag{5.73}$$

即通过对信号进行 M 次取样积分，能将信噪比提高$\sqrt{M}$倍。

从理论上讲，取样积分要求每次都要采在同一点，积分的输出即为该点的值（信噪比已大为改善）。若要得到一个周期的波形图样，则还需对信号的其他点进行取样积分。总的来说，积分次数主要由信号的恶劣程度决定，而采样点的疏密则视信号变化的频率由抽样定理可得到最大采样间隔。

与相关运算一样，取样积分也有模拟和数值两种处理方法，通常以模拟取样积分器应用居多。典型的例子是光时域反射计 OTDR（Optical Time Domain Reflectometer），它是利用注入的光脉冲沿光纤传播时所产生的后向瑞利散射信号来测量光纤的损耗、断点等参量。由于光信号非常微弱，故必须采用取样积分的方法将低于噪声数十倍的光信号提取出来。OTDR 的原理框图如图 5.25 所示，波形图如图 5.26 所示。

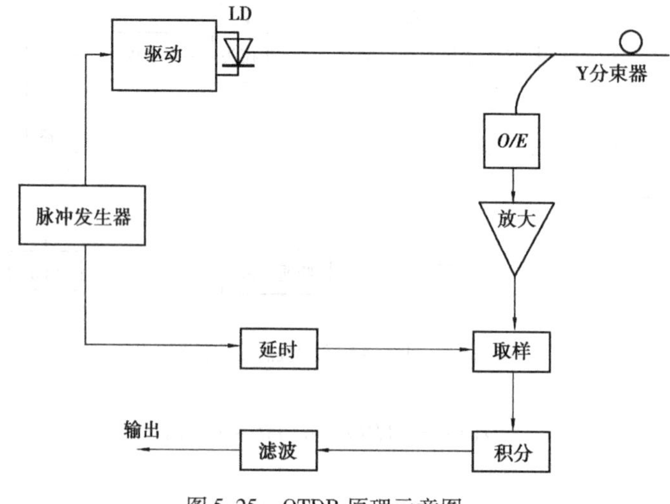

图 5.25　OTDR 原理示意图

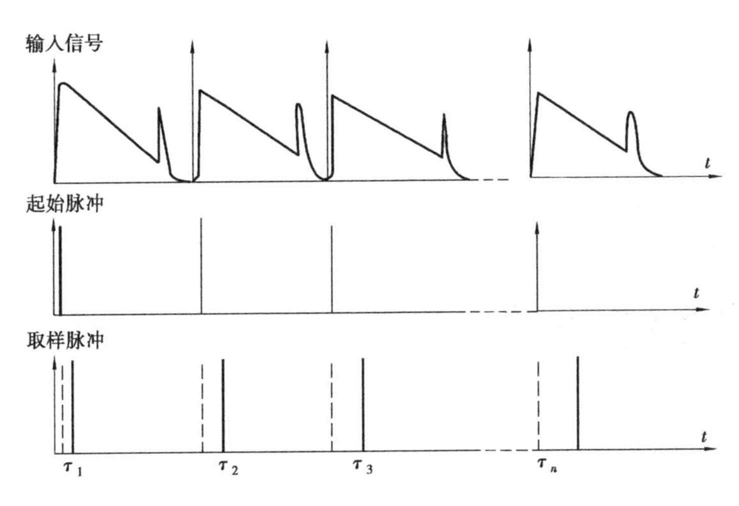

图 5.26　OTDR 波形图

市场上销售的 OTDR 通常采用模拟取样积分器，由于每一个光脉冲只能取其一点的信号，信号的利用率低，故通常测出一次曲线所需的时间较长。

数字式 Boxcar 则是利用高速 A/D 转换器对后向散射信号进行连续采集，再对多次采集到的数据进行平均。这样，LD 发出一个光脉冲即可获得一系列的采样值，使得总的处理速度大大提高。

思考题

5.1　光电导器件与光伏器件有何不同？

5.2　解释光电探测器红限的含义。

5.3　由图 5.5 解释结型器件的几个工作模式及其特点。

5.4　简述 APD 的温漂特性及其补偿原理。

5.5　光电探测器的噪声类型及其抑制方法有哪些？

5.6　简述光电探测器的主要特性指标及选择原则。

5.7　简述 PMT 的工作原理、特点及应用注意事项。

5.8　强度及振幅调制信号的解调方法及特点有哪些？

5.9　简述偏振解调方法及特点。

5.10　简述 FM 和 PM 的解调方法及特点。

5.11　简述光子计数法的原理、光子堆积的原因及解决的办法。

5.12　相关探测为何能够提高信噪比？

5.13　如何构造相关探测的参考信号？

5.14　锁相放大器的工作频率有什么限制？

5.15　简述取样积分提高信噪比的原理。

5.16　取样积分对信号有什么要求？

5.17　怎样对非周期性信号采用取样积分技术？

5.18　取样积分如何实现对整个曲线的扫描？

第 6 章 光纤通信系统基础

6.1 光纤通信系统简介

光纤通信主要是指利用激光(短程也有用 LED 的)作为信息的承载介质,并通过光纤来传递的通信系统。光纤通信是人类通信史上的一个革命性突破,其重要特点有:

①光载波频率高,光纤传输频带宽,传输容量大;

②抗电磁干扰能力强,保密性好,安全可靠,不怕雷击;

③耐高温、高压,抗腐蚀,可靠性高;

④在大批量生产的今天,光纤(缆)的成本低、重量轻、柔性好;

⑤光纤通信用的附属器件的价格随技术的发展呈指数下跌,已经能够满足用户的价格要求。

光纤通信的发展历程:

第一代:0.85 μm 波长的多模光纤系统;

第二代:1.30 μm 波长的多模光纤系统;

第三代:1.30 μm 波长的单模光纤系统;

第四代:1.55 μm 波长的单模光纤系统。

通信的传输容量、带宽在近 30 年的发展过程中得到飞速的发展,尤其是在 1 550 波段上,在密集的波分复用技术、掺铒光纤放大技术、喇曼光纤放大技术等支撑下,不仅使通信容量大大增强,无中继传输距离已经突破了上千公里,这是传统的电通信系统所无法比拟的。

光纤通信系统由信号传输单元和信号调理单元两大部分构成。信号传输单元由电端机和光端机组成,如图 6.1 所示。

信号调理单元主要由放大(中继)系统和复用系统构成。放大又可分光放大和电放大(即先将光转换成电信号,放大后再转换成光信号送出去)。复用系统(WDM)分复用和解调两部分,复用的密集程度主要受光源的单色性和波分复用器件的通道间隔指标的限制。

光纤通信系统中传递的信号分数字和模拟两大类,且以数字信号为主。传输模拟信号的

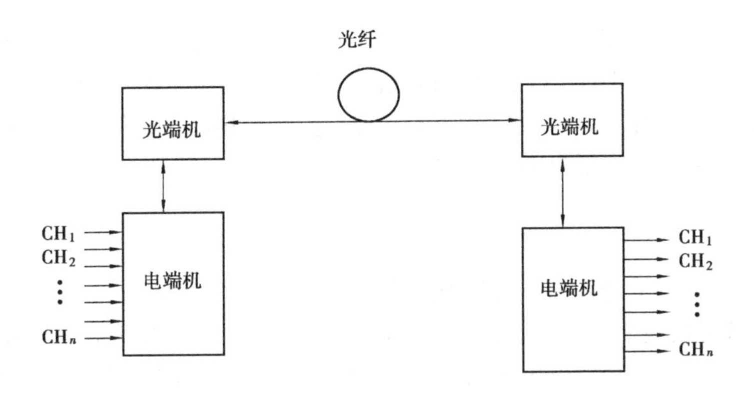

图6.1 光纤通信系统框图

系统,其传输的信息主要受光纤带宽的限制,信号的基本形式有视频信号、音频信号和特殊信号,比如电压、温度、压力、应力等来自传感器的信号。

由于数字信号具有非畸变再生的优点,目前的有线电视网络传递的信号就是数字式的,电话干线传递的也是数字式的,即使是传感器信号,也有向数字式转化的趋势。传递模拟信号的系统已经很少了。模拟传输系统与数字传输系统的性能比较见表6.1。

表6.1 两类系统传输性能比较

比较参数	模拟传输系统	数字传输系统
调制方式	模拟调制(强度、频率、振幅)	数字调制
抗干扰能力	弱	强
传输距离	质量随距离下滑	质量在一定限度内无变化
再　生	多次再生噪声叠加	信号无畸变再生
复　用	容易发生串话	通道隔离度高

6.2 光纤中信号的蜕变

在光纤中传输的信号受光纤自身的限制信号会发生一定的变化,导致传输速率、带宽、复用密度等方面必然要受到一定的限制。

6.2.1 光波导中的信号衰减

在光纤中传输的光信号会随着传输距离的增加而逐渐衰减,传输损耗系数由式(3.254)描述,其量纲为dB/km,在工程中常用dB来计算线路的损耗,尤其在计算多个器件的总损耗的时候是十分方便的。

造成光信号损耗的原因比较多,大体可分为以下几个方面:

(1)**吸收损耗**

吸收损耗又分为本征吸收和杂质吸收。本征吸收主要由SiO_2物质固有的吸收特性所决定,从理论上讲,任何物质都有其特征吸收谱(线、带),这是无法避免的。对于 SiO_2,它有两个频带:一个在近红外的 8 ~ 12 μm 区域内,该波段的本征吸收是由于分子振动所产生的;另一个在紫外波段,紫外吸收的中心波长在 0.16 μm 附近,其影响可以延伸到 0.7 ~ 1.1 μm 波段。杂质吸收主要是由氢氧根离子(OH^-)带来的,在 0.725 μm、0.825 μm、0.950 μm 几个波长附近呈现吸收高峰。

(2)散射损耗

散射损耗主要是由于光纤制作过程中的非均匀性偏差,从而导致光纤中存在非规则的微粒、缺陷等。在散射损耗中,瑞利散射占主要成分,瑞利散射所带来的损耗系数由式(3.255)描述。瑞利散射尽管对信号会带来负面影响,但瑞利散射可以用来进行测量,对光纤长度、敷设质量等参数进行在线检查,OTDR(光时域反射技术)就是利用瑞利散射的原理来工作的。

在光纤中,除了瑞利散射外,还存在喇曼散射、布里渊散射等,喇曼散射的能量要比瑞利散射的能量低 3 ~4 个数量级,非常微弱,如果从信号传输的角度看,喇曼散射完全可以忽略不计,但喇曼散射的反斯托克斯分量强烈依赖于光纤的温度,根据这个原理,可以对光纤的温度分布进行测量。同样,从布里渊散射的信号中也可以提取出光纤的温度和应力信息,在传感领域有非常重要的价值。

(3)辐射损耗

辐射损耗强烈依赖于光纤的波导结构。对于多模光纤,一些高阶模会进入包层,成为泄露模被损耗掉;对于单模光纤,在经过活动连接器、定向耦合器等节点时,模式会重新分配,只有基模能够传播,非基模全部损失掉。此外,当光纤出现弯曲时,部分高阶的模(多模光纤)也会因不满足全反射定律而变成辐射模形成损耗。

(4)其他损耗

光纤制造过程中的误差,如折射率分布误差、芯径误差、包层的尺寸误差等,都会造成一定的损耗,这类损耗属于产品质量问题。

6.2.2 光纤中的信号失真

信号失真指的是一个标准的正弦波在沿光纤传输的过程中,正弦波的形状会发生一定的变化,之所以产生这样的变化,是由于光纤的传输性能对波长有一定的依赖关系,即光纤的色散特性。

(1)光纤的色散特性

光纤的色散是由于光纤所传信号的不同频率成分或不同模式成分的群速度不同而引起传输信号畸变的一种物理现象。当一个光脉冲通过光纤时,由于光的色散特性,所以在输出端光脉冲响应被拉长,或者说脉冲被展宽。导致光纤色散的因素有以下几个:

1)材料色散

由于折射率是随波长变化的,而光波都具有一定的波谱宽度,因而产生传播时延差,引起脉冲展宽,材料色散的脉冲展宽由式(3.256)描述,图 3.40 所示为石英玻璃的特性色散曲线。从该图中可以看出,在长波长频段,材料色散几乎消失了,现在的通信波长几乎都采用长波长(1 310 nm 或 1 550 nm),除了损耗方面的考虑外,色散特性也是一个原因。

2)模式色散

在阶跃光纤中,入射角不同的光波在光纤内走过的路径长短不同,在临界角上传输的光路最长，沿光纤轴线传输的光路最短，由此引起时延差而产生的模式色散。光纤越长，时延差越大。阶跃光纤的模式色散可由下式计算，即

$$2\sigma_{m} = \frac{n_1\Delta}{\sqrt{3}c} \tag{6.1}$$

式中，n_1 是纤芯折射率；Δ 是纤芯与包层的折射率差，它往往远小于1；c为真空中的光速。

梯度多模光纤可使模式色散大大减小，当折射率为抛物线形分布时，得到最小脉冲展宽为：

$$2\sigma_{m} = \frac{n_1\Delta^2}{10\sqrt{3}c} \tag{6.2}$$

比较式(6.1)和式(6.2)可知，折射率差 Δ 相同的梯度多模光纤比阶跃光纤的模式色散小 $10/\Delta$ 倍，使传输信号的容量大大增加。

3)波导色散

波导色散是由光纤的几何结构决定的色散，它是由单一波导模式的传播常数 β 随光信号角频率 ω 变化而引起的，也称结构色散。

波导色散的大小与纤芯直径、纤芯与包层之间的相对折射率差、归一化频率 ν 等因素有关。这种色散在芯径和数值孔径都很小的单模光纤中表现很明显，一般波导色散随波长的增加而有增大的倾向。

光纤的总色散由上述三种色散之和决定。在多模光纤中，主要是模式色散和材料色散，当折射率分布完全是理想状态时，模式色散影响减弱，这时材料色散占主导地位。而在单模光纤中，主要是材料色散和波导色散。由于没有模式色散，所以它的带宽很宽。

光纤的色散特性还可以用光纤的带宽来表示，例如将一般光纤看成一段线性网络，带宽表示它的频域或特性，时延差代表它的时域特性，利用富氏变换就可以求出光纤带宽的关系。

(2)模式耦合

对于标准光纤，其结构分布呈轴对称状态，光纤中传输的光可以分解为两个正交的偏振分量，即两个偏振模式。对于理想的光纤，两个偏振模式在通过光纤以后不会发生任何变化，实际光纤总是有一定缺陷的，这两个正交模式在通过光纤以后，会发生一定的变化，模式之间会发生能量耦合，即其中一个模式的能量会减少，另外一个会增加，在利用光纤来传输测量信息时，这种模式耦合所带来的影响不可忽视。此外，光纤的弯曲、挤压、温度梯度等因素都会造成模式间发生能量转移，光信号在通过焊接点、活动连接器、定向耦合器、波分复用器等无源器件时也会发生模式耦合。

6.3　半导体光源的特性及应用

传输的信号要加载到光载波上面，对光源的特性研究就显得非常的重要，只有掌握了光源的特性，才能够正确使用光源，保证信号完美地加载。

6.3.1　光源的电光特性

光通信系统中主要使用半导体激光器(LD)和发光二极管(LED)，前者用得最为普遍。对

于 LD,其输入的是电流,输出的是光功率,即光功率与电流呈线性关系,但 LD 有一个阈值问题,低于这个阈值,LD 处于自发辐射,超过这个阈值才发出受激辐射——激光。

图 2.30 描述了 LD 的电光特性,超过阈值以后,LD 就发出激光,图 2.36 揭示了 LD 的另外一个特性:随着结温的提高,LD 器件的阈值也不断增大,最后消失——LD 被烧坏,变成 LED。

LD 的功率衰退必须予以高度重视,工作电流越大,衰退速度越快,在功率足够使用的前提下,输出功率越小(驱动电流自然就越小),工作越稳定,LD 的寿命越长,通常工作电流在刚超过阈值点,保证 LD 能够发出激光即可。

LD 的输出波长受工作温度(结温)的影响比较大,在不同的温度下,输出波长也不相同,尤其是用在密集波分复用系统时,温度控制是必要的。在用于光谱分析领域的传感系统中,也必须注意光源波长的温飘问题。

LED 也属于电流驱动器件,与 LD 不同的是:LED 没有阈值问题,输出光功率与驱动电流呈线性关系。在寿命、稳定性和耐冲击等方面,LED 明显比 LD 要好。

与 LD 一样,LED 的输出功率也存在温飘的问题,图 2.27 描述了 LED 的这个特性。在需要光源提供稳定功率的场合(比如传感领域),温控是必不可少的环节,通常采用半导体制冷器来控制,该器件属于双向温控器件,通过调整电流的方向,可以改变器件冷、热端的极性,一旦器件安装完成,则电流的方向就决定了是处于制冷还是加热状态,电流的大小则决定了制冷(加热)的功率。

6.3.2 光源的驱动

在光通信系统中,信号的加载都是直接对光源的驱动电流进行调制,在电子技术高度发达的今天,有各种性能指标的专用驱动(调制)芯片可供选择,这里给出一个简单的例子进行说明(图 6.2)。

型号:AD9661A

特性:<2 ns Rise/Fall Times

Output Current: 120 mA

Single +5 V Power Supply

Switching Rate:200 MHz typ

Onboard Light Power Control Loop

该芯片能够通过数字信号控制输出的光功率,并且具有光反馈控制单元,保证稳定的光功率输出,调制频率高达 200 MHz,单电源供电为用户提供了方便。

在需要光源提供稳定光功率输出的领域,由于光源属于电流驱动器件,要得到稳定的光功率,驱动电流就必须高度稳定,采用恒流源驱动是一个正确的做法。

恒流源有多种方式可以实现,采用运放制作的恒流源具有非常好的稳定度,图 6.3 所示为一个恒流源的实例,LM311 提供高精度的电压基准,电位器 R_4 给精密运放提供参考电压,该电压决定了系统的输出电流,达林顿管的作用是扩流,R_5 取得的电压直接反馈到运放的反向端,形成负反馈回路,本例的输出电流范围为 0 ~ 100 mA,此外,R_5 上取得的电压在数值上等于输出的电流,可以作为电流的监控信号。

如果还需要更高精度的光功率输出,还可以采用光控的方式,LD 器件内部大多封装了一

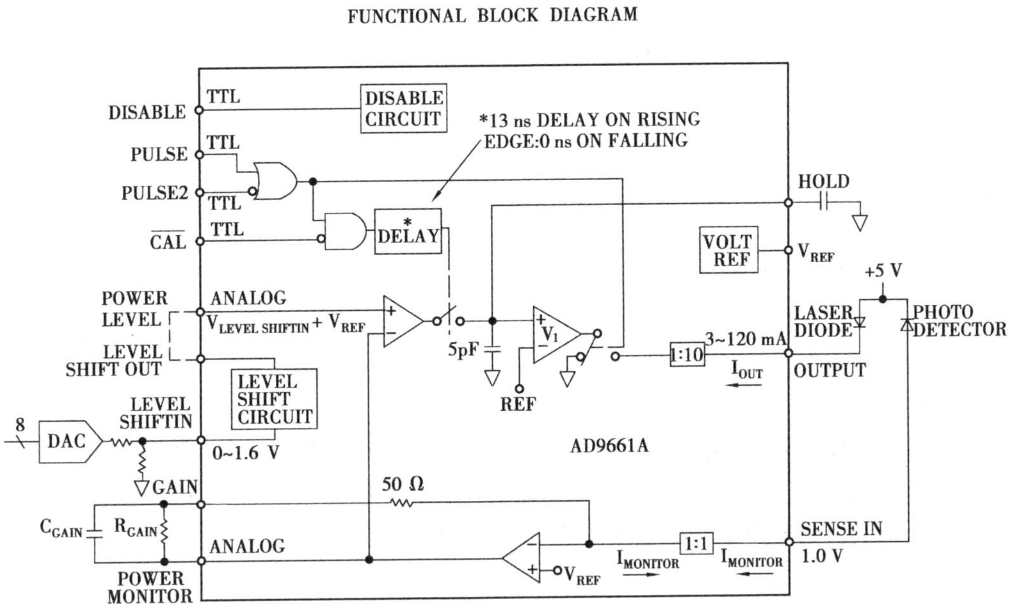

图 6.2　LD 驱动芯片原理框图

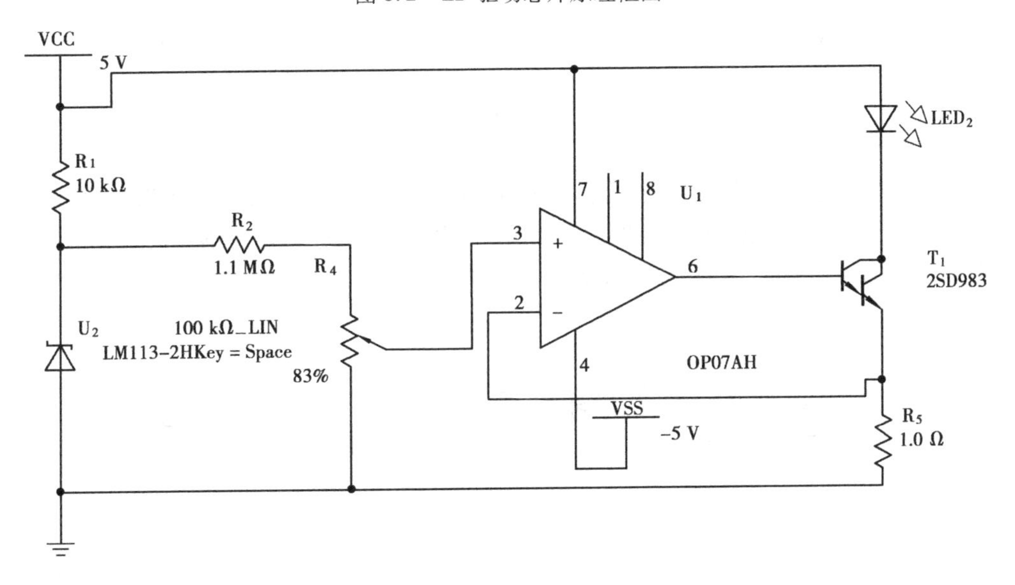

图 6.3　实验恒流源

个 PIN 接收器,从该 PIN 提取的信号直接反映了 LD 的光功率输出,该信号反馈进驱动的输入端,形成一个负反馈回路,直接对光功率输出进行调节。

恒流源只能对电流进行稳定,对温度变化导致的光功率波动没有调节作用,光控网络则可以对温度变化导致的光功率波动进行补偿。

6.4 光信号的连接

在光纤通信系统中，光信号是从光源传出来的，该信号要耦合进光纤进行传输，光信号的耦合质量涉及系统能够传输（无中继）的距离，本节将讨论光信号的耦合问题。

6.4.1 光源与光纤的耦合

半导体光源的出射窗口一般都呈长条形，出射的光在两个正交方向的发散角是不一样的，出射的光斑呈椭圆形。光源与光纤的耦合一般有下述几种方式：

(1)直接耦合

光纤端面处理好后，直接靠近半导体光源的出射端。所有的操作在显微镜下面进行，多模光纤的耦合比较容易，单模光纤在耦合的时候要注意光纤端面与光源端面的距离，控制不好容易形成一个FP腔，对耦合效率影响非常大，如图6.4所示。

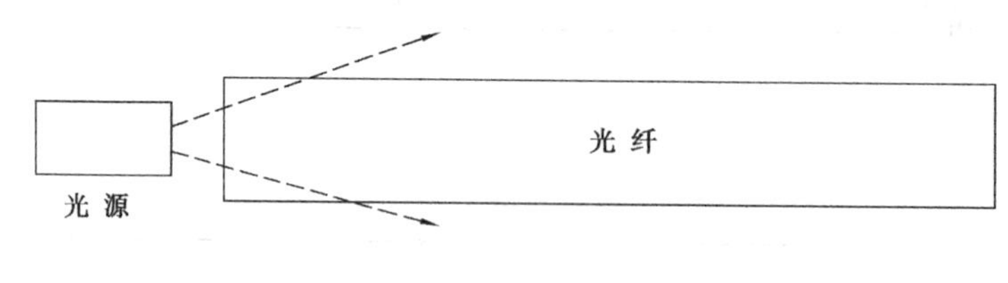

图6.4　直接耦合

(2)透镜耦合

由于光源有一定的发散角，直接耦合的效率不太高，采用透镜能够对光源的形态进行调整，以匹配光纤的数字孔径。在匹配时，分为焦点耦合和离焦耦合，焦点耦合的效率最高，但对位精度要求高；此外，耦合组件的轻微形变（位移）对输出的光功率影响非常大，如图6.5所示。

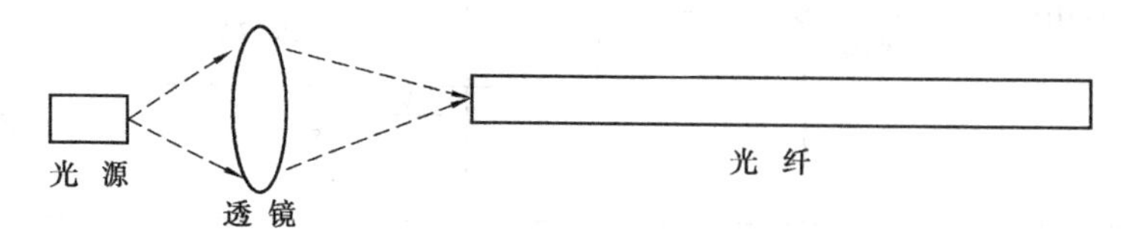

图6.5　透镜耦合（焦点耦合）

为了保证耦合后光功率输出的稳定性，离焦耦合不失为一个好办法：该方法以牺牲耦合效率来换取光功率输出的稳定性，如图6.6所示。

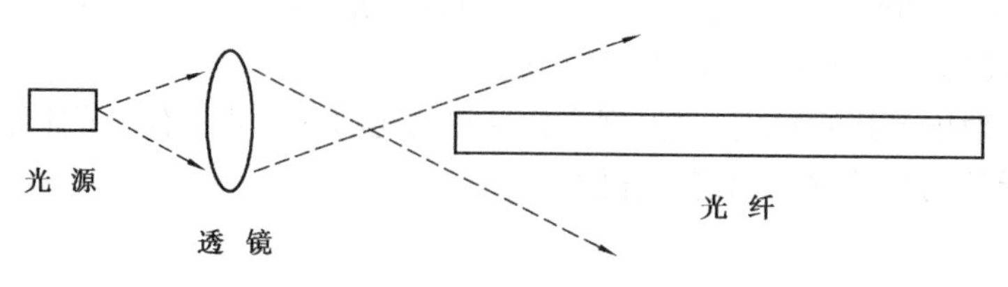

图6.6　透镜耦合（离焦耦合）

从上面图6.5和图6.6可以看出,在焦点耦合方式中,光源的能量经过透镜准确聚焦在光纤的纤芯,故耦合效率可以很高。缺点就是耦合效率对光纤位置非常敏感,一旦由于温度变化导致粘胶蠕动,输出的光功率将出现较大的波动。离焦耦合方式虽然光纤没有处于透镜的焦点,但由于光纤处于一个较大的光场中,光纤位置的蠕动对耦合效率影响比较小,缺点是明显的,耦合效率比较小。

(3)**二元光学元件耦合**

由于光源出射端口呈长条形,输出的光斑也是呈椭圆形,光纤是轴对称结构,椭圆形的光场对光纤是不匹配的。要追求最高的耦合效率,就必须对光源的分布进行修正,实现的方法就是采用二元光学元件。该元件在两个正交方向的焦距不一样,不像普通透镜那样的呈轴对称,通过全息方法制作的二元光学元件,可以使其衍射效果按需要的模式分布,最终将椭圆形光场分布转换成圆形光场,正好与光纤的入射孔径匹配,从而得到非常高的耦合效率。

6.4.2 光纤之间的连接

在通信系统中,经常需要在光纤之间进行信号的耦合,尤其在科研工作中,这类耦合是相当频繁的,使用频率最大有两类耦合方式:活动连接和熔接。

(1)**主要耦合方式**

1)活动连接

在需要频繁切换光信号的场合,活动连接器,如图6.7所示,它是最方便的耦合方式,精密的尺寸能够自由插拔而保证有足够的耦合效率,寿命长。活动连接器的挑选指标主要有插入损耗、回波损耗、重复性和寿命(插拔次数)。

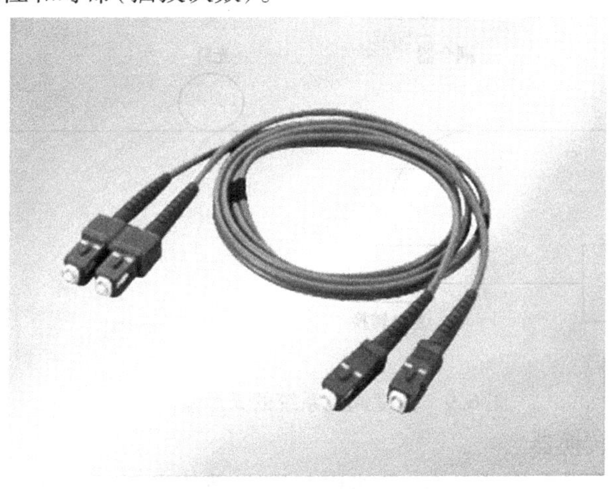

图6.7 活动连接器

活动连接器虽然有插拔方便的优点,但这个优点同时也导致了它的缺点——稳定性不够好。连接器受到振动、应力以及温度波动等扰动时,活动连接器的耦合效率也会发生一定的变化,在数字通信系统中,这个变化对通信质量不会带来明显的影响(除非系统已经工作在光功率的低限),但如果用在传感领域,特别是强度调制方式下,细微的功率波动必然导致检测精度的退化。一般来说,在实验阶段可以使用活动连接器,因为实验时频繁地替换和检测是必然的,一旦实验完成,系统就应当固化,以求得最好的可靠性。

2）熔接耦合

熔接耦合方式能够提供最可靠的光信号耦合，完成这个任务的是光纤熔接机，精密的机械对准，可靠的电弧熔接，妥善的加强保护。与活动连接器相比，熔焊方式具有可靠性高、接头损耗小的特点，最大的缺点是无法像活动连接器那样重复插拔。

（2）**其他耦合**

1）光纤耦合器

光纤耦合器主要用于将一个光纤通道的信号拆分成若干路信号，即分路器，也可以将若干通道的信号合成一路输出，简称合路器，如图6.8所示。该器件按光纤分类有单模和多模两大类，按输出通道又有1×2、1×4等。一般情况下，即使是1×2的耦合器，两路的分光比是50:50，即均匀分配。在传感领域，有特殊要求时，这个分光比就有很大的变化范围，从50:50～10:90都有。

图6.8　光纤耦合器

在强度调制的光纤传感系统中，光源的波动情况必须监视，就可以利用光纤耦合器从光源中分出一路信号来监视，如图6.9所示。

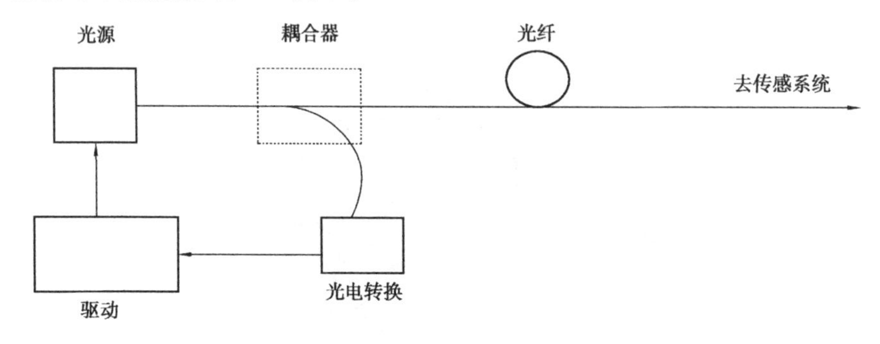

图6.9　强度调制系统的光源监测回路

2）光纤适配器与转换器

光纤适配器工程上又称为法兰盘，只能用于同型号的光纤活动连接器之间的连接，如FC与FC、ST与ST之间的连接。转换器则是用于不同型号的活动连接器之间的连接，如FC与ST之间，在工程检修和科研工作中，经常会遇到不同型号的光纤连接器之间的信号连接，转换器是必备的工具。图6.10所示为几种转换器的照片。

此外，还有一种专门用于裸光纤的转换器，适用性更广，主要用于临时性的连接，在稳定性方面不能提供很好的服务。

图6.10　光纤转换器

6.5　光纤通信系统的设计原则

要在甲乙两地构建一个光纤通信系统，必须根据各种参数来选择系统的搭建模式，既不能小马拉大车，造成通信质量的恶化，又不能大马拉小车，造成浪费。本节将讨论搭建通信系统的几个基本原则。

6.5.1　损耗因素

搭建通信系统的关键因素是损耗的估算。根据通信距离，选择适当的发射机功率，以及接收机的门限(灵敏度)，两者的差即为系统的损耗资源。一旦选定了发射机和接收机以后，系统的损耗资源就确定了，如何正确使用这些资源就显得非常重要。

(1)无源器件的损耗

1)活动连接器

一般活动连接器的插入损耗为0.4～0.7 dB，使用越多，消耗系统的增益资源就越厉害。

2)熔接点

用光纤熔接机焊接的接头损耗一般不超过0.1 dB，如果是异型光纤的焊接，损耗还要多。

3)波分复用器

波分复用器带来的损耗视器件自身的质量参数而定。

4)定向耦合器

定向耦合器给系统带来的损耗由两部分构成：一部分是无法避免的3 dB分光损耗，另一部分就是插入损耗。

(2)有源器件的损耗

有源器件主要有光开关、光纤放大器等，视质量的不同等级，其损耗差异比较大。

光纤的损耗主要由两部分构成：光纤自身的瑞利损耗和光纤(缆)的敷设损耗。对于光纤的瑞利损耗，目前的生产工艺已经成熟，对光纤的瑞利损耗控制得比较稳定，一般没有大的起伏；敷设损耗主要是指光纤在敷设时由于施工所带来的损耗，其中最主要的是微弯损耗，最常见的是光缆在埋设过程中由于非正规施工，造成光缆被严重压弯。此外，由于埋设环境的塌方、变形等因素也会造成光纤的微弯损耗增加。对于非铠装的光缆,如果在施工中存在较大的应力,随着时间的延长,应力会逐步施加到光纤上,破坏松套结构,最终也将导致微弯损耗的增加。

例如:某发射机的输出功率为 12 dBm,接收机的灵敏度为 -20 dBm,则整个系统的损耗储备便为 32 dB。系统中使用了 5 个活动连接器,每个活动连接器的插入损耗是 0.7 dB,使用的光纤损耗为 0.3 dB/km,系统预留损耗储备 3 dB(为什么要预留,请读者思考)。有了上面的数据,就可以计算本系统能够传输的最大距离 L,即

用于光纤的损耗资源为:

$$32 - 5 \times 0.7 - 3 = 25.5$$

则最大传输距离为:

$$L = 25.5/0.3 \text{ km} = 85 \text{ km}$$

6.5.2 通信距离的拓展

在上节的例子中,如果实际需要的距离是 100 km,则可以在下面几个方面进行拓展:提高发射机的功率。15 km 的距离差额折算成损耗为(同样的光纤):

$$0.3 \times 15 \text{ dB} = 4.5 \text{ dB}$$

则发射机的输出功率应该为:

$$(12 + 4.5) \text{ dBm} = 16.5 \text{ dBm}$$

(1)提高接收机的灵敏度

提高接收机的灵敏度(即降低接收门限)可以达到同样的效果,即

$$[-20 + (-4.5)] \text{dBm} = -24.5 \text{ dBm}$$

(2)使用中继

拓展通信距离的简便办法是使用中继技术。在通信干线上,可以在适当的位置插入中继(光中继或光—电—光中继)。光中继器的功能是补偿光的衰减,对失真的脉冲信号进行整形。当光信号在光纤中传输一定距离后,光能衰减,从而使信息传输质量下降。为了克服这一弱点,在大容量、远距离光纤通信系统中,每隔一段距离设置一个中继器,保证光纤高质量远距离传输,这种系统也称为光纤中继通信。传统的光纤传输系统是采用光—电—光再生中继器,这种方式的中继设备十分复杂,影响系统的稳定性和可靠性。多年来,人们一直在探索去掉上述光—电—光转换过程,直接在光路上对信号进行放大传输,即用一个全光传输型中继器代替目前这种再生中继器。科技人员已经开发出半导体光放器(SOA)和光纤放大器(掺铒光纤放大器(EDFA)、掺镨光纤放大器(PDFA)、掺铌光纤放大器(NDFA))。

EDFA 具备高增益、高输出、宽频带、低噪声、增益特性与偏振无关等一系列优点,这将促进超大容量、超高速、全光传输等一批新型传输技术的发展。利用光放大器构成的全光通信系统的主要特点是:工作波长恰好是在光纤损耗最低的 1.55 μm 窗口,与线路的耦合损耗很小,噪声低(4 ~8 dB)、频带宽(30 ~40 nm),很适合用于 WDM 传。

在 WDM 传输中,由于各个信道的波长不同,有增益偏差,经过多级放大后,增益偏差累积,低电平信道信号 SNR 恶化,高电平信道信号也因光纤非线性效应而使信号特性恶化。为了使 EDFA 的增益平坦,主要采用增益均衡技术和光纤技术。增益均衡技术利用损耗特性与放大器的增益波长特性相反的原理均衡抵消增益不均匀性。目前主要使用光纤光栅、介质多

层薄膜滤波器、平面光波导作为均衡器。光纤技术是通过改变光纤材料或利用不同光纤的组合来改变 EDF 特性,从而改善 EDFA 的特性。

(3)**价格核算**

无论采用哪种方法来拓展通信距离,都必须面对成本核算问题,最终的决定因素还是在于成本。

(4)**冗余设计原则**

在设计光通信系统中,不仅要立足于用户的实际要求,更应该有一定的前瞻性,要考虑到通信技术的迅速发展,也要考虑到需要传递的信息量的急剧膨胀等因素。在设计系统的传输带宽时,要留有一定余量;在规划光缆时,应该预留几根光纤作为备用;在采购光开关时,不妨多留几个通道。只有预留了一定拓展空间的系统,才会有比较长的使用寿命,才不会陷入不断升级的尴尬局面。

6.6 光通信系统中的复用技术

随着以 IP 为代表的数据业务的爆炸增长,以及 Internet 在全球范围内的迅速发展,使得对网络带宽的需求不断增加,随之出现了所谓的“光纤耗尽”现象和对代表通信容量的带宽的“无限渴求”现象。以美国为例,从 1995 年起,几家主要长途电信业务承载商光纤通信系统的负载能力都接近饱和。如何提高通信系统的带宽已成为焦点问题,复用技术正是解决这一问题的关键技术。

在光纤通信中,复用技术被认为是扩展现存光纤网络工程容量主要手段。复用技术主要包括时分复用 TDM(Time Division Multiplexing)技术、空分复用 SDM(Space Division Multiplexing)技术、波分复用 WDM(WaveLength Division Multiplexing)技术和频分复用 FDM(Frequency Division Multiplexing)技术,但是,因为 FDM 和 WDM 一般认为并没有本质上的区别,所以可以认为波分复用是“粗分”,而频分复用是“细分”,从而将两者归入一类。下面主要讨论 SDM、TDM 和 WDM 三种复用方式。

6.6.1 时分复用技术

时分复用(TDM)技术在电子学通信中已经是很成熟的复用技术。这种技术就是将传输时间分割成若干个时隙,将需要传输的多路信号按一定规律插入相应时隙,从而实现多路信号的复用传输。但是,这种技术在电子学通信使用中,由于受到电子速度、容量和空间兼容性诸多方面的限制,使得电时分复用速率不能太高。例如,PDH 信号仅达到 0.5 Gb/s,尽管 SDH 体制信号采用同步交错复接方法已达到 10 Gb/s(STM-64)的速率,但是,达到 20 Gb/s 却是相当困难的。另一方面,在光纤中,对于光信号产生的损耗(Attnuation)、反射(Reflectance)、颜色色散(Chromatic Dispersion)以及偏振模式色散 PMD(Polarization Mode Dispersion)都将严重影响高速率调制信号的传输。当信号达到 STM-64 或者更高速率时,PMD 的脉冲扩展效应,就会造成信号“模糊”,引起接收机对于信号的错误判断,从而产生误码。这是由于不同模式的偏振光在光纤运行中会产生轻微的时间差,因而一般要求 PMD 系数必须在 0.1 ps/km 以下。综上所述,电时分复用技术的局限性,将通信的传输速率限制在 10 ~ 20 Gb/s 以下。

时分复用的原理可以简单用时间图来说明。将工作时间分割成若干时间小段，每个小段分别传输 CH_1、CH_2、…、CH_n 的信号，当只有一个用户时，所有时间段都传输 CH_1 的信号，如果有两个用户同时使用，则这两个用户的传输时间将交错进行，传输速度将降低一半，显然，同时使用的用户越多，单个用户的传输速度就越慢。

6.6.2　空分复用技术

对空分复用(SDM)的一般理解是：多条光纤的复用即光缆的复用。在某些地方，有现成的光纤通信网管道，并且还有空余的位置，为了增加容量，可以在管道中拉入更多光纤，这比电子学方法更便捷。对于空分复用的另一种理解是：在一根光纤中实现空分复用，即对于光纤的纤芯区域光束的空间分割。因为单模光纤纤芯部分芯径仅有 9 ~ 10 mm，而且传输的光束波面各点相位要存在涨落，因而这种波面的空间分割是极为困难的。尽管最近有人提出了相干度的理论分割方法，但是距离实用化还有漫长的道路要走。

显然，空分复用技术包含了两个意思：多光纤的复用技术和单光纤的复用技术。多光纤的复用技术很容易理解，单光纤的复用技术涉及光纤的具体传输特性，用多模光纤可以简单说明单光纤的复用，不同的通道以不同的模式传输，假如利用 10 个传输模式，则该光纤的传输能力就比单根光纤扩大了 10 倍，如图 6.11 所示。

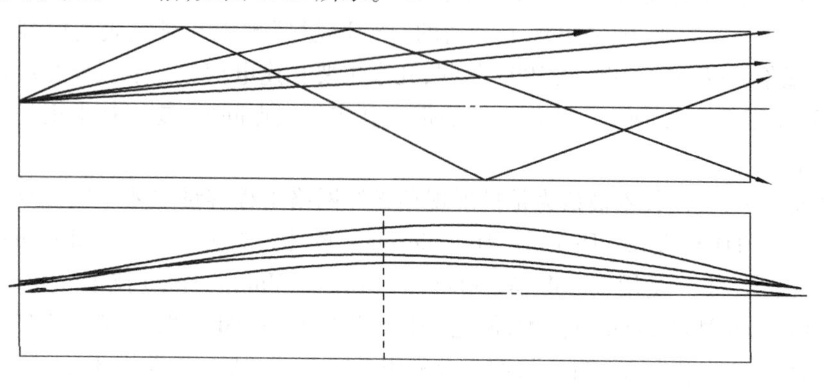

图 6.11　单根光纤的复用

6.6.3　波分复用技术

波分复用(WDM)技术是在一根光纤上承载多个波长(信道)系统，将一根光纤转换为多条“虚拟”纤，每条虚拟纤独立工作在不同波长上，每个信道运行速度高达 2.5 ~ 10 Gb/s。

WDM 技术作为一种系统概念，可以追溯到 1970 年初，在当时仅用两个波长，在 1 300 nm 窗口一个波长和在 1 500 nm 窗口一个波长，利用 WDM 技术实现单纤全双工传输。初期的 WDM 网络主要致力于点对点系统的研究，作为 WDM 技术发展的重要阶段，1987 年 Bellcore 在 LAMB-DANET 规划中开发出有 18 个波长波道的 WDM 系统。具有开拓性进展的是 1978 年 K. O. Hill 等人首次发现掺锗光纤中的光感应光栅效应，在此基础上 Meltz 等人于 1989 年终于研究发明出紫外光侧面写入光折度光栅技术，从而使采用光纤光栅实现 WDM 复用技术获得突破性进展，其复用波道数增加到 100 个以上。初期报道在 1 550 nm 窗口实现 25 个波道的 WDM 系统，总容量达到 500 Gb/s；接着又有报道在 1 550 nm 窗口实现 25 个波道的 WDM 系统，其波道间隔仅为 0.6 nm，总容量达 1.1 Tb/s，到 1999 年中期，WDM 实现化系统已经实现96个波道。北电公司宣布于2000年起开发有160个波长波道数的WDM系统,每个波道传输10 Gb/s,其一根光纤传输信息总容量为1.6 Tb/s。由于WDM系统技术的经济性与有效性,使之成为当前光纤通信网络扩容的主要手段。

第二代WDM系统即密集波分复用技术(DWDM)可以承载8~160个波长,其带宽增长速度远远超过了将信号以电的方式进行复用的时分复用技术(TMD)。

显然,波分复用技术的密集程度主要取决于波分复用器件的隔离度指标,高的复用通道数必须有窄的复用带宽为基础,就光纤自身来说,能够低损耗传输的波长窗口是固定的,在窗口内,能够将窗口分割成多窄的宽度,就决定了在总窗口下能够传输的通道数。

6.6.4 频分复用技术

频分复用(FDM)是将在光纤中传输的光波按其频率进行分割成若干光波频道,使其每个频道作为信息的独立载体,从而实现在一条光纤中的多频道复用传输。FDM技术可以与WDM技术联合使用,使复用路数成倍提高,即首先将光波波道按波长进行粗分,若每个波道宽度为$\Delta\lambda$,则在每个宽度为$\Delta\lambda$波道内再载入几个频道(f_1、f_2、…、f_n),每个频道还可以独立荷载信息。由于相干光通信提供了极好的选择性,因此FDM技术与其相结合,为采用FDM技术的光纤网络实用化创造了条件。FDM复用技术设备复杂,对于光器件性能的要求高,因此,进入实用工程阶段还需要不少努力。

频分复用和波分复用在本质上没有什么差别。若在同一根光纤中传输的光载波路数不多,载波间的间距较大,称为光波分复用:若光载波路数较多,波长间隔较小而又密集,就是频分复用。频分复用可以使通信容量几十甚至几百倍的提高。在密集频分的情况下,不用通常的光复用器和分波器,而是依靠调谐器件、光功率耦合器或光滤波器等。在接收端有两种不同的调谐方法来实现密集频分多路:一种是利用相干光纤通信的外差检测和调谐本振激光器,另一种是利用常规光纤通信的直接检测与调谐光纤滤波器。这两种调谐方法主要应用于光纤用户网和综合光纤局域网,特别适合于频分多址应用。

6.7 光通信系统的维护设备

要保证一个光通信系统的正常运转,必须对系统进行仔细的维护、诊断。准确的诊断不仅可以对系统的潜在危险进行预测,还可以及时发现早期故障,确保系统的正常。

6.7.1 光时域反射计

光时域反射计(OTDR)是通信系统维护中最常用的终端设备之一,其外观如图6.12所示,OTDR波形如图6.13所示。其主要功能如下:

(1)光缆施工质量的检测

在图6.14中,A、C点分别为光缆的前端和尾端的反射峰,B点引出的虚线表示该点出现了损耗突变点,通过观察测试的光缆损耗曲线,可以发现施工中存在的明显微弯损耗点(B点),及时予以纠正,保证施工的质量。

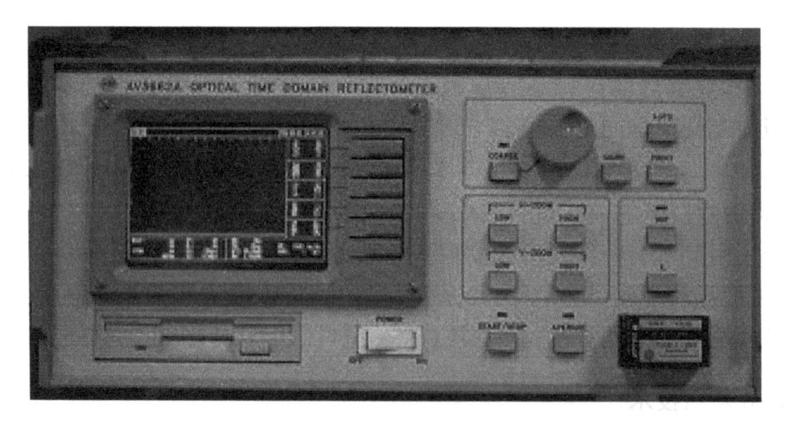

图 6.12　ODTR 外观

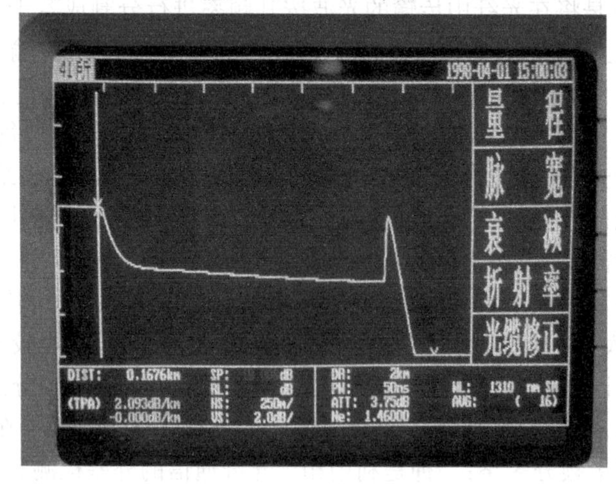

图 6.13　OTDR 波形

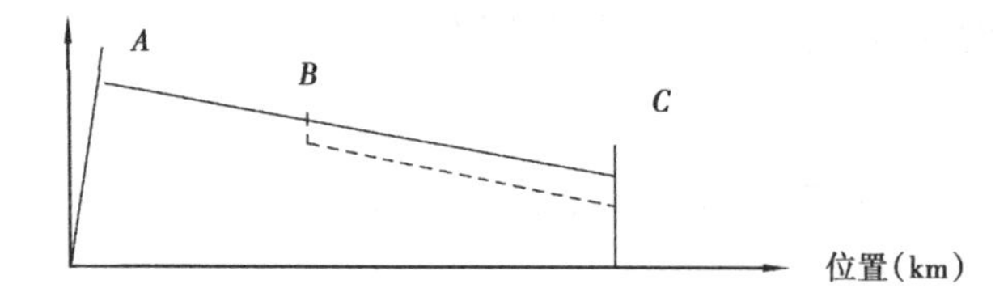

图 6.14　测试曲线示意图

(2)**光缆线路的状况**

处于正常工作状态的光缆,其损耗曲线可以描述光缆的状态,一般测试时,利用通信光缆中预留的光纤来进行测量,一旦由于塌方和地震等造成光缆断裂、弯曲等事故时,该仪器可以正确诊断出事故的类型和地点,便于及时抢修。

(3)**故障位置的确定**

当光缆被盗割或者发生断裂等事件时,OTDR 的反射曲线会出现如图 6.15 所示的变化,根据反射峰的位置就可以判断出光缆断裂的位置。

(4)**光纤的质量检测**

购买的光纤在使用前应该进行检查,主要是检查两个指标:长度和损耗。光纤的长度依靠尾端反射峰的位置就可以判断,光纤的损耗则由反射曲线的斜率来判断。

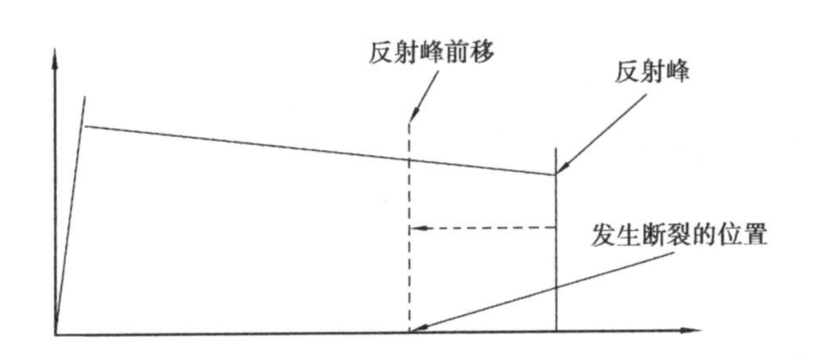

图 6.15　光缆断裂的反射峰前移

(5)焊接质量的检验

采用全自动熔接机也不能保证 100% 的成功率,焊接光纤后,不妨用 OTDR 测试一下,质量好的焊点,几乎观察不出损耗拐折点。如果观察到有明显的损耗拐点,就说明焊接质量不好,损耗大了。

(6)活动连接器的质量检查

活动连接器质量的好坏体现在两个方面:一个是自身的绝对损耗,另一个是多次插拔后的损耗波动(即重复性)。利用 OTDR 不仅可以直观地检查出这两个参数的好坏,还可以检查第三个指标,即反射损耗。在接点处,两个接头的端面间的菲涅耳反射,如果这个反射峰很高,间接说明能量的损失,用 OTDR 可以直观地观察到这个反射峰。

6.7.2　光功率计

光功率计是通信系统中最常用的仪表,如图 6.16 所示,其主要功能如下:

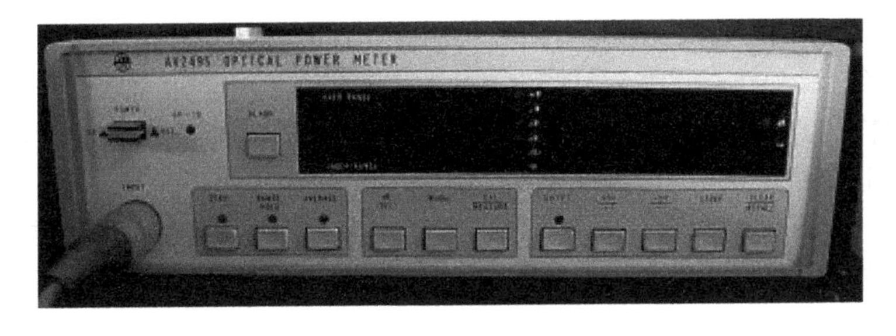

图 6.16　光功率计

(1)光源功率的测量

通信系统的半导体光源随使用时间其功率会逐渐衰退,无论是监测在役光源的质量,还是检查新购光源的好坏,均可以用光功率计进行高精度的测量。

(2)线路传输损耗的测试

利用光缆中闲置的光纤,配合高稳定度光源,可以对光纤的传输损耗进行精确的测量,单根光纤可以进行异地测量,利用两根光纤,在远端用跳线短接,则近端可以用光源和功率计进行光纤损耗的测量,测试结果要注意扣除跳线的损耗。

(3)峰值功率的测量

光功率计虽然测试的是平均功率,但若知道占空比,还是可以通过平均功率计算出峰值功率。

(4)**光功率的单位**

常用的有两套表示系统:一套单位是 W、mW、μW;另外一套单位是 dBm。工程计算中通常使用后一种单位,两者可以相互换算,即

$$1\ \text{mW} = 0\ \text{dBm}$$

6.7.3 稳定光源

稳定光源主要用于损耗测试,通常与功率计配合使用,可检测光开关、活动连接器、跳线等的性能。高稳定度光源如图 6.17 所示。

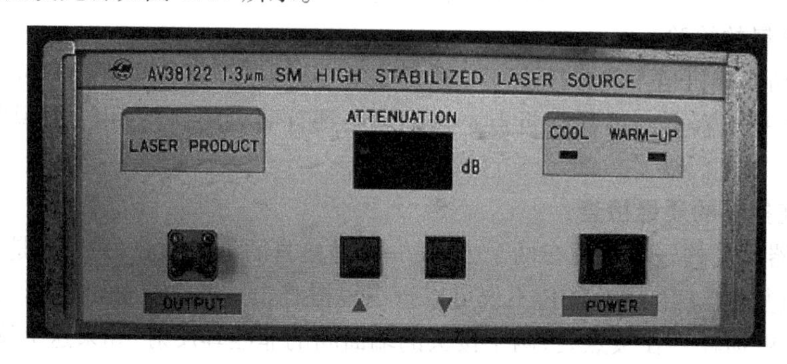

图 6.17 高稳定度光源

对于半导体光源,无论是 LED 还是 LD,输出的光功率会随驱动电流、使用时间以及环境温度等发生波动,要获得高稳定度的光输出,必须采取特殊的稳定措施,其方法如下:

(1)**温度稳定系统**

通常使用半导体制冷器对光源部件进行恒温控制,即所谓的温控。

(2)**光控系统**

利用半导体光源内部封装的 PIN 提取光源的输出功率波动信息,通过负反馈网络对驱动电流进行调节,达到稳定光功率输出的目的。

警告:由于一定强度的激光有可能对视网膜造成永久性伤害,在使用这类仪器时,注意不要直视光源的输出孔(端)。标准的光源在其输出孔附近一般都有安全警告字样。

6.7.4 光纤熔接机及其附属设备

(1)**熔接机的分类**

1)手动

早期的熔接机都是采用这种方式,光纤的对准是手动,熔接过程的放电、进给都是手动,熔接的效果完全取决于操作者的经验。

2)半自动

光纤对准靠手动,熔接过程(包括放电和进给)是自动,熔接的质量取决于对准精度。

3)全自动

后期的熔接机都是采用这种方式,光纤一旦放进去,所有的过程都是自动进行的,最先进的熔接机还具有空气潮湿程度检测,放电强度检测,确保了焊接质量的稳定。

(2)**熔接的类型**

1)单芯

单芯分单模、多模,单根光纤之间的焊接。

2)多芯

多芯即带状光缆,8~12芯的可以一次完成焊接。

(3)**熔接机的其他用途**

除了焊接光纤外,还可以用熔接机来制作定向耦合器、制作光纤微透镜等。

(4)**附属设备**

1)光纤切割器(刀)

光纤焊接质量的好坏与光纤切割质量密切相关。切割器通常有三个环节:切割刀刃,一般是金刚石材料;夹持机构,高精度V形槽和磁铁压块构成;应力机构,让光纤保持一定的拉应力。简易的切割刀也有采用直接割断的方式,但光纤的端面都有一定的损伤,没有拉断的端面整齐。

2)热缩保护

由于光纤在焊接前都要清理干净上面的保护层,在裸光纤上进行焊接,焊接后如果不对光纤进行保护,光纤中的细微缺陷会逐渐生长,最后导致光纤断裂。一般焊接后都是采用热缩套管进行保护,熔接机上面有自动(定时)加热器。专用的热缩导管里有不锈钢加强,能够保证一定的保护强度。

6.7.5　光纤光谱仪

光纤光谱仪在通信系统中主要承担对光谱信息的检测,尤其是在波分复用大量使用的系统中,光谱信息的检测显得尤为重要。

光纤光谱仪采用光栅作为分光元件,通常用CCD线阵作为接收元件,整个仪器没有可动部件,具有很高的稳定性。

光纤光谱仪在通信系统中主要可以检测如下的器件:

(1)**光源波长的测试**

在通信系统中,光源的光谱参数是非常重要的,对其峰值波长和半宽度都有比较严格的要求,尤其是在密集波分复用方面,要求光源能够在复用范围内提供足够的功率。作为通信系统光源的半导体激光器,在使用过程中,其参数会逐渐发生改变,除了功率的衰退外,其光谱参数也会变化,一旦功率主峰发生移动,有可能导致通道中某个信道的功率严重不足。

(2)**波分复用器的性能测试**

作为复用技术的核心部件,波分复用器的性能决定了该系统能够复用的密集程度,也即决定了通信系统可以使用的带宽。在系统维护中或采购新器件后,对波分复用器件进行测试是必要的。此外,对波分复用器参数的稳定性测试也不可忽视,观察器件在受到应力、温度波动等外界因素扰动下,其光谱参数的变化幅度,这些测试结果对波分复用器件的稳定使用具有重要的参考价值。

思考题

6.1　光纤通信中,对使用光源的波长有什么要求?对使用的光纤有什么要求?

6.2　在电端机的基础上加上光端机就构成了光通信系统,试问光通信系统与传统的电通信系统有哪些主要的区别?

6.3　光纤通信系统能够传输哪些类型的信号?各有什么特点?

6.4　光纤中信号的衰减主要由什么原因造成?有什么办法减少信号的衰减?

6.5　阶跃光纤和梯度光纤在信号时延上有什么不同?

6.6　LED 和 LD 在驱动方式、出光功率、半波宽度和稳定性等方面有什么异同?

6.7　半导体光源与光纤的耦合方式有哪几种?在耦合效率上有什么区别?在稳定性方面有什么区别?

6.8　光纤之间的连接有哪些方法?各有什么特点?

6.9　设计一个光纤通信系统需要把握的原则是什么?

6.10　如果要延长通信系统的传输距离,有哪些方法可以采用?

6.11　OTDR 在通信系统维护中有哪些作用?

6.12　稳定光源如何保证光功率输出的稳定性?与光功率计配合可以检测哪些器件参数?

6.13　波分复用器件的关键参数有哪些?如何用光谱仪来检测?

附 录

附录Ⅰ 矢量分析及场论的主要公式

一、标量场的梯度及矢量场的散度和旋度

标量场$f(x,y,z)$在某一点M的梯度是一个矢量，它以$f(x,y,z)$在该点的偏导数$\frac{\partial f}{\partial x}, \frac{\partial f}{\partial y}, \frac{\partial f}{\partial z}$（设它们不同时为零）为其在$x$、$y$、$z$坐标轴上的投影，记作：

$$\text{grad}f(x,y,z) = \frac{\partial f}{\partial x}\boldsymbol{e}_x + \frac{\partial f}{\partial y}\boldsymbol{e}_y + \frac{\partial f}{\partial z}\boldsymbol{e}_z \tag{Ⅰ.1}$$

式中，$\boldsymbol{e}_x$、$\boldsymbol{e}_y$、$\boldsymbol{e}_z$分别为x、y、z坐标轴的单位矢量。

引入记号矢量——微分算符（又称哈密顿算符），它定义为：

$$\nabla = \boldsymbol{e}_x \frac{\partial}{\partial x} + \boldsymbol{e}_y \frac{\partial}{\partial y} + \boldsymbol{e}_z \frac{\partial}{\partial z} \tag{Ⅰ.2}$$

因此式（Ⅰ.1）又可写为：

$$\text{grad}f = \nabla f = \frac{\partial f}{\partial x}\boldsymbol{e}_x + \frac{\partial f}{\partial y}\boldsymbol{e}_y + \frac{\partial f}{\partial z}\boldsymbol{e}_z \tag{Ⅰ.3}$$

设矢量函数$A(M)$在x、y、z方向的分量分别为A_x、A_y、A_z，它的散度是一个标量函数，定义为微分算符∇与矢量函数$A(M)$的数量积，即

$$\begin{aligned} \text{div}A = \nabla \cdot \boldsymbol{A} &= \left(\boldsymbol{e}_x \frac{\partial}{\partial x} + \boldsymbol{e}_y \frac{\partial}{\partial y} + \boldsymbol{e}_z \frac{\partial}{\partial z}\right)(A_x\boldsymbol{e}_x + A_y\boldsymbol{e}_y + A_z\boldsymbol{e}_z) \\ &= \frac{\partial A_x}{\partial x} + \frac{\partial A_y}{\partial y} + \frac{\partial A_z}{\partial z} \end{aligned} \tag{Ⅰ.4}$$

矢量函数$A(M)$的旋度则定义为微分算符∇与矢量函数$A(M)$的矢量积，即

$$\text{Rot}A = \nabla \times \boldsymbol{A} = \left(\boldsymbol{e}_x \frac{\partial}{\partial x} + \boldsymbol{e}_y \frac{\partial}{\partial y} + \boldsymbol{e}_z \frac{\partial}{\partial z}\right) \times (A_x\boldsymbol{e}_x + A_y\boldsymbol{e}_y + A_z\boldsymbol{e}_z)$$

$$= \left(\frac{\partial A_z}{\partial y} - \frac{\partial A_y}{\partial z}\right)e_x + \left(\frac{\partial A_x}{\partial z} - \frac{\partial A_z}{\partial x}\right)e_y + \left(\frac{\partial A_y}{\partial x} - \frac{\partial A_x}{\partial y}\right)e_z \qquad (\text{I}.5)$$

二、场论主要公式

算符▽是一个矢量微分算符,因而它在计算中具有矢量和微分的双重性质。▽作用在一个标量函数或矢量函数上时,其方式仅有如下三种:∇f、$\nabla \cdot \boldsymbol{A}$ 和 $\nabla \times \boldsymbol{A}$,即在“▽”之后必为标量函数,在“▽·”与“▽×”之后必为矢量函数。

在物理场中常用以下恒等式:

(1) $\nabla(f_1 f_2) = f_1 \nabla f_2 + f_2 \nabla f_1$

(2) $\nabla \cdot (f\boldsymbol{A}) = f\nabla \cdot \boldsymbol{A} + \nabla f \cdot \boldsymbol{A}$

(3) $\nabla \times (f\boldsymbol{A}) = f\nabla \times \boldsymbol{A} + \nabla f \times \boldsymbol{A}$

(4) $\nabla \times (\boldsymbol{A} \cdot \boldsymbol{B}) = \boldsymbol{A} \times (\nabla \times \boldsymbol{B}) + (\boldsymbol{A} \cdot \nabla)\boldsymbol{B} + \boldsymbol{B} \times (\nabla \times \boldsymbol{A}) + (\boldsymbol{B} \cdot \nabla)\boldsymbol{A}$

(5) $\nabla \cdot (\boldsymbol{A} \times \boldsymbol{B}) = \boldsymbol{B} \cdot (\nabla \times \boldsymbol{A}) - \boldsymbol{A} \cdot (\nabla \times \boldsymbol{B})$

(6) $\nabla \times (\boldsymbol{A} \times \boldsymbol{B}) = (\boldsymbol{B} \cdot \nabla) - (\boldsymbol{A} \cdot \nabla)\boldsymbol{B} - \boldsymbol{B}(\nabla \cdot \boldsymbol{A}) + \boldsymbol{A}(\nabla \cdot \boldsymbol{B})$

(7) $\nabla \times (\nabla f) = \nabla^2 f = \frac{\partial^2 f}{\partial x^2} + \frac{\partial^2 f}{\partial y^2} + \frac{\partial^2 f}{\partial z^2}$

(8) $\nabla \times (\nabla f) = 0$

(9) $\nabla \cdot (\nabla \times \boldsymbol{A}) = 0$

(10) $\nabla \times (\nabla \times \boldsymbol{A}) = \nabla(\nabla \cdot \boldsymbol{A}) - \boldsymbol{A}(\nabla \cdot \nabla)$

三、高斯定理

高斯定理是关于空间区域上的三重积分与其边界上的曲面积分之间关系的一个定理,表达为:

$$\int_V \left(\frac{\partial A_x}{\partial x} + \frac{\partial A_y}{\partial y} + \frac{\partial A_z}{\partial z}\right)\mathrm{d}x\mathrm{d}y\mathrm{d}z = \int_S A_x \mathrm{d}y\mathrm{d}z + A_y \mathrm{d}x\mathrm{d}z + A_z \mathrm{d}x\mathrm{d}y \qquad (\text{I}.6)$$

根据散度式(Ⅰ.4),高斯定理又可表示为矢量形式,即

$$\int_V \nabla \cdot \boldsymbol{A}\mathrm{d}V = \int_S \boldsymbol{A} \cdot \mathrm{d}\boldsymbol{S} \qquad (\text{I}.7)$$

上式表明矢量函数的法线分量沿一封闭曲面 S 的面积分等于矢量的散度遍及 S 所包围的整个体积 V 的体积分。

四、斯托克斯定理

斯托克斯定理是关于曲面积分与其边界曲线积分之间关系的定理,即

$$\int_l \boldsymbol{A} \cdot \mathrm{d}\boldsymbol{l} = \int_S \left(\frac{\partial \boldsymbol{A}_z}{\partial y} - \frac{\partial \boldsymbol{A}_y}{\partial z}\right)\mathrm{d}y\mathrm{d}z + \left(\frac{\partial \boldsymbol{A}_x}{\partial z} - \frac{\partial \boldsymbol{A}_z}{\partial x}\right)\mathrm{d}z\mathrm{d}x + \left(\frac{\partial \boldsymbol{A}_y}{\partial x} - \frac{\partial \boldsymbol{A}_x}{\partial y}\right)\mathrm{d}x\mathrm{d}y \qquad (\text{I}.8)$$

根据旋度式(Ⅰ.5),斯托克斯定理又可表示为矢量形式,即

$$\int_l \boldsymbol{A} \cdot \mathrm{d}\boldsymbol{l} = \int_S (\nabla \times \boldsymbol{A})\mathrm{d}\boldsymbol{S} \qquad (\text{I}.9)$$

附录Ⅱ 张 量

一、张量

有些物理量(如温度、密度、能量等)只有大小而与方向无关,称为标量,另一些物理量(如电场强度、磁场强度等)既有大小又有方向,称为矢量,可用直角坐标系中的三个分量表示。但还有一类物理量,它们既不是标量,也不能简单地用矢量表示,而需要用张量表示(例如电极化率张量,应变张量及应力张量)。

一般情况下,若某物理量 T 以如下形式联系两个矢量 $\boldsymbol{p}=[p_1,p_2,p_3]$ 和 $\boldsymbol{q}=[q_1,q_2,q_3]$,即

$$\left.\begin{aligned} p_1 &= T_{11}q_1+T_{12}q_2+T_{13}q_3 \\ p_2 &= T_{21}q_1+T_{22}q_2+T_{23}q_3 \\ p_3 &= T_{31}q_1+T_{32}q_2+T_{33}q_3 \end{aligned}\right\} \tag{Ⅱ.1}$$

或写成矩阵形式:

$$\begin{bmatrix} p_1 \\ p_2 \\ p_3 \end{bmatrix} = \begin{bmatrix} T_{11} & T_{12} & T_{13} \\ T_{21} & T_{22} & T_{23} \\ T_{31} & T_{32} & T_{33} \end{bmatrix} \begin{bmatrix} q_1 \\ q_2 \\ q_3 \end{bmatrix} \tag{Ⅱ.2}$$

于是,T_{11}、T_{12}、…、T_{33} 等 9 个常数构成二阶张量,用矩阵表示即为:

$$[T_{ij}] = \begin{bmatrix} T_{11} & T_{12} & T_{13} \\ T_{21} & T_{22} & T_{23} \\ T_{31} & T_{32} & T_{33} \end{bmatrix} \tag{Ⅱ.3}$$

也可将式(Ⅱ.1)和式(Ⅱ.2)写成:

$$p_i = \sum_j T_{ij}q_j \quad (i,j=1,2,3) \tag{Ⅱ.4}$$

按张量表示式的书写约定规则,通常不写求和号,即

$$p_i = T_{ij}q_j \quad (i,j=1,2,3) \tag{Ⅱ.5}$$

式中,i 称为自由角标,j 称为哑角标。应当注意该式表示对哑角标 j 求和。

二、张量变换规则——张量的定义

矢量和张量的分量随坐标系的变换而改变其大小,研究这种变换特性可引出张量的一般定义。

当直角坐标系(x_1、x_2、x_3)发生改变时,空间一点的坐标变换关系为:

$$\begin{cases} x_1' = a_{11}x_1+a_{12}x_2+a_{13}x_3 \\ x_2' = a_{21}x_1+a_{22}x_2+a_{23}x_3 \\ x_3' = a_{31}x_1+a_{32}x_2+a_{33}x_3 \end{cases} \tag{Ⅱ.6a}$$

或缩写成:

$$x_1' = a_{ij}x_j \quad (i,j=1,2,3) \tag{Ⅱ.6b}$$

式中,“′”标记新坐标,$[a_{ij}]$ 为坐标变换矩阵,a_{ij} 为方向余弦,第一角标 i 代表新坐标,第二角标

j 代表旧坐标。同理可得，由新坐标表示旧坐标的变换关系，即

$$x_i = a_{ji}x'_j \tag{Ⅱ.7}$$

式中，$[a_{ji}]$ 是 $[a_{ij}]$ 的转置矩阵。于是，坐标乘积的变换规则为：

$$x'_i x'_j = a_{ik}a_{jl}x_k x_l \tag{Ⅱ.8}$$

及

$$x_i x_j = a_{ki}a_{lj}x'_k x'_l \tag{Ⅱ.9}$$

显然，上述变换规则同样适用于任意矢量分量的变换。

现在考虑二阶张量的变换。利用式(Ⅱ.6)和式(Ⅱ.7)，可先将两矢量的变换写成：

$$p'_i = a_{ij}p_j, \quad p_i = a_{ji}p'_j \tag{Ⅱ.10}$$

$$q'_i = a_{ij}p_j, \quad q_i = a_{ji}q'_j \tag{Ⅱ.11}$$

按 $\boldsymbol{q}' \to \boldsymbol{q} \to \boldsymbol{p} \to \boldsymbol{p}'$ 的变换程序，由于有：

$$\boldsymbol{q}' \to \boldsymbol{q}: \quad q_l = a_{jl}q'_j \tag{Ⅱ.12a}$$

$$\boldsymbol{q} \to \boldsymbol{p}: \quad p_k = T_{kl}q_l \tag{Ⅱ.12b}$$

$$\boldsymbol{p} \to \boldsymbol{p}': \quad p'_i = a_{ik}p_k \tag{Ⅱ.12c}$$

将以上三式逐一代换，得：

$$p'_i = a_{ik}T_{kl}a_{jl}q'_j \tag{Ⅱ.13}$$

若取新坐标系中的张量为：

$$T'_{ij} = a_{ik}T_{kl}a_{jl} = a_{ik}a_{jl}T_{kl} \tag{Ⅱ.14}$$

则式(Ⅱ.13)与式(Ⅱ.15)具有相同的形式，即

$$p'_i = T'_{ij}q'_j \tag{Ⅱ.15}$$

因此，式(Ⅱ.14)给出二阶张量的变换规则。

同理可证

$$T_{ij} = a_{ki}a_{li}T'_{kl} \tag{Ⅱ.16}$$

此式和式(Ⅱ.14)完全等价。

将式(Ⅱ.14)和式(Ⅱ.16)与式(Ⅱ.8)和式(Ⅱ.9)比较可见，二阶张量的变换规则与坐标乘积的变换规则相同，而且这种相似性可以推广到高阶张量，得到三阶、四阶张量的变换规则，如附录表Ⅱ.1 所示。

Ⅱ.1　张量变换规则

名　称	阶　次	旧坐标—新坐标	新坐标—旧坐标	分量数目
标　量	0	$T' = T$	$T = T'$	1
矢　量	1	$p'_i = a_{ij}p_j$	$p_j = a_{ji}p'_j$	3
二阶张量	2	$T'_{ij} = a_{ik}a_{jl}T_{kl}$	$T_{ij} = a_{ki}a_{lj}T'_{kl}$	9
三阶张量	3	$T'_{ijk} = a_{il}a_{jm}a_{kn}T_{lmn}$	$T_{ijk} = a_{li}a_{mj}a_{nk}T'_{lmn}$	27
四阶张量	4	$T'_{ijkl} = a_{im}a_{jn}a_{ko}a_{lp}T_{mnop}$	$T_{ijkl} = a_{mi}a_{nj}a_{ok}a_{pl}T'_{mnop}$	81

现在可以给张量做如下定义：当某一物理量的分量在坐标变换下遵循附录表Ⅱ.1 的变换规则时，该物理量就是相应阶次的张量。按此定义，标量可视为具有一个独立分量的零阶张量，矢量是包含三个分量的二阶张量。

附录Ⅲ 贝塞尔函数

微分方程

$$x^2y'' + xy' + (x^2 - n^2)y = 0 \quad (n \geqslant 0)$$

称为贝塞尔微分方程,它的解称为贝塞尔函数。方程的通解为:

$$y = C_1J_n(x) + C_2Y_n(x)$$

式中,$J_n(x)$称为 n 阶第一类贝塞尔函数,$Y_n(x)$称为 n 阶第二类贝塞尔函数,本书只用到第一类贝塞尔函数*。

$J_n(x)$是一些无穷级数,定义为:

$$J_n(x) = \sum_{k=0}^{\infty} \frac{(-1)^k}{k!(n+k)!}\left(\frac{x}{2}\right)^{n+2k}$$

当 $n=0$,有零阶第一类贝塞尔函数,即

$$J_0(x) = \sum_{k=0}^{\infty} \frac{(-1)^k}{(k!)^2}\left(\frac{x}{2}\right)^{2k}$$

$$= 1 - \frac{x^2}{2^2} + \frac{x^4}{2^2 \times 4^2} - \frac{x^6}{2^2 \times 4^2 \times 6^2} + \cdots$$

当 $n=1$,有一阶第一类贝塞尔函数,即

$$J_1(x) = \sum_{k=0}^{\infty} \frac{(-1)^k}{k!(k+1)!}\left(\frac{x}{2}\right)^{2k+1}$$

$$= \frac{x}{2}\left[1 - \frac{x^2}{2 \times 4} + \frac{x^4}{2 \times 4 \times 4 \times 6} - \frac{x^6}{2 \times 4 \times 6 \times 4 \times 6 \times 8} + \cdots\right]$$

在附录图Ⅲ.1 中给出了 $n=0,1,2,3,4$ 的第一类贝塞尔函数曲线。由图可知,当 n 为偶数(包括 $n=0$)时,$J_n(x)$为偶函数,n 为奇数,$j_n(x)$为奇函数。

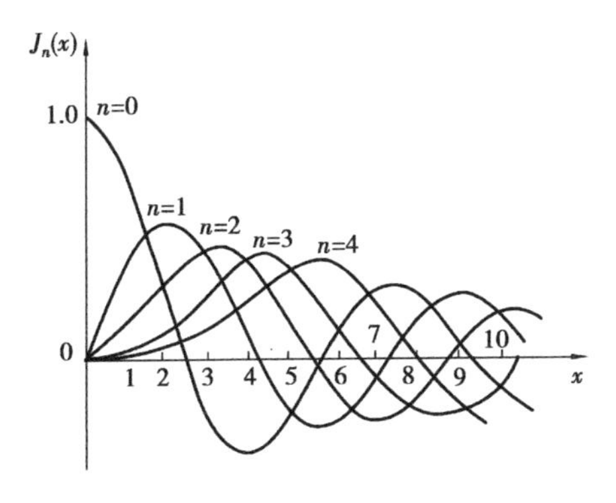

图Ⅲ.1 贝塞尔函数曲线

贝塞尔函数有如下性质:

* 一般提到贝塞尔函数,都指第一类贝塞尔函数。

(1)递推公式

$$J_{-n}(x) = (-1)^n J_n(x)$$

$$J_n(x) = \frac{x}{2n}[J_{n-1}(x) + J_{n+1}(x)]$$

(2)导数公式

$$J'_n(x) = \frac{1}{2}[J_{n-1}(x) - J_{n+1}(x)]$$

$$[x^n J_n(x)]' = x^n J_{n-1}(x)$$

当 $n=1$,上式可写为:

$$[xJ_1(x)]' = xJ_0(x)$$

写成积分形式,即

$$\int_0^x \xi J_0(\xi)\mathrm{d}\xi = xJ_1(x)$$

(3)级数形式

$$\sum_{n=-\infty}^{\infty} J_n(x) = 1$$

$$\sum_{n=-\infty}^{\infty} J_n(x)\mathrm{e}^{in\phi} = \mathrm{e}^{\mathrm{i}x\sin\phi}$$

$$\sum_{n=-\infty}^{\infty} i^n J_n(x)\mathrm{e}^{in\phi} = \mathrm{e}^{\mathrm{i}x\cos\phi}$$

(4)积分形式

$$J_n(x) = \frac{1}{\pi}\int_0^{\pi} \cos(x\sin\phi - n\phi)\mathrm{d}\phi$$

$$J_n(x) = \frac{\mathrm{i}^{-n}}{2\pi}\int_0^{2\pi} \mathrm{d}^{\mathrm{i}x\cos\phi}\mathrm{e}^{\mathrm{i}n\phi}\mathrm{d}\phi$$

$$J_n(x) = \frac{\mathrm{i}^{-n}}{2\pi}\int_0^{2\pi} \mathrm{e}^{\mathrm{i}x\cos\phi}\cos n\phi\mathrm{d}\phi$$

参考文献

[1] 潘英俊,邹建. 光电子技术[M]. 重庆:重庆大学出版社,2000.

[2] 曹昌祺. 电动力学[M]. 北京:人民教育出版社,1961.

[3] 严瑛日. 应用物理光学[M]. 北京:机械工业出版社,1990.

[4] 吴彝尊,李玲,蒋佩璇. 光纤通讯基础[M]. 北京:人民邮电出版社,1987.

[5] 叶培大,吴彝尊. 光波导技术基本理论[M]. 北京:人民邮电出版社,1981.

[6] 方俊鑫. 光波导技术物理基础[M]. 上海:上海交通大学出版社,1987.

[7] 大越孝敬. 光导纤维基础[M]. 刘时衡,梁民基,译. 北京:人民邮电出版社,1980.

[8] 神保孝志. 光エレクトロニクス. オーム社,1997.

[9] 神保孝志. 光电子学[M]. 北京:科学出版社,2001.

[10] 朱如曾,编译. 激光物理[M]. 北京:国防工业出版社,1975.

[11] O. 斯维尔托. 激光原理[M]. 吕云仙,等,译. 北京:科学出版社,1983.

[12] 彭江德. 光电子技术基础[M]. 北京:清华大学出版社,1988.

[13] 董孝义. 光波电子学[M]. 天津:南开大学出版社,1987.

[14] W. B 艾伦. 纤维光学——理论与实践[M]. 甘子光,林敏,译. 北京:北京轻工业出版社,1981.

[15] D. 马库塞. 光纤测量原理[M]. 杜柏林,于耀明,译. 北京:人民邮电出版社,1986.

[16] 长尾和美. 光导纤维[M]. 邮电 534 厂技术情报室,译. 北京:人民邮电出版社,1980.

[17] 周志敏,周纪海,纪爱华. LED 驱动电路设计与应用[M]. 北京:人民邮电出版社,2006.

[18] 何开钧. LED——照明科技的明天[J]. 厦门科技, 2005, 2:36-38.

[19] I Tabor W J Chen F S. Electromagnetic propagation through materials possessing both Faraday rotation and birefringce: experiments with ytterbium orthoferrite J. Appl. Phys. ,1969,40(10):2760-2766.

[20] Chris D. Reinbold applicational of optical current and voltage sensing. Electric Utility Conference,Subject Ⅶ-1,1997.

[21] Kanoi M. Optical Voltage and current measuring system for electric power system. IEEE Trans on PD, 1986:PWRD (1):91.

[22] 杨晓春,阎永志. 光纤电场传感器泡克尔斯元件的理论分析与设计[J]. 压电与声光,1986

(02):13-18.

[23] 赵永鹏,吴重庆.光纤电压传感器的研究现状及应用[J].仪表技术与传感器,1997(11):8-12.

[24] 杨小春,阎永志.光纤电场传感器泡克尔斯元件的理论分析与设计[J].压电与声光,1986(2):13-18.

[25] 张淳民,赵葆常.偏振干涉成像光谱仪中偏振化方向对调制度的影响[J].光学学报,2008(8):1077-1083.

[26] 方志烈.半导体发光材料和器件[M].上海:复旦大学出版社,1992.

[27] 戚康男,秦克诚,程路.统计光学导论[M].天津:南开大学出版社,1987.

[28] Klein W R, Cook B D. Unified approach to ultrasonic light diffraction. IEEE. Trans. Sonics and Ultrasonics, 1967, SU-14(3):123-134.

[29] Uchida N, Niizeki N. Acoustooptic deflection materials and techniques. Proc. IEEE ,1973, 61(8):1073-1092.

[30] 赵启大.多频声光互作用的研究[J].光学学报,1989(2):128-134.

[31] Berg N J. Lee J N. Acousto-optic signal processing New York: Marcel Dekker, NC. 1983:59-64.

[32] Zhao Qida, Dong Xiaoyi. Multiple directional acoustooptic diffraction. Chinese J. A coustics, 1991. 10(3):228-336.

[33] Ma Xianyun, Luo Chengmu. A method to eliminate birefringence of a magneto-optic ac current transducer with glass ring sensor head 1998 13(4):1015-1019.

[34] Masaaki Imamura. Motonao Nakahara. Toshinao Yamaguchi Analysis of magnetic fields due to three-phase bus bar currents for the design of an optical current transformer 1998 (4): 2274-2279.

[35] 张卫东,崔翔.光纤瞬态磁场传感器的研究及其应用[J].中国电机工程学报,2003,23(1):88-92.

[36] 张健,及洪泉,远振海,等.光学电流互感器及其应用评述[J].高电压技术,2007(05):32-36.

[37] 罗苏南,叶妙元,徐雁.光纤电压互感器稳定性的分析[J].中国电机工程学报,2000(12):15-19.

[38] Sommer AH.光电发射材料[M].北京:科学出版社,1979.

[39] 方俊鑫,陆栋.固体物理学:上[M].上海:上海科学技术出版社,1982.

[40] 秦积荣.光电检测原理及应用[M].北京:国防工业出版社,1985.

[41] 缪家鼎,徐方娟,等.光电技术[M].杭州:浙江大学出版社,1995.

[42] 林涛,李开成,健梅.低噪声光电检测电路的设计和噪声估算[J].武汉理工大学学报,2001,23(3),16-18.

[43] Photodiode Monitoring with Op Amps[Z]. BB Application Bulletin, Printed in USA, 1995.

[44] RJ 凯斯.光探测器与红外探测器[M].董培芝,译.北京:科学出版社,1984.

[45] Photodiode Monitoring with Op Amps, BB Application Bulletin in USA. January, 1998.

[46] 齐丕智.光敏感器件及其应用[M].北京:科学出版社,1987.

[47] 戴逸松. 微弱信号检测方法及仪器[M]. 北京:国防工业出版社,1994.
[48] 金国藩,李景镇. 激光测量学[M]. 北京:科学出版社,1998.
[49] 戴永江. 激光雷达原理[M]. 北京:国防工业出版社,2002.
[50] Jiang,Wenhan. Li,Mingquan. Tang,Guomao. Adaptive optics image compensation experiments on stellar objects,1995(1), 34(1):15-20.
[51] 秦小英. DWDM 光通信发展的热点技术[J]. 光通信技术,2001,25(2):95-98.
[52] 刘颂豪. 光电子世界——从电子学到光子学[M]. 武汉:湖北省教育出版社,1998.
[53] 张涛,邱昆. 一种基于波分复用的 ATM 光交换结构[J]. 电子科技大学学报,1998,8,27(4):371-374.
[54] 赵仲刚. 光纤通信与光纤传感器[M]. 上海:上海科技文献出版社,1993.
[55] 孙学康. 光纤通信技术[M]. 北京:北京邮电学院出版社,2001.
[56] Dirceu Cavendish, Evolution of optical transport technologies: from SONET/SDH to WDM, IEEE Commun. Mag., vol. 39, NO. 6, JUNE, 2000:164-172.
[57] 赵梓森. 单模光纤通信系统原理[M]. 北京:人民邮电出版社,1988.
[58] 李国成,梁桂香. 单模光纤的熔接损耗研究[J]. 光通信技术,1992,3(16):216-219.